RT-Thread应用开发实战
——基于STM32智能小车

主　编　赵剑川
副主编　黎旺星　欧启标　熊谱翔

北京航空航天大学出版社

内容简介

本书专注于实时操作系统 RT-Thread 的应用开发实践，使用目前广泛应用的 STM32 芯片并结合智能小车功能开发，力求帮助读者在较短时间掌握 RT-Thread 应用开发技术。

全书分为三大部分：第一部分（第 1～2 章）为开发工具及系统介绍；第二部分为 RT-Thread 内核基础应用（第 3～7 章），从应用实践的角度，结合智能小车具体功能实现，介绍 RT-Thread 的线程、线程调度、线程同步、时钟管理、线程间通信等操作系统内容，力求通过项目实践的形式使读者深刻理解 RT-Thread 内核；第三部分（第 8～14 章）为 RT-Thread 各种常用 I/O 设备的应用开发实例，通过这些实例，读者可以熟练掌握 RT-Thread 设备驱动接口。

本书可作为高等职业院校电信类或计算机类相关专业教材，亦可作为相关工程技术人员的参考用书。

图书在版编目(CIP)数据

RT-Thread 应用开发实战 ：基于 STM32 智能小车 / 赵剑川主编. -- 北京 ：北京航空航天大学出版社，2022.8

ISBN 978-7-5124-3811-8

Ⅰ. ①R… Ⅱ. ①赵… Ⅲ. ①实时操作系统—软件开发 Ⅳ. ①TP316.2

中国版本图书馆 CIP 数据核字(2022)第 093136 号

RT-Thread 应用开发实战——基于 STM32 智能小车

主　编　赵剑川

副主编　黎旺星　欧启标　熊谱翔

策划编辑　冯　颖　　责任编辑　杨　昕

*

北京航空航天大学出版社出版发行

北京市海淀区学院路 37 号(邮编 100191)　http://www.buaapress.com.cn

发行部电话：(010)82317024　传真：(010)82328026

读者信箱：goodtextbook@126.com　　邮购电话：(010)82316936

涿州市新华印刷有限公司印装　各地书店经销

*

开本：787×1 092　1/16　印张：15.25　字数：390 千字

2022 年 8 月第 1 版　2023 年 4 月第 2 次印刷　印数：2 001～4 000 册

ISBN 978-7-5124-3811-8　定价：49.00 元

前　言

为什么要写这本书

RT－Thread 是我国自主研发的一个嵌入式实时多线程操作系统，经历了十几年的发展，凭借其良好的口碑以及开源免费，已经在国内拥有了一个人数众多的、庞大的嵌入式开源社区，积聚了数十万的软件爱好者。

随着国家对自主研发的重视，近年来国内芯片产业和物联网产业快速崛起，行业发展对人才需求越来越迫切，特别是掌握操作系统底层和应用技术的人才。应用型本科和高等职业院校作为培养产业应用型人才的基地，紧扣产业发展趋势，对培养掌握国产操作系统应用的人才越来越重视，许多院校都已经或计划开设 RT－Thread 操作系统相关课程，但目前在与 RT－Thread 相关书籍中，符合课堂教学特点的还比较缺乏，亟需一本适合高等院校学生的教材。我们希望通过本书，帮助学生快速了解和学习 RT－Thread 操作系统的相关应用开发。

总之，本书的初衷是降低 RT－Thread 学习的门槛，为高校师生服务，使更多的人认识并能轻松学习国产操作系统，尽快加入到国产操作系统的应用开发中，加速和推动我国自主研发的进程。

本书的编写风格

本书采用项目化教程的形式，结合智能小车项目，通过项目分解来覆盖所有的技术知识。其中，智能小车项目的硬件平台使用 STM32F407 芯片；采用两条线索贯穿全书：一条为 RT－Thread 内核及设备接口知识，另一条为智能小车功能开发。本书从易到难，使读者在实践中掌握所有技术知识元素。

本书每一章开始都配置了本章概述、知识目标和技能目标的介绍，可以使读者快速了解本章的学习内容和学习目标。另外，在每一章的最后都配置了适量练习，可以使读者及时检验对本章内容的掌握情况。

书中的每一章都以应用为目的，先从原理开始，然后结合小车项目的具体应用，使读者可以快速掌握知识点的应用。

在程序编写风格上，本书从工程实践出发，充分应用了工程实践中的一些先进思想和方法，如模块化、面向对象、可读性、可移植性等；同时充分应用了 C 语言的知识，如枚举、指针、结构体、函数指针等。书中所有代码都经过多次打磨改进和测试，力求每一段代码都可以直接在工程中使用。

如何使用本书

阅读本书要求有一定的 C 语言编程基础和简单的电路知识。

本书可作为应用型本科和高等职业院校相关课程的教材。全书分为三大部分：第一部分（第 1～2 章）为开发工具及系统介绍；第二部分为 RT－Thread 内核基础应用（第 3～7 章），从应用实践的角度，结合智能小车具体功能实现，介绍 RT - Thread 的线程、线程调度、线程同步、时钟管理、线程间通信等操作系统内容，力求通过项目实践的形式使读者深刻理解 RT - Thread 内核；第三部分(第 8～14 章)为 RT - Thread 各种常用 I/O 设备的应用开发实例，通过这些实例，读者可以熟练掌握 RT - Thread 设备驱动接口。全书建议用 64 课时讲完，其中，第一部分建议用 4 课时；第二部分建议用 34 课时；第三部分建议用 26 课时。

勘误和支持

由于笔者的水平有限，编写的时间也很仓促，书中难免会出现一些错误或者不准确的地方，恳请读者批评指正。如果您有更多的宝贵意见，欢迎发送邮件至邮箱：37695341@qq.com，很期待得到您的真挚反馈。

致　谢

本书能够顺利出版是多人智慧的结果，在此特别感谢上海睿赛德电子科技有限公司工程师们对本书代码编写上提出的宝贵意见和建议。

感谢北京航空航天大学出版社编辑冯颖帮助和引导我们顺利完成全部书稿。

赵剑川

2022 年 5 月

目　录

第 1 章　搭建开发环境 …… 1

1.1　RT - Thread Studio 集成开发环境安装 …… 1

1.1.1　获取 RT - Thread Studio 安装包 …… 1

1.1.2　开始安装 RT - Thread Studio 软件包 …… 2

1.1.3　下载 SDK …… 5

1.2　STM32CubeMX 图形化配置工具安装 …… 7

1.2.1　获取安装包 …… 7

1.2.2　安装软件 …… 9

1.2.3　安装固件库 …… 11

练习 1 …… 11

第 2 章　初识 RT - Thread 实时操作系统 …… 12

2.1　RT - Thread 介绍 …… 12

2.2　如何新建 RT - Thread 项目 …… 13

2.3　认识 RT - Thread 项目结构 …… 14

2.4　配置 RT - Thread 项目 …… 15

2.5　构建项目 …… 18

2.6　下载程序 …… 19

2.7　使用串口终端工具与 RT - Thread 系统进行交互 …… 21

练习 2 …… 22

第 3 章　PIN 设备的使用 …… 23

3.1　RT - Thread PIN 设备介绍 …… 23

3.1.1　引脚编号的获取 …… 24

3.1.2　设置引脚的输入/输出模式 …… 24

3.1.3　设置引脚的电平值 …… 25

3.1.4　读取引脚的电平值 …… 25

3.1.5　绑定引脚中断回调函数 …… 26

3.1.6　脱离引脚中断回调函数 …… 26

3.1.7　使能中断 …… 27

3.2　任务 3 - 1　车灯双闪控制 …… 27

3.2.1　硬件设计 …… 27

3.2.2　业务分析 …… 28

3.2.3　程序设计 …… 28

3.2.4　功能测试 …… 28

3.3　任务 3 - 2　小车喇叭控制(查询法) …… 29

3.3.1 硬件设计 …… 29
3.3.2 程序设计 …… 29
3.3.3 下载测试 …… 31
3.4 任务3-3 小车喇叭控制(中断回调法) …… 31
3.4.1 硬件设计 …… 31
3.4.2 程序设计 …… 31
3.4.3 下载测试 …… 32
3.5 任务3-4 同时实现车灯闪烁和按键控制喇叭 …… 33
3.5.1 硬件设计 …… 33
3.5.2 软件设计 …… 33
3.5.3 程序测试 …… 35
习题3 …… 35
第4章 线程及其应用 …… 37
4.1 线程介绍 …… 37
4.1.1 线程的概念 …… 37
4.1.2 线程的调度 …… 38
4.1.3 上下文切换 …… 38
4.1.4 线程的重要属性 …… 39
4.1.5 RT-Thread命令查看系统线程信息 …… 42
4.2 RT-Thread线程管理接口介绍 …… 43
4.3 任务4-1 使用多线程的方式同时实现车灯闪烁和按键控制喇叭(扫描法) …… 45
4.3.1 RT-Thread相关接口函数 …… 45
4.3.2 代码实现 …… 48
4.3.3 程序测试 …… 54
4.4 任务4-2 暂停或恢复车灯闪烁功能 …… 55
4.4.1 RT-Thread相关接口函数 …… 55
4.4.2 程序设计 …… 56
4.4.3 程序测试 …… 60
4.5 任务4-3 多线程运行机制实验 …… 61
4.5.1 RT-Thread相关接口函数 …… 61
4.5.2 程序设计 …… 62
4.5.3 程序测试 …… 64
4.6 任务4-4 线程主动让出CPU资源 …… 66
4.6.1 RT-Thread相关接口函数 …… 67
4.6.2 程序设计 …… 67
4.6.3 程序测试 …… 70
4.7 任务4-5 空闲线程中运行LED灯的闪烁 …… 71
4.7.1 RT-Thread中设置和删除空闲钩子函数 …… 71
4.7.2 程序设计 …… 72

4.7.3 程序测试 …… 73
练习 4 …… 73
第 5 章 线程同步及其应用 …… 75
5.1 线程同步的概念 …… 75
5.2 信号量 …… 76
5.2.1 RT-Thread 信号量的工作机制 …… 77
5.2.2 创建信号量 …… 78
5.2.3 获取信号量 …… 79
5.2.4 信号量释放 …… 79
5.3 任务 5-1 使用按键控制喇叭(中断法) …… 80
5.3.1 程序设计 …… 80
5.3.2 程序测试 …… 84
5.4 信号量的应用场合 …… 84
5.5 任务 5-2 矩阵键盘按键识别(中断法) …… 85
5.5.1 硬件设计 …… 85
5.5.2 程序设计 …… 86
5.5.3 程序测试 …… 91
练习 5 …… 91
第 6 章 时钟管理与应用 …… 93
6.1 RT-Thread 嘀嗒时钟相关函数介绍 …… 93
6.1.1 毫秒级延时 …… 94
6.1.2 微秒级延时 …… 94
6.1.3 获取系统当前时间 …… 94
6.1.4 获取更高精度的时间 …… 95
6.2 任务 6-1 超声波测距(电平扫描方法) …… 96
6.2.1 超声波测距原理介绍 …… 96
6.2.2 硬件设计 …… 96
6.2.3 软件设计 …… 97
6.2.4 程序测试 …… 102
6.3 RT-Thread 系统定时器 …… 102
6.3.1 创建和删除定时器 …… 103
6.3.2 初始化和脱离定时器 …… 104
6.3.3 启动和停止定时器 …… 105
6.3.4 控制定时器 …… 106
6.4 任务 6-2 使用定时器实现车灯的闪烁 …… 106
6.4.1 软件设计 …… 106
6.4.2 程序测试 …… 108
6.5 任务 6-3 超声波测距(使用定时器改进任务 6-1) …… 108
6.5.1 程序设计 …… 108

6.5.2 程序测试 …… 109
6.6 任务 6 - 4 超声波测距(引脚中断方式) …… 110
6.6.1 程序设计 …… 110
6.6.2 程序测试 …… 114
练习 6 …… 115
第 7 章 线程间通信 …… 116
7.1 邮 箱 …… 116
7.1.1 邮箱的工作机制 …… 117
7.1.2 RT - Thread 邮箱的相关接口函数 …… 117
7.2 任务 7 - 1 独立按键控制蜂鸣器开关(使用邮箱) …… 121
7.2.1 硬件设计 …… 121
7.2.2 软件设计 …… 121
7.2.3 程序测试 …… 126
7.3 任务 7 - 2 使用邮箱发送大于 4 字节的消息 …… 126
7.3.1 程序编写 …… 126
7.3.2 程序测试 …… 126
7.4 消息队列 …… 127
7.4.1 消息队列的工作机制 …… 127
7.4.2 消息队列相关接口函数 …… 128
7.5 任务 7 - 3 独立按键控制蜂鸣器开关(使用消息队列) …… 132
7.5.1 硬件设计 …… 132
7.5.2 程序设计 …… 132
7.5.3 测 试 …… 135
7.6 信 号 …… 136
练习 7 …… 138
第 8 章 RT - Thread 板级驱动(BSP)的配置 …… 139
8.1 I/O 设备模型 …… 139
8.2 RT - Thread 中设备驱动相关配置 …… 141
8.2.1 使用 CubeMX 使能硬件设备,生成设备初始化代码 …… 141
8.2.2 RT - Thread Settings 开启设备驱动程序 …… 146
8.2.3 在 drivers/board.h 中定义接口相关的宏 …… 147
练习 8 …… 148
第 9 章 使用 PWM 设备控制小车行驶速度 …… 149
9.1 RT - Thread 的 PWM 设备编程介绍 …… 149
9.1.1 查找 PWM 设备 …… 150
9.1.2 设置 PWM 周期和脉冲宽度 …… 150
9.1.3 使能和关闭 PWM 设备通道 …… 151
9.2 任务 9 - 1 使用 PWM 驱动小车车轮转动 …… 151
9.2.1 硬件设计 …… 151

9.2.2　工程建立和 BSP 配置 …… 152
9.2.3　程序设计 …… 153
9.2.4　编译测试 …… 153
9.3　任务 9-2　小车前进和后退 …… 154
9.3.1　程序设计与代码编写 …… 155
9.3.2　测　试 …… 158
练习 9 …… 158
第 10 章　使用 ADC 设备测量电池电量 …… 159
10.1　A/D 转换介绍 …… 159
10.1.1　A/D 转换的原理 …… 159
10.1.2　A/D 转换的计算 …… 160
10.2　RT-Thread ADC 设备接口介绍 …… 161
10.2.1　查找 ADC 设备 …… 161
10.2.2　使能 ADC 通道 …… 161
10.2.3　读取 ADC 通道采样值 …… 162
10.2.4　关闭 ADC 通道 …… 162
10.3　任务 10-1　使用终端命令读取 ADC 设备采样值 …… 162
10.3.1　硬件设计 …… 162
10.3.2　RT-Thread 工程建立和 BSP 配置 …… 163
10.3.3　编译及测试 …… 163
10.4　任务 10-2　编写程序，实现电压测量并打印电压值 …… 164
10.4.1　程序设计 …… 164
10.4.2　编译、下载、测试 …… 165
练习 10 …… 166
第 11 章　使用 I^2C 设备驱动 OLED 显示屏 …… 167
11.1　I^2C 总线介绍 …… 167
11.1.1　I^2C 总线构成 …… 167
11.1.2　I^2C 总线的信号类型和数据传输时序 …… 168
11.2　RT-Thread I^2C 总线接口 …… 171
11.2.1　查找 I^2C 总线设备 …… 171
11.2.2　数据传输 …… 172
11.3　OLED 操作介绍 …… 173
11.3.1　从机地址 …… 173
11.3.2　数据格式 …… 174
11.3.3　GDDRAM 结构 …… 175
11.3.4　三种 GDDRAM 寻址模式 …… 175
11.3.5　OLED 指令 …… 177
11.4　任务 11-1　OLED 显示实现中英文 …… 178
11.4.1　硬件设计 …… 178

11.4.2 工程建立与配置 …… 178
11.4.3 程序编写 …… 179
11.4.4 测　试 …… 188
练习 11 …… 188
第 12 章　使用脉冲码盘设备测量小车行驶速度 …… 189
12.1 编码器及其测速原理 …… 189
12.1.1 编码器的分类 …… 189
12.1.2 编码器的参数 …… 191
12.1.3 编码器测速原理 …… 191
12.2 任务 12-1　车轮转动方向测量 …… 193
12.2.1 硬件设计 …… 193
12.2.2 程序设计 …… 193
12.2.3 测　试 …… 196
12.3 任务 12-2　采用 M 法测量小车车轮转动速度 …… 196
12.3.1 硬件设计 …… 196
12.3.2 软件设计 …… 196
12.3.3 测　试 …… 197
12.4 任务 12-3　同时测量方向和速度 …… 198
12.4.1 程序设计 …… 198
12.4.2 测　试 …… 201
12.5 任务 12-4　使用 Pulse Encoder 设备进行测速 …… 201
12.5.1 硬件设计 …… 201
12.5.2 新建项目及 BSP 配置 …… 201
12.5.3 代码编写 …… 203
12.5.4 测　试 …… 204
练习 12 …… 205
第 13 章　使用 Sensor 设备进行温度测量 …… 206
13.1 单线程协议简介 …… 206
13.2 DS18B20 数字温度传感器 …… 208
13.3 任务 13-1　使用 DS18B20 进行温度采样 …… 210
13.3.1 硬件设计 …… 210
13.3.2 软件设计 …… 210
13.3.3 测　试 …… 214
13.4 任务 13-2　把 DS18B20 设备注册为 RT-Thread 的 Sensor 设备 …… 215
13.4.1 硬件设计 …… 215
13.4.2 项目创建与配置 …… 215
13.4.3 程序设计 …… 215
13.4.4 测　试 …… 219
13.5 任务 13-3　使用 Sensor 设备驱动层接口读取温度值 …… 220

13.5.1 程序设计 …… 220
13.5.2 测　试 …… 222
练习 13 …… 222
第 14 章　遥控器控制小车行走 …… 223
14.1 红外接收原理 …… 223
14.1.1 红外通信系统 …… 223
14.1.2 认识红外接收头 …… 224
14.1.3 红外遥控编码协议 …… 224
14.2 任务 14-1 识别红外遥控器按键信号 …… 225
14.2.1 硬件设计 …… 225
14.2.2 创建项目及配置 …… 226
14.2.3 程序设计 …… 229
14.2.4 测　试 …… 230
练习 14 …… 231
参考文献 …… 232

第 1 章 搭建开发环境

本章概述

本章介绍书中所使用的两个主要开发工具的下载方法和安装方法。本书的开发环境主要为 RT - Thread Studio 集成开发环境,因为本书是基于 STM32 硬件平台进行项目实战,而对于 STM32 硬件平台,RT - Thread Studio 使用 STM32CubeMX 进行硬件配置,所以,我们除了要安装 RT - Thread Studio 开发工具外,还要安装 STM32CubeMX 配置工具。

知识目标

➢ 掌握 RT - Thread Studio 集成开发环境搭建方法;
➢ 掌握基于 STM32CubeMX 和 HAL 库的开发环境搭建方法。

技能目标

➢ 能够搭建 RT - Thread Studio 集成开发环境;
➢ 能够搭建 STM32CubeMX 图形化配置工具。

1.1 RT - Thread Studio 集成开发环境安装

本节介绍 RT - Thread Studio 集成开发环境安装包的下载和安装。

RT - Thread Studio
安装演示

1.1.1 获取 RT - Thread Studio 安装包

可以从 RT - Thread 官网上获取 RT - Thread Studio 的最新安装包,下载路径如下:https://www.rt-thread.org/page/studio.html。

① 打开下载界面如图 1 - 1 所示,在图中单击"RT - Thread Studio 下载"按钮,进入下载方式选择界面,如图 1 - 2 所示。

图 1 - 1 RT - Thread Studio 下载网站

RT-Thread Studio 下载

一站式的 RT-Thread 开发工具，通过简单易用的图形化配置系统以及丰富的软件包和组件资源，让物联网开发变得简单和高效。

点击百度网盘下载　　点击网站下载

提取码：o4yo

图 1-2　RT-Thread Studio 下载方式选择

② 如果电脑已经安装了百度网盘，则可以使用百度网盘下载；如果没有安装百度网盘，则可以使用网站下载。对于网站下载，直接单击“点击网站下载”按钮即可进行下载。

③ 下载完成后的软件包如图 1-3 所示。

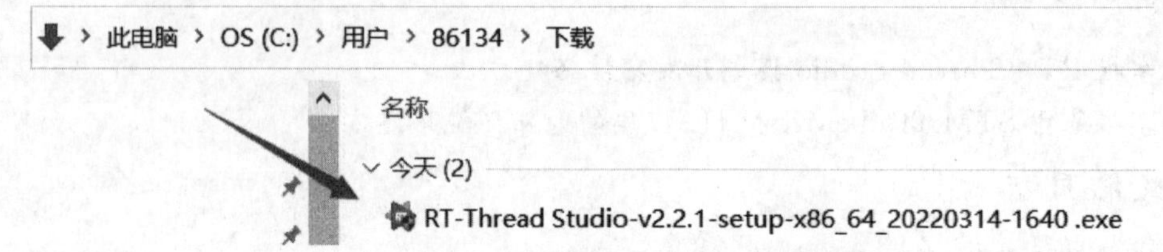

图 1-3　RT-Thread Studio 软件安装包

1.1.2　开始安装 RT-Thread Studio 软件包

① 双击图 1-3 中的.exe 文件进行安装，有些操作系统版本可能会有如图 1-4 所示的提示，单击“更多信息”后选择“仍要运行”即可出现如图 1-5 所示的安装界面，单击“下一步”按钮。

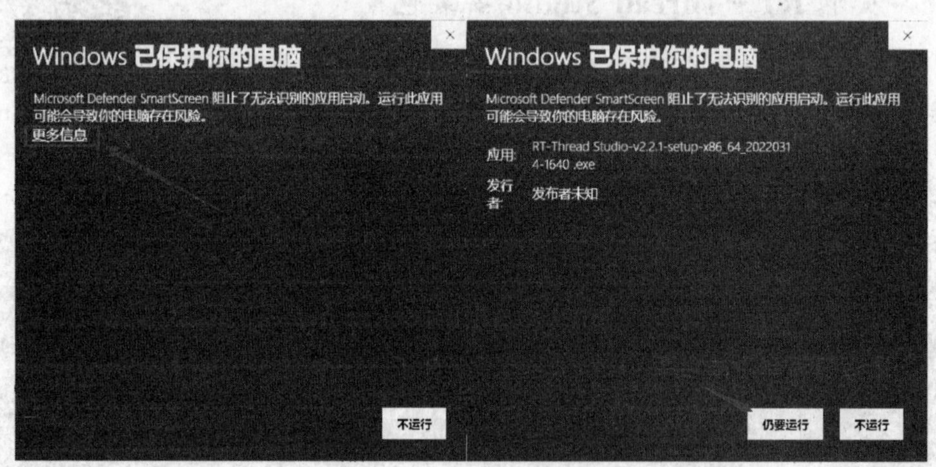

图 1-4　电脑保护提示

② 安装前需要接受许可协议，如图 1-6 所示。

③ 指定安装路径时不要带有空格和中文字符，也可以选择默认路径安装，如图 1-7 所示。

图 1-5 欢迎界面

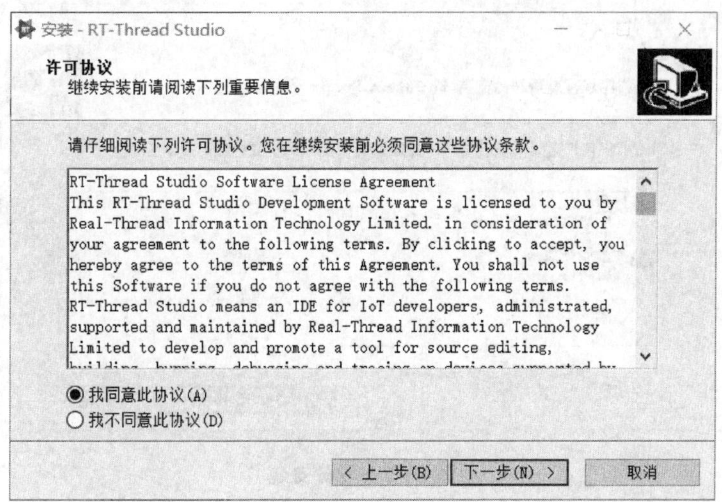

图 1-6 许可协议

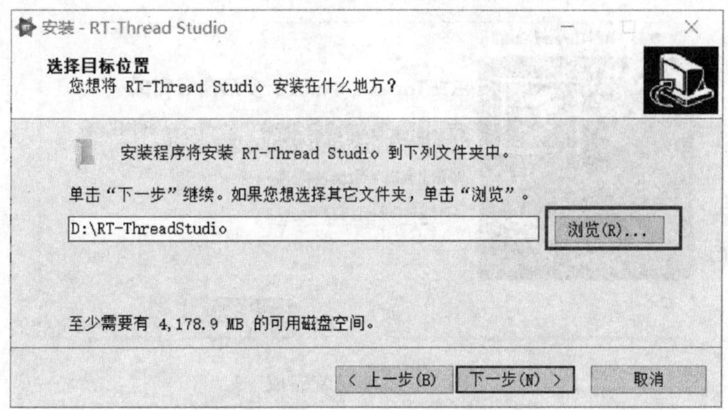

图 1-7 选择安装位置

④ 指定开始菜单文件夹，也可以采用默认设置，如图 1-8 所示。

⑤ 准备安装，如图 1-9 所示。

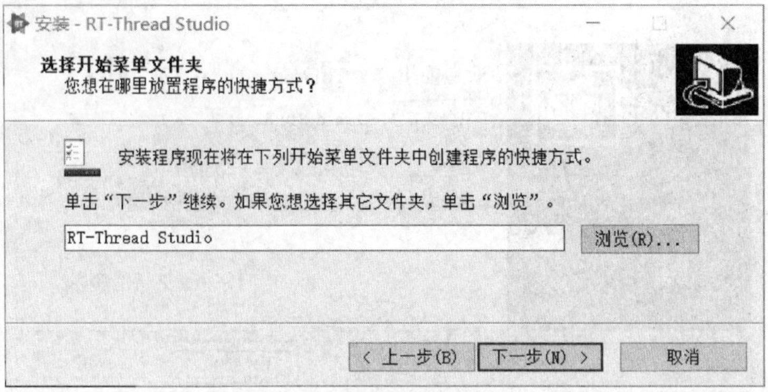

安装 - RT-Thread Studio
选择开始菜单文件夹
您想在哪里放置程序的快捷方式？
安装程序现在将在下列开始菜单文件夹中创建程序的快捷方式。
单击“下一步”继续。如果您想选择其它文件夹，单击“浏览”。
RT-Thread Studio
浏览(R)...
< 上一步(B)　下一步(N) >　取消

图 1-8　指定开始菜单文件夹

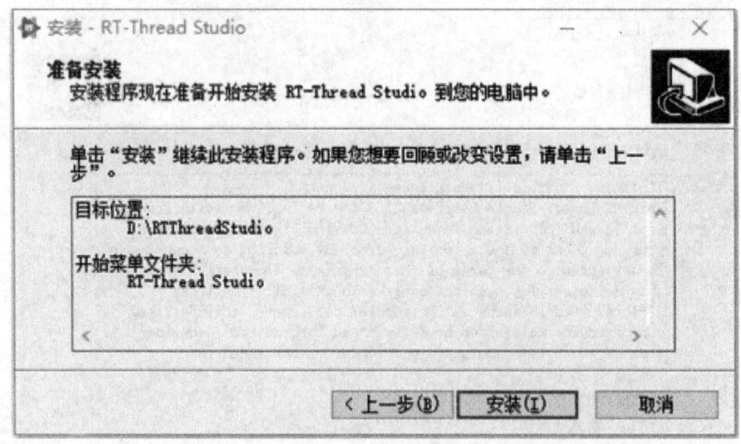

图 1-9　准备安装

⑥ 一直单击“下一步”按钮直到最后单击“安装”按钮便可开始安装，待安装完成后可直接单击“完成”按钮，即可启动 RT-Thread Studio，如图 1-10 所示。

图 1-10　安装完成

也可取消选中“运行 RT-Thread Studio”，单击“完成”按钮后从桌面快捷方式启动 RT-Thread Studio。桌面快捷方式如图 1-11 所示。

⑦ 账户登录。第一次启动 RT-Thread Studio 需要进行账户登录，登录一次后系统会自动记住账户，后续就不需要再登录了，登录支持第三方账户登录，登录注册界面如图 1-12 所示。

图 1-11　桌面快捷方式

图 1-12　登录注册界面

1.1.3　下载 SDK

安装好 RT-Thread Studio 后，我们需要在线下载 SDK。

(1) 打开 SDK 管理器

打开 SDK 管理器，单击如图 1-13 所示的 SDK Manager 按钮，会出现如图 1-14 所示的等待提示，此时 RT-Thread Studio 正在联网获取 SDK 信息，稍等一会后，便可以进行 SDK 的下载。

图 1-13　SDK 管理器

图 1-14　获取数据进度显示

(2) 下载 SDK 资源

SDK 资源库一共有 6 个分类,如图 1 - 15 所示,我们可根据需要更新 SDK 资源,SDK 更新的文件一般保存在 D:\RT - ThreadStudio\repo\Extract 中(由安装目录决定)。

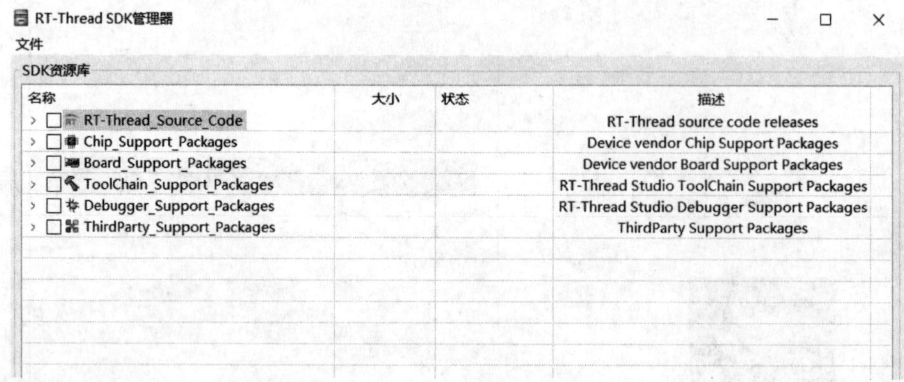

图 1 - 15　6 类 SDK 资源

本书中,我们需要更新以下 SDK 资源:

① 选中 RT - Thread 的源码包,此源码包为 RT - Thread 内核及驱动源码,如图 1 - 16 所示(图中为已经安装该源码包)。

RT-Thread_Source_Code			RT-Thread source code releases
4.1.0 (2022-04-01)	141 MB	Not installed	详细日志
4.0.5 (2022-01-10)	122 MB	Not installed	详细日志
4.0.4 (2021-10-28)	115 MB	Not installed	详细日志
4.0.3 (2021-03-18)	104 MB	Installed	released v4.0.3
4.0.2 (2019-12-20)	65 MB	Installed	released v4.0.2
nano-v3.1.3 (2020-01-	32 MB	Installed	Nano released 3.1.3
nano-v3.1.5 (2021-06-	31 MB	Not installed	Nano released v3.1.5
lts-v3.1.4 (2020-05-14	65 MB	Installed	LTS released v3.1.4
lts-v3.1.5 (2021-07-22	64 MB	Not installed	LTS released v3.1.5
latest (2022-03-28)	561 MB	Installed	rt-thread master branch

图 1 - 16　选中 RT - Thread 的源码包

② 选中芯片支持包,支持包版本可自由选择,如图 1 - 17 所示(图中为未安装该芯片支持包)。

Chip_Support_Packages			Device vendor Chip Support Packages
ArteryTek			
AT32F4		Not installed	
Geehy			
APM32F1		Not installed	
Microchip			
ATSAMD21		Not installed	
STMicroelectronics			
STM32F0		Not installed	
STM32F1		Installed	
STM32F2		Not installed	
STM32F4			
0.2.2 (2022-01-2	114 MB	Not installed	released v0.2.2
0.1.9 (2020-06-1	114 MB	Not installed	released v0.1.9
0.1.7 (2020-05-2	124 MB	Not installed	released v0.1.7
STM32F7		Not installed	

图 1 - 17　选中芯片支持包

③ 选中工具链支持包，如图 1－18 所示（图中为已经安装该工具链支持包）。

名称	大小	状态	描述
ToolChain_Support_Packag			RT-Thread Studio ToolChain Support Packages
GNU_Tools_for_ARM_Er			
10.2.1 (2021-03-02)	198 MB	Not installed	released v10.2.1
6.3.1 (2021-12-22)	101 MB	Not installed	released v6.3.1
5.4.1 (2020-05-08)	101 MB	Installed	released v5.4.1
RISC-V-GCC		Not installed	
ARM-LINUX-MUSLEABI		Not installed	
RISC-V-GCC-WCH		Not installed	
RISC-V-GCC-KENDRYTE		Not installed	

图 1－18　选中工具链支持包

④ 选中调试器支持包，如图 1－19 所示（图中为已经安装该调试器支持包）。

名称	大小	状态	描述
Debugger_Support_Packag			RT-Thread Studio Debugger Support Packages
J-Link		Not installed	
ST-LINK_Debugger			
1.6.0 (2021-03-22)	16 MB	Installed	st-link driver released 1.6.0
1.4.0 (2020-10-20)	74 MB	Installed	st-link driver released 1.4.0
1.2.0 (2020-05-08)	72 MB	Not installed	st-link driver released 1.2.0
PyOCD		Not installed	
QEMU		Not installed	

图 1－19　选中调试器支持包

⑤ 单击“安装 1 资源包”，如图 1－20 所示（软件会自动检测未完装的资源包并安装）。

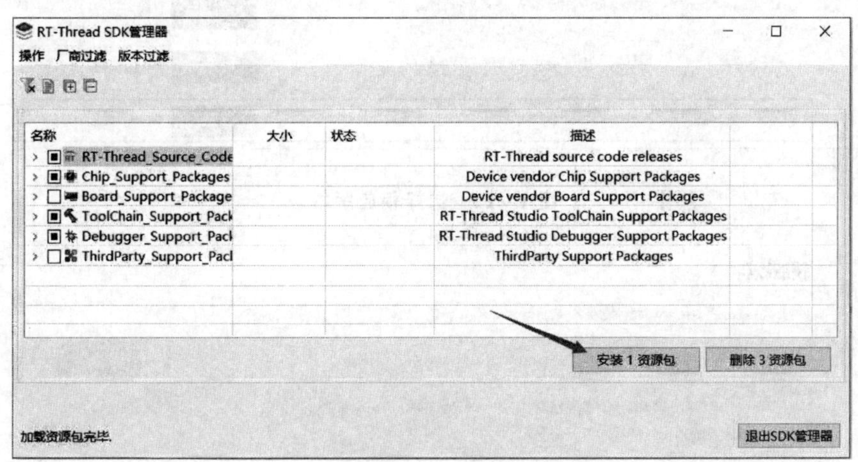

图 1－20　安装资源包

1.2　STM32CubeMX 图形化配置工具安装

下面介绍 STM32CubeMX 图形化配置工具的下载及安装方法。

1.2.1　获取安装包

STM32CubeMX 图形化配置工具可以从 ST 官网获取，其网址如下：https://www.st.com/zh/development-tools/stm32cubemx.html。

① 获取版本。进入网页后出现如图 1－21 所示界面，单击“获取软件”按钮，可以根据需要选择相应版本，这里我们选择 Windows 版本，如图 1－22 所示。

② 填写姓名和邮箱地址。如图 1－23 所示，填写完成后单击“下载”按钮，网站会发一封邮件到你填写的邮箱中。

STM32CubeMX 软件安装演示

图 1－21　官网获取软件界面

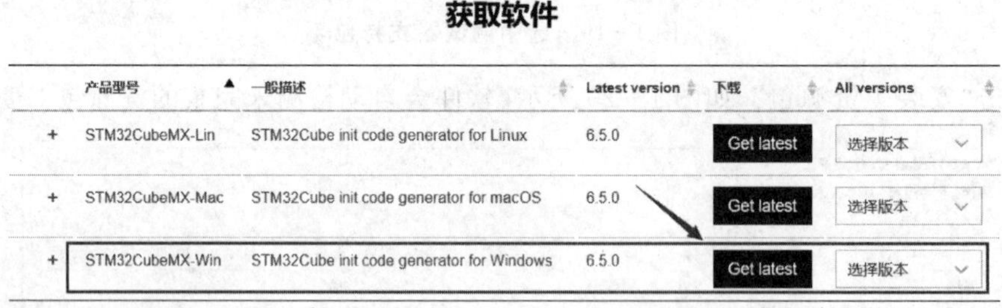

获取软件

	产品型号	一般描述	Latest version	下载	All versions
+	STM32CubeMX-Lin	STM32Cube init code generator for Linux	6.5.0	Get latest	选择版本
+	STM32CubeMX-Mac	STM32Cube init code generator for macOS	6.5.0	Get latest	选择版本
+	STM32CubeMX-Win	STM32Cube init code generator for Windows	6.5.0	Get latest	选择版本

图 1－22　选择相应版本

获取软件

如果您在my.st.com上有帐户，即可直接登录并下载软件。

登录/注册

如果您现在不想现在登录，只需要在下面的表单中提供您的姓名和电子邮件地址，就可以下载软件。

这允许我们保持跟你联系，并通知您有关于此软件的更新。

对于后续继续下载，大多数的软件都不再需要此步骤。

名:

姓:

E-mail address:

邮箱地址一定要填对，后面要通过邮件中下载链接才能下载

请查看我们的隐私声明，该声明描述了我们如何处理您的个人资料信息以及如何维护您的个人数据保护权利

☐ Please keep me informed about future updates for this software or new software in the same category

下载

图 1－23　填写信息

③ 进入邮箱。可以看到一份 ST 公司自动发过来的邮件，如图 1－24 所示，直接单击 Download now 按钮，会重新跳转到下载界面。**注意：**此时不要做任何操作，等待一段时间便会出现如图 1－25 所示的下载进度提示，表示正在下载。

图 1－24　邮件内容

图 1－25　下　载

1.2.2　安装软件

① 双击所下载的软件包，进入安装导航流程，在图 1－26 所示的界面中单击 Next 按钮。

② 在图 1－27 中选中❶后单击 Next 按钮。

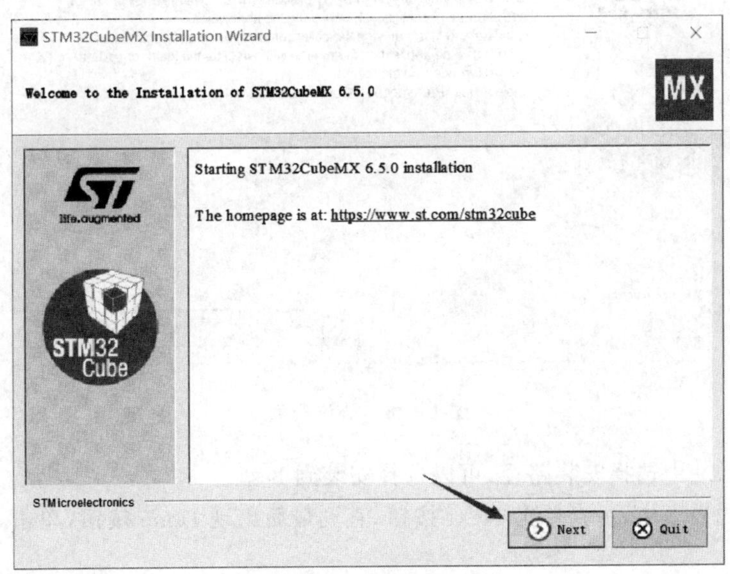

图 1－26　欢迎界面

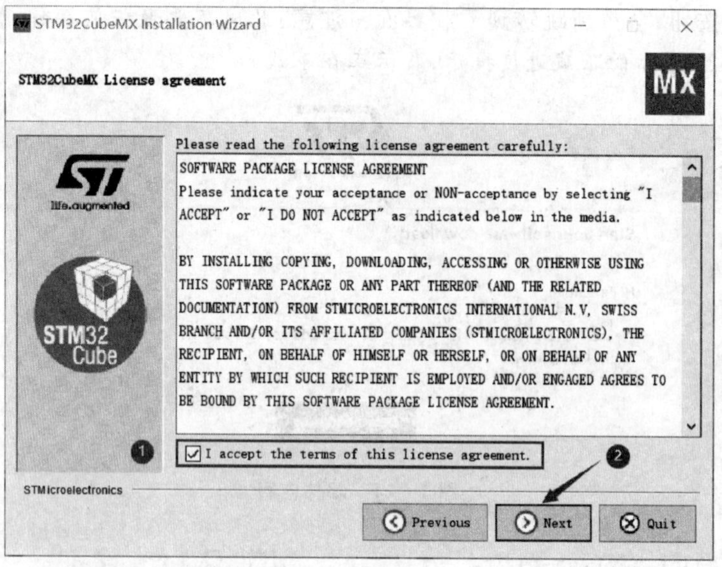

图 1-27　接授条款

③ 在图 1-28 中选中❶后单击 Next 按钮。

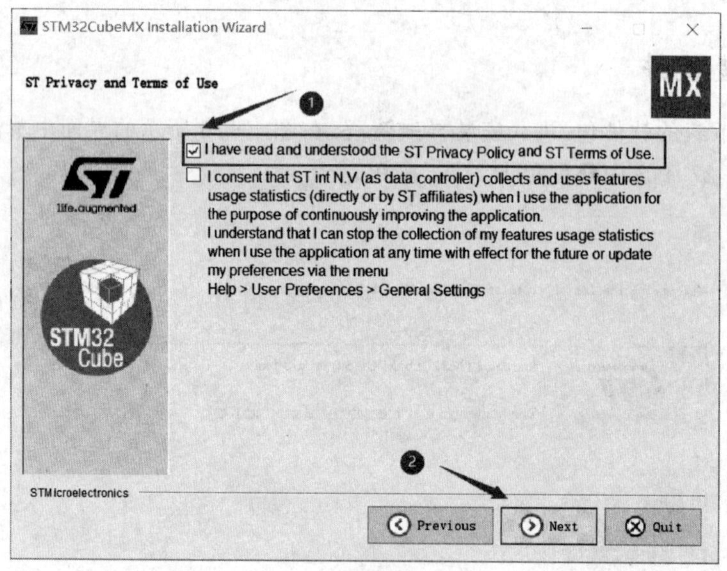

图 1-28　协议条款

④ 在图 1-29 中选择安装路径，可以选择安装到 D 盘。

⑤ 在随后的界面中，一直单击 Next 按钮，直到最后出现 Done 按钮，单击 Done 按钮即可完成安装。

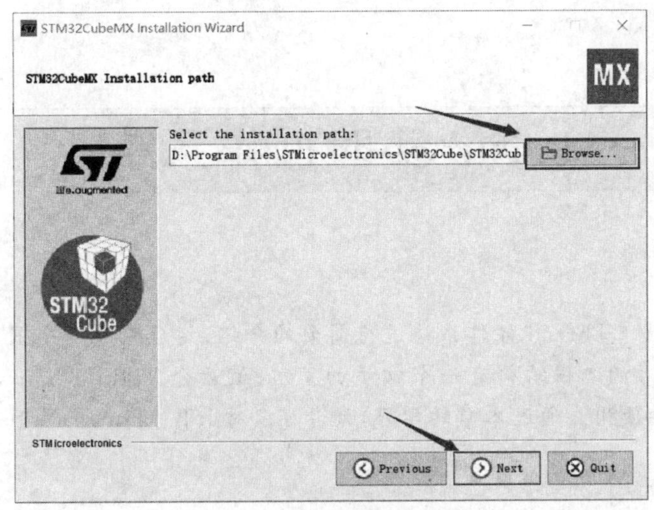

图 1-29　选择安装路径

1.2.3　安装固件库

首先，如图 1-30 中的❶和❷所示，在菜单栏中选择 Help→Manage embedded software packages，接着按图❸所示选择所需芯片的固件库，最后单击 Install Now 按钮安装即可。

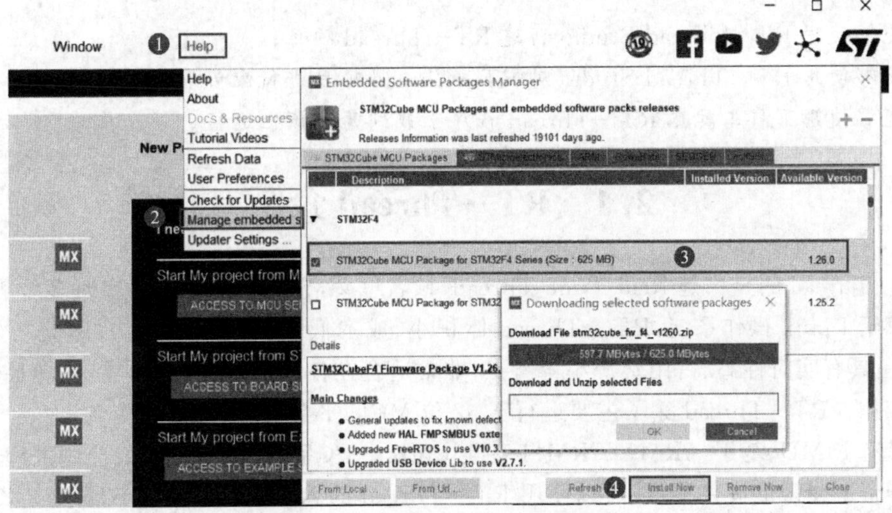

图 1-30　安装固件库

练习 1

1. RT-Thread Studio 开发工具中，SDK 资源库一共有________个分类。

2. 下列哪个 SDK 资源包包含了 RT-Thread 内核源码？（　　）

A. RT-Thread 的源码包　　B. 芯片支持包　　C. 板级支持包　　D. 第三方软件

第 2 章

初识 RT - Thread 实时操作系统

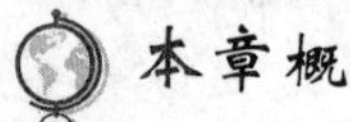

本章概述

本章首先对 RT - Thread 操作系统进行简要的介绍；然后新建一个 RT - Thread 项目使读者对 RT - Thread 的工程结构有一个初步的了解；最后介绍 RT - Thread 项目的配置、构建、下载以及终端的使用。通过本章的学习，读者可以对 RT - Thread 实时操作系统有一个初步认识。

知识目标

- ➢ 理解 RT - Thread 的整体架构；
- ➢ 理解 RT - Thread 工程目录结构；
- ➢ 掌握 RT - Thread 工程配置方法；
- ➢ 掌握 RT - Thread 工程构建和程序下载方法。

技能目标

- ➢ 能够使用 RT - Thread Studio 新建 RT - Thread 项目；
- ➢ 能够使用 RT - Thread Studio 对 RT - Thread 项目进行配置和构建；
- ➢ 能够使用下载工具把 RT - Thread 程序下载到开发板上运行。

2.1 RT - Thread 介绍

RT - Thread 的全称是 Real Time Thread，顾名思义，它是一个嵌入式实时多线程操作系统。相较于 Linux 操作系统，RT - Thread 体积小、成本低、功耗低、启动快，除此之外，RT - Thread 还具有实时性高、占用资源小等特点，非常适合在各种资源受限（如成本、功耗限制等）的场合应用。RT - Thread 除了主要运行于 32 位 MCU 平台外，在特定应用场合，还可以运行于很多带有 MMU、基于 ARM9、ARM11 甚至 Cortex - A 系列级别 CPU 的应用处理器。

对于资源受限的硬件平台，可以使用 RT - Thread 的 NANO 版本，它仅需要 3 KB Flash 和 1.2 KB RAM 内存资源。而对于资源丰富的硬件平台，还可以使用 RT - Thread 的在线软件包管理工具，配合系统配置工具实现直观快速的模块化裁剪，无缝地导入丰富的软件功能包，实现类似 Android 的图形界面及触摸滑动效果、智能语音交互效果等复杂功能。

RT - Thread 系统完全开源，目前版本遵循 Apache License 2.0 开源许可协议，可以免费在商业产品中使用，并且不需要公开私有代码。

RT - Thread 与其他很多 RTOS 如 FreeRTOS、μC/OS 的主要区别之一是，它不仅仅是一个实时内核，还具备丰富的中间层组件和应用软件生态，其整体架构如图 2 - 1 所示。

RT - Thread 整体架构包括以下几个部分：

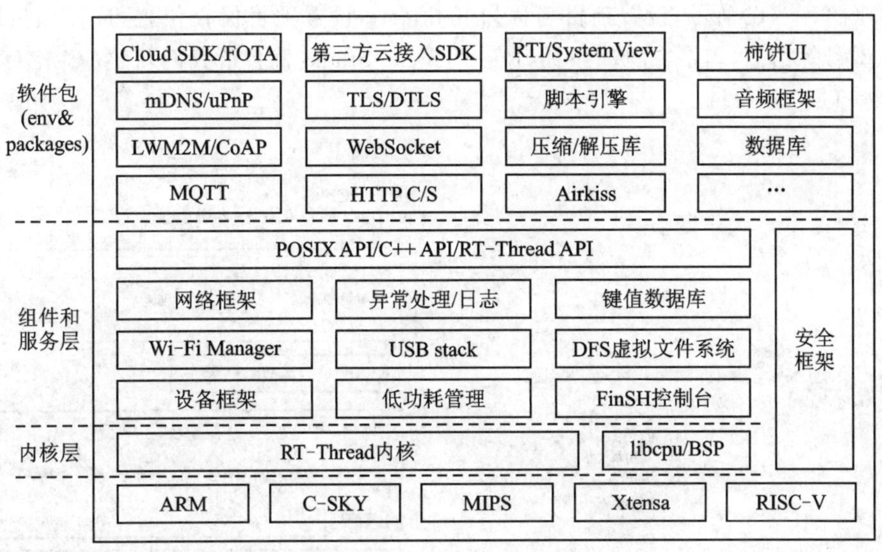

图 2-1 RT-Thread 整体架构

内核层：RT-Thread 内核是 RT-Thread 的核心部分，包括了内核系统中对象的实现，例如多线程及其调度、信号量、邮箱、消息队列、内存管理、定时器等；libcpu/BSP（芯片移植相关文件/板级支持包）与硬件密切相关，由外设驱动和 CPU 移植构成。

组件和服务层：组件是基于 RT-Thread 内核之上的上层软件，例如虚拟文件系统、FinSH 命令行界面、网络框架、设备框架等。其采用模块化设计，做到组件内部高内聚，组件之间低耦合。

软件包：其运行于 RT-Thread 物联网操作系统平台上，是面向不同应用领域的通用软件组件，由描述信息、源代码或库文件组成。RT-Thread 提供了开放的软件包平台，这里存放了官方提供或开发者提供的软件包，为开发者提供了众多可重用软件包的选择。这些软件包具有很强的可重用性，模块化程度很高，极大地方便了应用开发者在最短时间内打造出自己想要的系统。下面列举 RT-Thread 已经支持的各类软件包：

- 物联网相关的软件包：Paho MQTT、WebClient、mongoose、WebTerminal，等等；
- 脚本语言相关的软件包：目前支持 JerryScript、MicroPython；
- 多媒体相关的软件包：Openmv、mupdf；
- 工具类软件包：CmBacktrace、EasyFlash、EasyLogger、SystemView；
- 系统相关的软件包：RTGUI、Persimmon UI、lwext4、partition、SQLite，等等；
- 外设库与驱动类软件包：RealTek RTL8710BN SDK；
- 其他。

2.2 如何新建 RT-Thread 项目

本节采用 RT-Thread Studio 新建一个 RT-Thread 项目。

① 如图 2-2(a)所示，在 RT-Thread Studio 中，选择“文件”→“新建”→“RT-Thread 项目”，就可以打开如图 2-2(b)所示的“新建 RT-Thread 项目”选项卡。

② 如图 2-2(b)所示，设置项目名称为 hello_rtt，设置项目保存位置，选择项目所用芯片的厂商和型号等信息，单击“完成”按钮，RT-Thread Studio 就会帮我们新建一个名字为 hello_rtt 的 RT-Thread 项目。

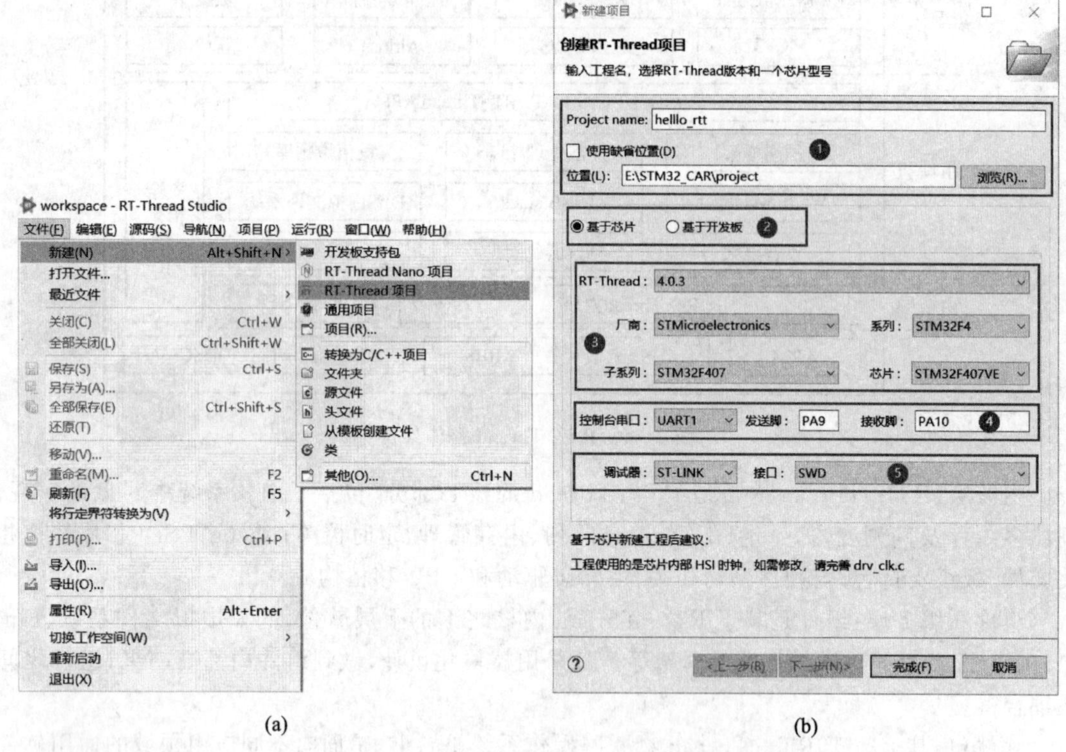

图 2-2　新建 RT-Thread 项目

图 2-2(b)中的配置过程说明如下：

标号❶：设置项目名称和项目保存路径，本例中的项目名称为 hello_rtt。

标号❷：选择基于芯片创建项目。用 RT-Thread Studio 创建项目有两种选择方法，一种是基于开发板，另一种是基于芯片。对于自己画的板子，如果没有相应的开发板，则可以采用基于芯片的方法创建。

标号❸：选择 RT-Thread 版本号和芯片型号，本例中我们使用 STM32F407VET6 主芯片。

标号❹：设置控制台串口参数，默认控制台串口为 UART1，串口 UART1 的对应发送引脚是 PA9，接收收脚是 PA10，由于默认参数与我们的板子相同，所以这里不需要修改。

标号❺：选择调试器类型和接口，本例中我们使用 ST-LINK 的 SWD 接口进行软件下载和调试。

2.3　认识 RT-Thread 项目结构

新建完项目后，在 RT-Thread Studio 的“项目资源管理器”中，可以看到项目的目录树，如图 2-3 所示。

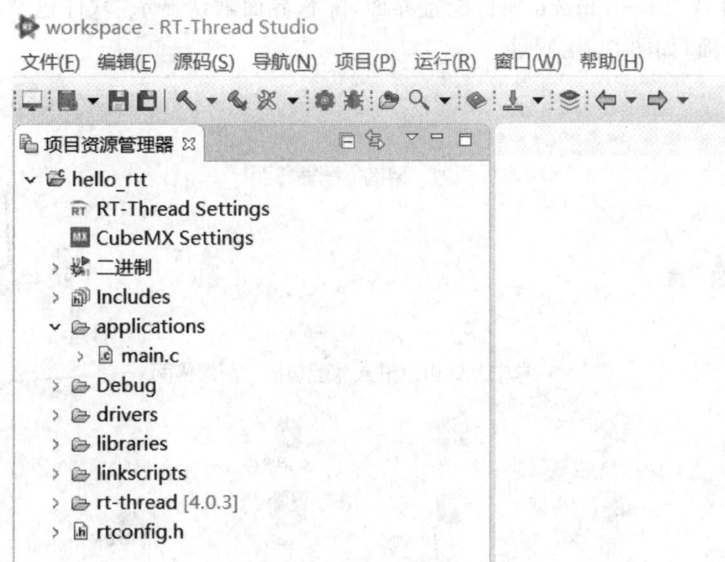

图 2-3 RT-Thread 项目目录树

由图 2-3 可知，项目树有多个分支，每个分支都有各自的作用，表 2-1 对项目树的各个分支进行了说明。

表 2-1 RT-Thread 项目树结构描述

目　录	描　述
RT-Thread Settings	双击可以打开 RT-Thread 的图形化配置工具
CubeMX Settings	双击可以打开 STM32CubeMX 图形化配置工具，对 STM32 芯片的硬件外设进行配置
applications	用户应用程序目录，所有应用程序都可以放到这里，其中包括 main. c
Debug	项目编译过程文件目录，如编译过程产生的. o 文件等
drivers	与硬件平台相关的设备驱动文件目录
libraries	与平台相关的底层驱动库。对于 STM32 平台，目前版本使用 STM32 官方的 HAL 库作为平台底层驱动库
linkscripts	项目的链接脚本
rt-thread	RT-Thread 内核代码
rtconfig. h	RT-Thread 的配置头文件，在 RT-Thread Settings 中所做的修改，都会改变这个文件，这个文件不能手动修改

2.4 配置 RT-Thread 项目

前面我们提到 RT-Thread 不仅是一个实时操作系统内核，它还包含各种组件和应用软件包，在开发过程中，可以根据项目实际需求，对内核参数、使用的硬件、使用的组件和应用软件包进行配置（不是所有项目都必须进行配置），配置方法如下：

① 打开配置界面。在如图 2-3 所示的项目资源管理器中，双击项目树中的 RT-Thread

Settings 文件,打开 RT-Thread 项目配置界面,配置界面默认显示"软件包""组件和服务层"的架构配置图界面,如图 2-4 所示。

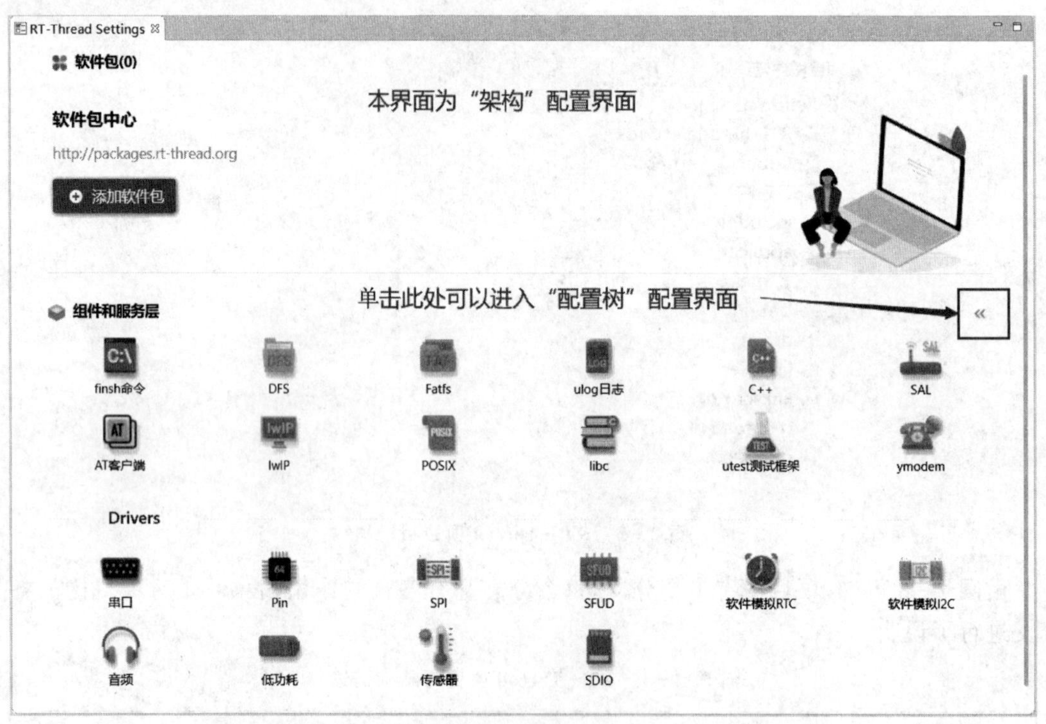

图 2-4　架构配置图界面

在图 2-4 中,单击架构图配置界面右边的侧边栏按钮,即可转到"配置树"配置界面,如图 2-5 所示。

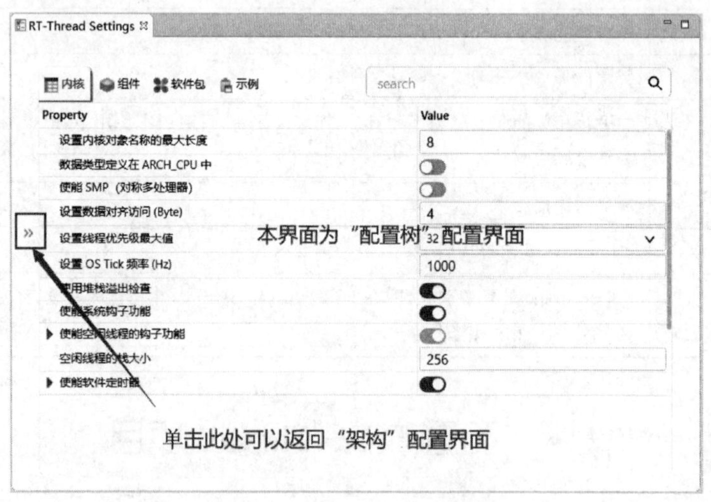

图 2-5　"配置树"配置界面

如果要返回架构配置图界面,只要单击图 2-5 中"配置树"配置界面左边的侧边栏按钮即可。

② 配置并保存。根据项目需要在配置界面中进行相应配置，如图 2 - 6 所示为配置使用 ADC 设备驱动程序。

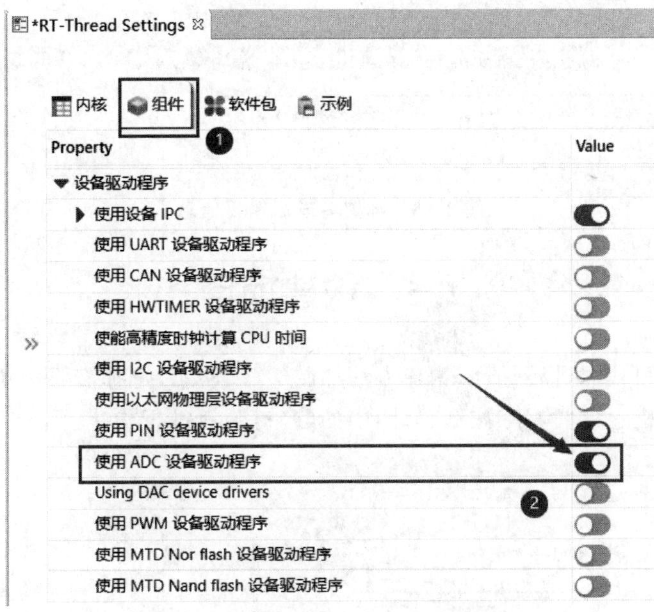

图 2 - 6　使用 ADC 设备驱动程序

配置完成后，在键盘上按下 Ctrl＋S 键，保存配置。在 RT - Thread Studio 关闭 RT - Thread Settings 配置界面，退出配置。RT - Thread Studio 会自动将配置应用到项目中，比如会自动下载相关资源文件到项目中并设置好项目配置，确保项目配置后能够构建成功，如图 2 - 7 所示。

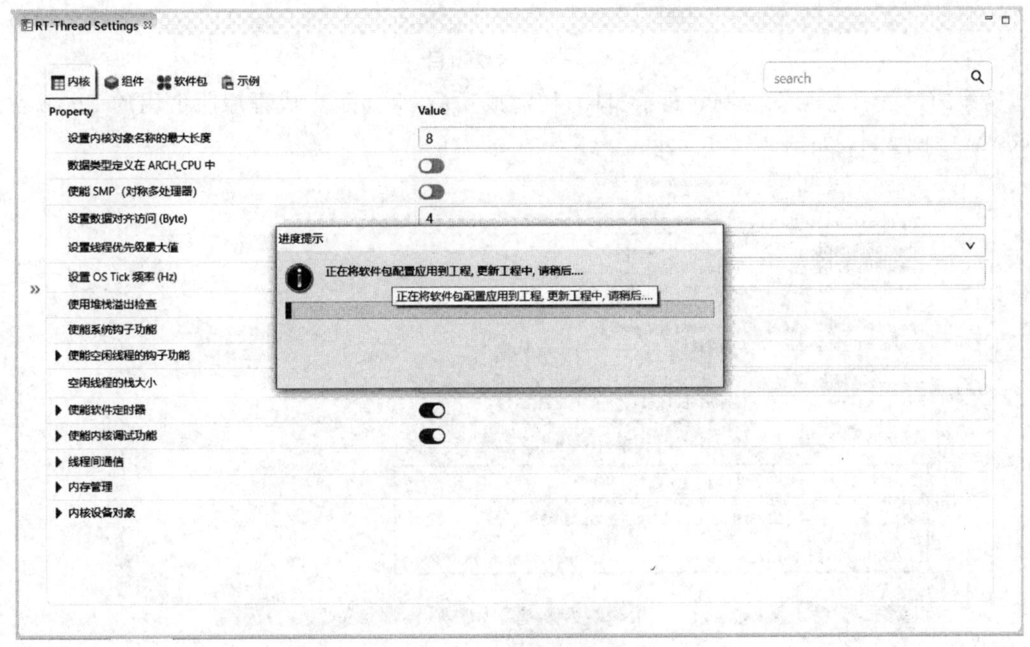

图 2 - 7　正在保存配置

如图 2-8 所示，表示项目配置成功。

```
问题 任务 控制台 属性
CDT Build Console [hello_rtt]
16:20:36 **** 仅清理的构建 of configuration Debug for project hello_rtt ****
make -j8 clean2
rm -rf  rtthread.hex  rtthread.siz  ./rt-thread/libcpu/arm/cortex-m3/context_gcc.d  ./libraries/CMSIS
rm -rf  ./rt-thread/src/clock.o ./rt-thread/src/components.o ./rt-thread/src/device.o ./rt-thread/src

16:20:37 Build Finished. 0 errors, 0 warnings. (took 648ms)
```

图 2-8　配置完成后输出信息

2.5　构建项目

构建是指对项目代码进行编译，构建方法如图 2-9 所示，选择需要构建的工程（如图中的❶），然后单击工具栏上的“构建”按钮（如图中的❷）对项目进行构建。

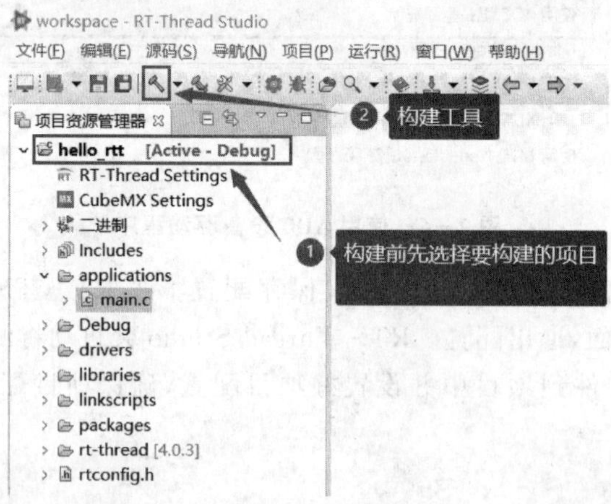

图 2-9　构建项目

构建的过程日志会在控制台进行打印，构建成功后，会显示生成程序所占用的 Flash 空间和 RAM 空间大小，如图 2-10 所示。

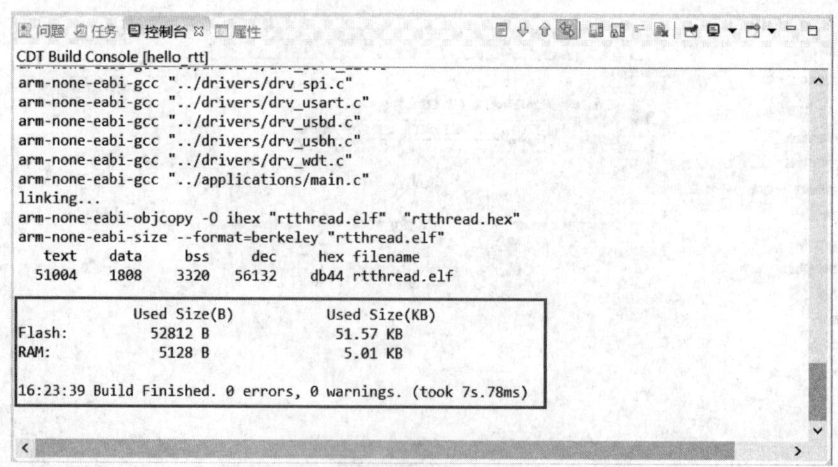

图 2-10　项目构建输出信息

2.6 下载程序

项目构建成功后，就可以把程序下载到硬件平台上，根据下载工具的不同，针对 STM32 芯片，下载程序通常使用以下 2 种方法：

1. 使用调试器下载

下面以使用 ST - LINK 调试器下载为例，首先将 ST - LINUK 调试器与电脑和开发板连接好。

接着单击工具栏“下载程序”按钮旁的下三角按钮，在下拉列表框中选择相应的烧写器，本书选择 ST - LINK 烧写器，如图 2 - 11 所示。

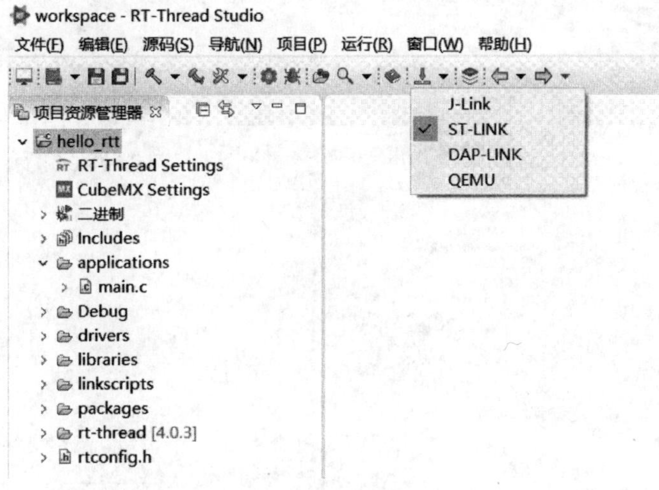

图 2 - 11 选择烧写器

选择完烧写器后可直接单击“下载程序”按钮进行程序下载，下载日志会在控制台窗口打印，如图 2 - 12 所示。

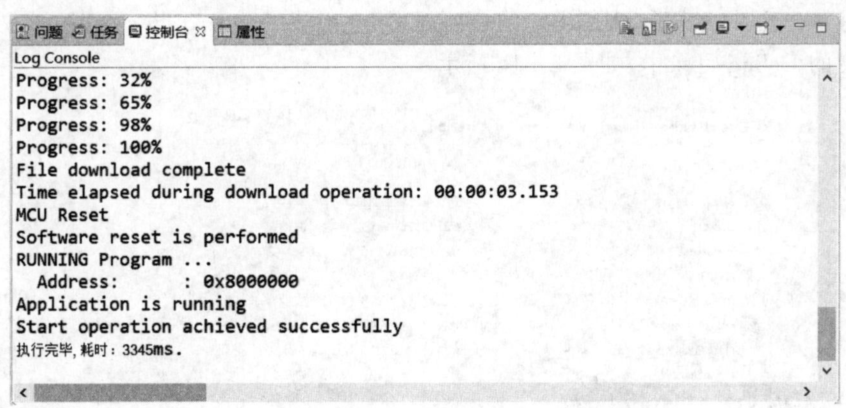

图 2 - 12 下载信息

2. 使用串口下载

在没有 ST－LINK 等调试器工具的情况下，可以使用串口配合 Fly Mcu 软件进行下载。由于 Fly Mcu 软件使用的下载文件格式为 HEX 格式，而 RT－Thread Studio 软件默认不生成 HEX 格式的文件，因此需要我们修改一下生成文件的格式，修改方法为右击项目树的项目名称 hello_rtt，选择属性，即可打开如图 2－13 所示的项目属性选项卡，按图 2－13 所示选择输出文件格式为 Intel HEX 后，单击“应用并关闭”按钮。

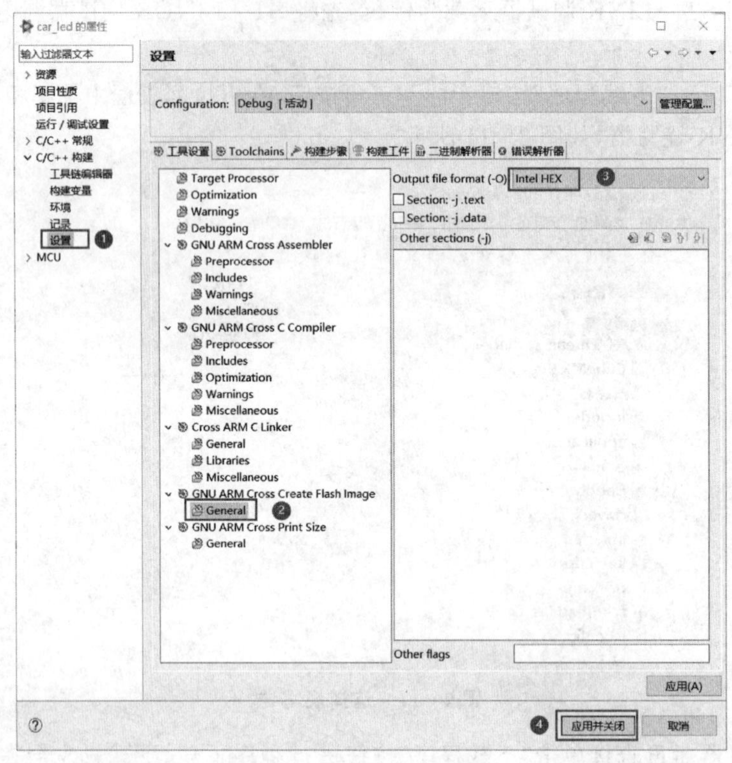

图 2－13　生成 HEX 文件

配置好输出文件格式后，必须重新构建项目，才会生成 rtthread.hex 文件，该文件保存在项目文件夹的 Debug 目录中，如图 2－14 所示。

图 2－14　rtthread.hex 文件

最后,用串口线连接平台的 UART1 串口,使用 Fly Mcu 软件下载 rtthread. hex 程序到 MCU 中。Fly Mcu 软件配置如图 2 - 15 所示。

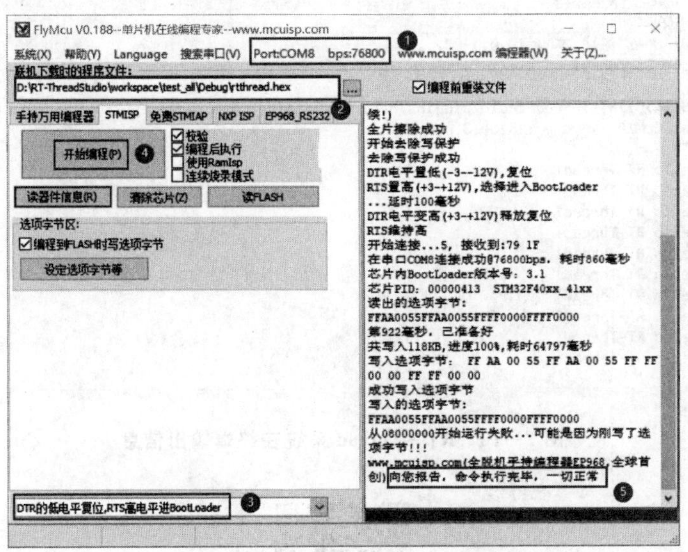

图 2 - 15 Fly Mcu 软件配置

2.7 使用串口终端工具与 RT - Thread 系统进行交互

可以使用 RT - Thread Studio 的终端工具与硬件平台的控制台串口进行连接。如图 2 - 16 所示,单击“终端”按钮,启动串行终端配置界面。

workspace - RT-Thread Studio

文件(F) 编辑(E) 源码(S) 导航(N) 项目(P) 运行(R) 窗口(W) 帮助(H)

图 2 - 16 终端工具按钮

如图 2 - 17 所示,配置串口参数,其中“串口端口”选择与开发板串口 1 相连接的串口。

图 2 - 17 串口参数配置

单击“确定”按钮后，可以观察到系统的输出信息如图 2-18 所示。

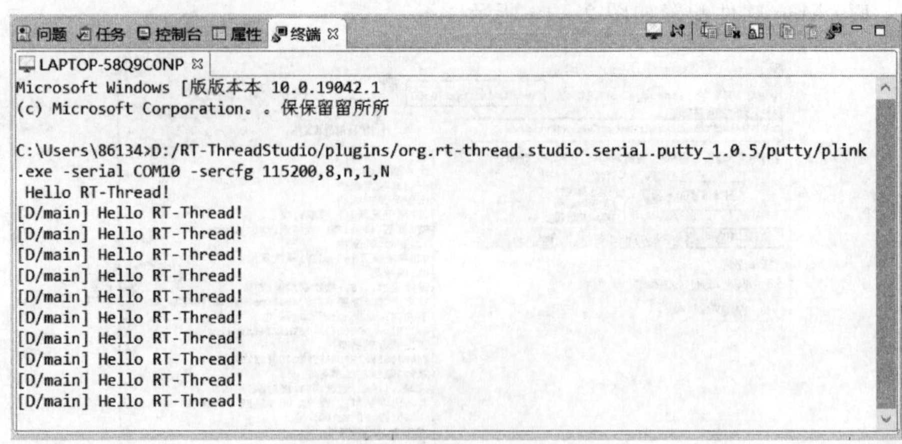

图 2-18　RT-Thread 系统在终端输出信息

项目新建、构建
和下载方法演示

练习 2

1. 填空题

(1) RT-Thread 整体架构包括________、________和________。

(2) RT-Thread 内核中的________与硬件密切相关，由外设驱动和 CPU 移植构成。

(3) 设备驱动框架属于 RT-Thread 的________。

(4) RT-Thread 整体架构中的________为开发者提供了众多可重用软件包的选择。

(5) 下载 RT-Thread 程序的方法有________和________。

2. 实操题

创建一个 RT-Thread 项目，项目名字命名为 rt_test，构建项目并把项目程序下载到开发板上。

第3章 PIN 设备的使用

 本章概述

本章的项目任务主要是实现车灯闪烁和喇叭控制功能模块。此功能模块的实现需要使用 RT - Thread 操作系统的 PIN 设备接口函数进行开发。

在嵌入式系统中,GPIO(通用输入/输出)设备是最常用的一种设备,在 RT - Thread 操作系统中,把 GPIO 命名为 PIN 设备。本章首先介绍 RT - Thread 操作系统中 PIN 设备操作接口函数的使用,然后以车灯闪烁和喇叭控制功能模块的实现为例,通过对多个实战任务开发和代码编写的讲解,使读者完全掌握 RT - Thread PIN 设备的使用方法。

其中,任务 3 - 1 旨在使读者学会 PIN 设备输出功能的使用方法;任务 3 - 2 旨在使读者掌握 PIN 设备输入功能的使用方法;任务 3 - 3 旨在使读者掌握 PIN 设备中断回调函数的使用方法;任务 3 - 4 旨在通过一个相对复杂的功能实现,使读者进一步掌握 PIN 设备输出、输入、中断功能的使用方法。

 知识目标

- 理解 RT - Thread PIN 设备引脚编号的概念;
- 理解 RT - Thread PIN 设备中断回调函数的概念;
- 掌握 RT - Thread PIN 设备的读/写方法;
- 掌握 RT - Thread PIN 设备的中断处理方法。

 技能目标

- 能够在编程中正确使用 PIN 设备的编号;
- 能够根据实际业务需要使用 PIN 设备的输入、输出和中断模式;
- 能够编写 PIN 设备中断回调函数。

3.1 RT - Thread PIN 设备介绍

RT - Thread 使用 PIN 设备对芯片的 GPIO 引脚进行管理,应用程序可以通过其提供的一组 PIN 设备管理接口来操作 GPIO,PIN 设备管理接口如表 3 - 1 所列。

表 3 - 1 RT - Thread PIN 设备管理接口

接 口	描 述
rt_pin_get()	获取引脚编号
rt_pin_mode()	设置引脚模式

续表 3-1

接　口	描　述
rt_pin_write()	设置引脚电平
rt_pin_read()	读取引脚电平
rt_pin_attach_irq()	绑定引脚中断回调函数
rt_pin_irq_enable()	使能引脚中断
rt_pin_detach_irq()	脱离引脚中断回调函数

3.1.1　引脚编号的获取

首先，这里所说的引脚编号和芯片的引脚号不是同一个概念。RT-Thread PIN 设备驱动程序把芯片的不同引脚赋予不同的编号，操作 PIN 设备时，需要使用引脚编号来指定对哪个引脚进行操作，通常有 3 种方法可以获取 GPIO 引脚的编号，分别为 API 方法、宏定义方法和查看 PIN 驱动文件方法。

1. API 方法获取引脚编号

使用 rt_pin_get()函数获取引脚编号，如获取 PF9 的引脚编号可以使用以下方法：

```
pin_number = rt_pin_get("PF.9");
```

2. 宏定义方法获取引脚编号

对于 STM32 芯片，可以使用宏 GET_PIN(PORTx,PIN)获取引脚编号，如硬件的 PF9 用于驱动 LED0，则可把宏 LED0 定义为相应的引脚编号，如下：

```
#define LED0_PIN        GET_PIN(F,  9)
```

3. 查看驱动文件方法获取引脚编号

硬件平台驱动文件 drivers/drv_gpio.c 通过 pins[]数组定义了硬件平台的 GPIO 引脚编号，其代码如下：

```
static const struct pin_index pins[] =
{
#if defined(GPIOA)
    __STM32_PIN(0 ,  A, 0 ),
    __STM32_PIN(1 ,  A, 1 ),
    __STM32_PIN(2 ,  A, 2 ),
    __STM32_PIN(3 ,  A, 3 ),
    __STM32_PIN(4 ,  A, 4 ),
    __STM32_PIN(5 ,  A, 5 ),
    __STM32_PIN(6 ,  A, 6 ),
    __STM32_PIN(7 ,  A, 7 ),
    ……
```

可以通过查看该数组，得到引脚 PA3 的编号为 3，其他类推。

3.1.2　设置引脚的输入/输出模式

引脚的输入/输出模式有 5 种，分别是推拉输出、开漏输出、输入、上拉输入、下拉输入。

RT-Thread 采用不同宏来区分不同输入/输出模式,宏定义及其模式描述如表 3-2 所列。

表 3-2 引脚输入/输出模式定义

宏定义	描 述
PIN_MODE_OUTPUT	推拉输出
PIN_MODE_OUTPUT_OD	开漏输出,硬件需要外加上拉电阻
PIN_MODE_INPUT	输入
PIN_MODE_INPUT_PULLUP	上拉输入,引脚悬空时为高电平
PIN_MODE_INPUT_PULLDOWN	下拉输入,引脚悬空时为低电平

引脚在使用前需要先设置好输入/输出模式,可通过如下函数完成:

```
void rt_pin_mode(rt_base_t pin, rt_base_t mode);
```

其参数描述如表 3-3 所列。

表 3-3 rt_pin_mode()函数参数描述

参 数	描 述
pin	引脚编号
mode	输入/输出模式对应的宏

例如,设置蜂鸣器引脚的模式为推拉输出模式,可以使用以下代码进行设置:

```
#define BEEP_PIN            GET_PIN(B,0)      //PB0 引脚
/* 蜂鸣器引脚为输出模式 */
rt_pin_mode(BEEP_PIN, PIN_MODE_OUTPUT);
```

3.1.3 设置引脚的电平值

设置引脚输出电平的函数如下:

```
void rt_pin_write(rt_base_t pin, rt_base_t value);
```

其参数描述如表 3-4 所列。

表 3-4 rt_pin_write()函数参数描述

参 数	描 述
pin	引脚编号
value	输出的电平值,高电平:PIN_HIGH;低电平:PIN_LOW

3.1.4 读取引脚的电平值

读取引脚输入电平的函数如下:

```
int rt_pin_read(rt_base_t pin);
```

其参数描述如表 3-5 所列。

表3-5 rt_pin_read()函数参数描述

参数	描述
pin	引脚编号
返回值	高电平:PIN_HIGH;低电平:PIN_LOW

3.1.5 绑定引脚中断回调函数

当引脚作为中断输入时,需要设置引脚的中断触发方式,引脚的中断触发模式有5种,分别是上升沿、下降沿、双边沿、高电平、低电平。RT-Thread分别用5个宏与之一一对应,如表3-6所列。

表3-6 中断触发模式定义

宏	描述
PIN_IRQ_MODE_RISING	上升沿触发
PIN_IRQ_MODE_FALLING	下降沿触发
PIN_IRQ_MODE_RISING_FALLING	双边沿触发
PIN_IRQ_MODE_HIGH_LEVEL	高电平触发
PIN_IRQ_MODE_LOW_LEVEL	低电平触发

当引脚产生中断时,程序需要对中断进行响应,RT-Thread通过中断回调函数来响应中断。绑定中断回调函数到引脚后,当引脚有中断发生时,就会执行对应的中断回调函数。

可以使用如下函数将某个引脚配置为某种中断触发模式并绑定一个中断回调函数到对应引脚:

```
rt_err_t rt_pin_attach_irq (rt_int32_t pin, rt_uint32_t mode,
                            void ( * hdr)(void * args), void * args);
```

其参数描述如表3-7所列。

表3-7 rt_pin_attach_irq()函数参数描述

参数	描述
pin	引脚编号
mode	中断触发模式
hdr	中断回调函数指针,用户需要自行定义这个函数
args	中断回调函数的参数,不需要时设置为RT_NULL
返回	绑定成功:RT_EOK;绑定失败:产生错误码

3.1.6 脱离引脚中断回调函数

如果不希望响应中断,或者想要更换中断响应函数,则可以使用如下脱离引脚中断回调函数:

```
rt_err_t rt_pin_detach_irq(rt_int32_t pin);
```

其参数描述如表 3－8 所列。

表 3－8　rt_pin_detach_irq()函数参数描述

参　数	描　述
pin	引脚编号
返回	RT_EOK:脱离成功;错误码:脱离失败

注意:引脚脱离了中断回调函数以后,中断并没有关闭。此时还可以再次绑定其他回调函数。

3.1.7　使能中断

可以使用下面的函数使能或关闭指定引脚的中断:

```
rt_err_t rt_pin_irq_enable(rt_base_t pin, rt_uint32_t enabled);
```

其参数描述如表 3－9 所列。

表 3－9　rt_pin_irq_enable()函数参数描述

参　数	描　述
pin	引脚编号
enabled	PIN_IRQ_ENABLE(开启),PIN_IRQ_DISABLE(关闭)
返回	RT_EOK:使能成功;错误码:使能失败

在 RT－Thread 中,把 GPIO 的中断优先级设置为抢占优先级(主优先级)5,子优先级 0。

3.2　任务 3－1　车灯双闪控制

任务描述:使用左右转向灯,实现小车车灯的双闪功能。通过本任务,学习 PIN 设备输出功能的设置方法。

任务 3－1
实战演示

3.2.1　硬件设计

LED 灯硬件电路设计如图 3－1 所示,引脚 PD8 连接左前转向灯 LED_LF,引脚 PD9 连接右前转向灯 LED_RF。

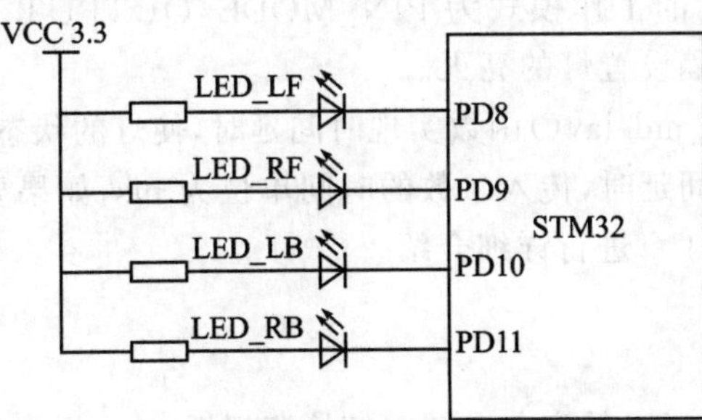

图 3－1　LED 灯硬件电路设计

由硬件电路设计图可知，当引脚输出低电平时，灯亮；当引脚输出高电平时，灯灭。

3.2.2 业务分析

为了实现两个车灯闪烁，我们可以这样实现，先亮左灯、灭右灯，随后停 0.5 s 后，再亮右灯、灭左灯，随后再暂停 0.5 s，如此反复，无限循环。

3.2.3 程序设计

1. 代码编写

新建 RT-Thread 项目，项目名称为 car_led，在项目的 main.c 文件中，编写如下代码：

```
#include <rtthread.h>
#include <rtdevice.h>
#include "drv_common.h"

/* 定义左右转向灯的控制引脚 */
#define LED_L_PIN GET_PIN(D, 8)
#define LED_R_PIN GET_PIN(D, 9)

int main(void)
{
    /* 把引脚设置为推拉输出模式 */
    rt_pin_mode(LED_L_PIN, PIN_MODE_OUTPUT);
    rt_pin_mode(LED_R_PIN, PIN_MODE_OUTPUT);

    while (1){
        rt_pin_write(LED_L_PIN, PIN_HIGH);//灭左灯
        rt_pin_write(LED_R_PIN, PIN_LOW);//亮右灯
        rt_thread_mdelay(500);//延迟 500 ms
        rt_pin_write(LED_L_PIN, PIN_LOW);//亮左灯
        rt_pin_write(LED_R_PIN, PIN_HIGH);//灭右灯
        rt_thread_mdelay(500);
    }

    return RT_EOK;
}
```

2. 代码说明

代码中，首先设置引脚的工作模式为 PIN_MODE_OUTPUT，使引脚可以输出高/低电平；然后根据业务要求，间隔设置灯的亮灭。

代码中使用 rt_thread_mdelay()函数实现时间延时，使灯的状态间隔 0.5 s 变化一次。该函数可以实现毫秒级的时间延时，传入参数的时间单位为 ms，如果要延时 1 s，则传入参数设置为 1 000，该函数将在第 4 章进行详细介绍。

3.2.4 功能测试

下载程序后运行系统，可以看到左右转向灯轮流闪烁。

3.3 任务 3-2 小车喇叭控制(查询法)

任务描述:通过按键控制小车喇叭(蜂鸣器)的开关。当按键被按下时,小车喇叭响起;当按键被松开时,小车喇叭关闭。通过本任务,学习 PIN 设备输入功能的使用。

任务 3-2
实战演示

3.3.1 硬件设计

按键电路设计如图 3-2 所示,通过引脚 PA5 连接蜂鸣器 BEEP,通过引脚 PA0 连接按键 KEY1。

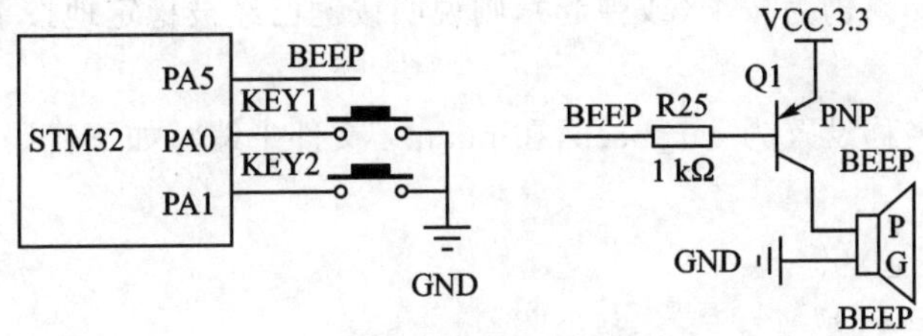

图 3-2 按键电路图

通过分析电路可以知道,当引脚 PA5 输出高电平时,蜂鸣器 BEEP 不响;当引脚 PA5 输出低电平时,蜂鸣器 BEEP 响起;当 KEY1 被按下时,引脚 PA0 电平状态为 0;当 KEY1 被松开时,引脚 PA0 电平状态为 1(内部需要有上拉电阻,软件需设置为上拉输入)。

3.3.2 程序设计

在本任务中,可以通过实时读取 KEY1 引脚状态,来判断按键是否被按下,如果 KEY1 引脚状态为 0(PIN_LOW),则说明按键被按下,此时从 BEEP 引脚输出 0 电平(PIN_LOW)驱动蜂鸣器发出响声;如果 KEY1 引脚状态为 1(PIN_HIGH),则说明按键处于松开状态,此时从 BEEP 引脚输出 1 电平(PIN_HIGH)关闭蜂鸣器。程序流程图如图 3-3 所示。

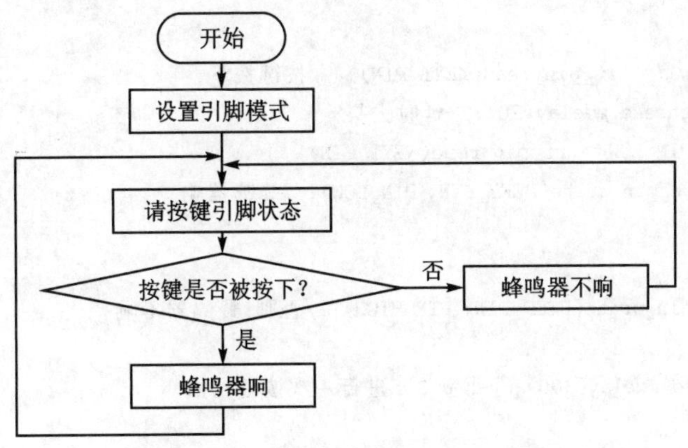

图 3-3 小车喇叭控制程序流程图

1. 延时去抖

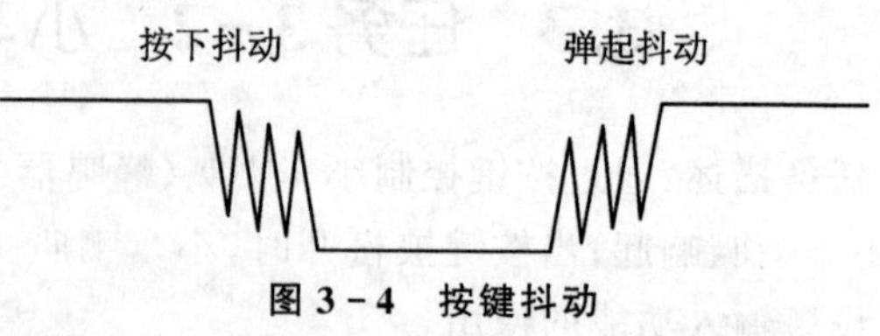

图 3-4　按键抖动

按键使用的开关通常是机械弹性开关，当机械触点断开、闭合时，由于机械触点存在弹性，因此按键在闭合时不会立即稳定地接通，在断开时也不会立即彻底地断开，而是在闭合和断开的瞬间伴随了一连串的抖动。如图 3-4 所示，当按键按下或松开时会有一系列的抖动脉冲，如果不进行防抖动处理，则可能会发生误判(一次触发误判为多次触发)。

按键防抖的方法有硬件方法和软件方法。软件方法通常采用延时的方法去抖，即在判断到按键被按下(或弹起)后，不是立即认定按键已被稳定按下(或弹起)，而是延时 10～20 ms 后再次检测按键状态，如果仍为按下(或弹起)，则说明按键已经被稳定地按下(或弹起)了。

2. 代码编写

新建项目，项目名称设置为 car_beep，在 main.c 文件中编写如下代码：

```
#include <rtthread.h>
#include <rtdevice.h>
#include "drv_common.h"

/*定义蜂鸣器和按键的控制引脚*/
#define BEEP_PIN GET_PIN(A, 5)
#define KEY1_PIN GET_PIN(A, 0)

int main(void)
{
    /*把蜂鸣器引脚设置为输出模式*/
    rt_pin_mode(BEEP_PIN, PIN_MODE_OUTPUT);
    /*把按键引脚设置为上拉输入模式*/
    rt_pin_mode(KEY1_PIN, PIN_MODE_INPUT_PULLUP);

    while (1)
    {
        if(PIN_LOW == rt_pin_read(KEY1_PIN)){//按键按下
            rt_thread_mdelay(20);//延时去抖
            if(PIN_LOW == rt_pin_read(KEY1_PIN))
              rt_pin_write(BEEP_PIN, PIN_LOW);//蜂鸣器响
        }
        else
            rt_pin_write(BEEP_PIN, PIN_HIGH);//否则，蜂鸣器不响

        rt_thread_mdelay(300);//每 0.3 s 进行一次按键扫描
    }

    return RT_EOK;
}
```

3. 代码说明

上述代码首先设置蜂鸣器引脚为输出模式，按键引脚为上拉输入模式，此处设置为上拉输入主要是由于硬件设置没有提供上拉电阻，所以由软件设置提供一个内部上拉电阻，使得当按键处于弹起状态时，引脚有高电平输入，如图 3－5 所示。

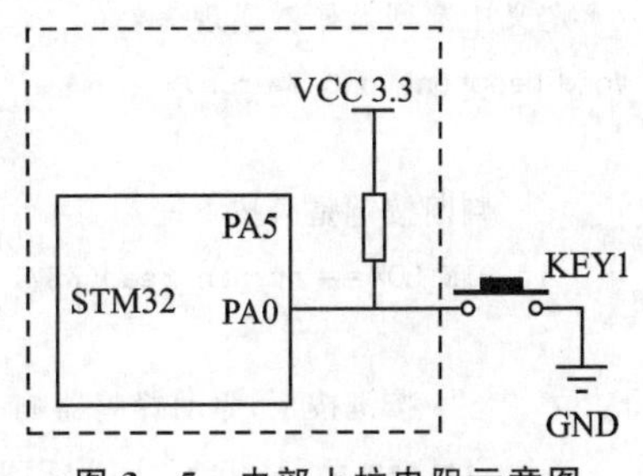

图 3－5　内部上拉电阻示意图

在 while 循环体中，处理完按键扫描之后调用函数 rt_thread_mdelay()加上一定时间的延时，目的有两个：一是等待按键弹起，二是使线程主动让出 CPU 资源。在实时操作系统编程中，一定要注意在空闲时（或其他合适时机）让出 CPU，否则可能会导致低优先级别的线程饿死。关于线程和线程优先级的概念，我们将在第 4 章进行讲述。

3.3.3　下载测试

① 下载程序后启动系统，观察到蜂鸣器没有发出响声。

② 当按下按键时，蜂鸣器发出响声；当松开按键时，蜂鸣器停止发出响声。

③ 读者可以尝试多次按下按键，观察按键检测的成功率。

3.4　任务 3－3　小车喇叭控制(中断回调法)

任务描述：同任务 3－2，但本任务要求采用中断方法识别按键，通过学习本任务，读者可以掌握 PIN 设备中断回调函数的使用方法。

任务 3－3
实战演示

3.4.1　硬件设计

同任务 3－2。

3.4.2　程序设计

在本任务中，要求通过中断来判断按键被按下，通过分析我们知道，当按键没按下时，引脚处于高电平；当按键被按下后，引脚变为低电平，如图 3－6 所示，这时会发生一个下降沿。我们可以通过下降沿中断来捕获按键的状态变化。

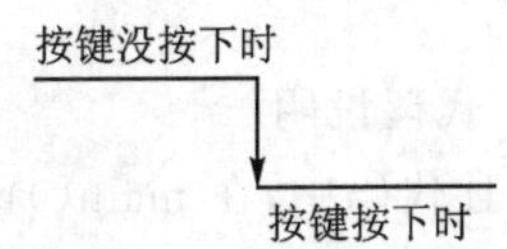

图 3－6　按键发生下降沿事件

1. 代码编写

新建项目，项目名称设置为 car_beep_int，编辑 main.c 文件，代码清单如下：

```
#include <rtthread.h>
#include <rtdevice.h>
#include "drv_common.h"


#define BEEP_PIN GET_PIN(A, 5)    //定义蜂鸣器的控制引脚
#define KEY1_PIN GET_PIN(A, 0)    //定义按键的控制引脚
```

```
/*定义中断回调函数实现*/
void beep_on(void *args)
{
    /*判断按键是否按下*/
    if(PIN_LOW == rt_pin_read(KEY1_PIN))
    {
        /*按键按下,驱动蜂鸣器响*/
        rt_pin_write(BEEP_PIN, PIN_LOW);
        /*等待按键抬起*/
        while(PIN_LOW == rt_pin_read(KEY1_PIN));
        /*关闭蜂鸣器*/
        rt_pin_write(BEEP_PIN, PIN_HIGH);
    }
}

int main(void)
{
    rt_pin_mode(BEEP_PIN, PIN_MODE_OUTPUT);  //把蜂鸣器引脚设置为输出模式
    rt_pin_write(BEEP_PIN, PIN_HIGH);  //初始化蜂鸣器默认状态为不响

    /*把按键引脚设置为上拉输入模式*/
    rt_pin_mode(KEY1_PIN, PIN_MODE_INPUT_PULLUP);
    /*绑定中断,下降沿触发模式,回调函数名为beep_on*/
    rt_pin_attach_irq(KEY1_PIN, PIN_IRQ_MODE_FALLING, beep_on, RT_NULL);
    rt_pin_irq_enable(KEY1_PIN, PIN_IRQ_ENABLE);  //使能中断

    return RT_EOK;
}
```

2. 代码说明

上述代码中,在main()函数中只实现引脚模式的初始化并绑定中断回调函数,最后退出main()函数。因为已经使能了中断并绑定了中断回调函数,所以当有按键被按下时,中断回调函数beep_on()会被执行。最后在中断回调函数中判断按键的状态,同时根据按键状态决定蜂鸣器的开关。

注意:按键的处理,需要采用延时去抖,但在中断回调函数中,我们没有使用延时去抖的方法,主要是因为rt_thread_mdelay()函数只能在线程中使用,而不能在中断回调函数中使用。如果要采用延时去抖动的方法,则需要使用线程同步机制,本任务读者只需了解中断回调函数的使用方法,关于线程和线程同步机制将在第5章讲述。

3.4.3 下载测试

参照任务3-2进行下载测试。

3.5 任务 3-4 同时实现车灯闪烁和按键控制喇叭

任务描述:本任务功能为同时实现车灯双闪功能和按键控制喇叭的功能,要求两个功能不能相互影响,按键检测灵敏度要高,即每次发生按键按下的事件,程序都能成功检测该事件并开启喇叭。

任务 3-4
实战演示

通过本任务,进一步了解 PIN 设备中断回调函数编写的注意事项。

3.5.1 硬件设计

同任务 3-1 和任务 3-2。

3.5.2 软件设计

到目前为止,我们已分开实现了车灯闪烁和按键控制喇叭的功能,那么,怎么让小车同时具备两个功能呢?

是的,读者可能都想到了,把两个功能的代码合在一起,就可以同时实现两个功能了。但是,是不是只要简单地把功能代码叠加就可以呢?

如果我们把任务 3-1 和任务 3-2 的代码进行合并,即两个功能都放到 main()函数中实现,则两个功能会相互干扰。在任务 3-1 中,车灯的一次闪烁需要执行 1 s,如果在这 1 s 内发生了按键事件,则会由于 main()函数正在处理车灯闪烁功能,而无法及时地扫描到按键事件,而导致丢失按键事件。

因此,我们想到,把按键功能放到中断回调中(中断发生时,中断回调函数会马上被调用执行),而 main()函数只做初始化工作和闪灯功能。

1. 代码编写

新建项目,项目名称设置为 car_led_beep,在 main.c 文件中编写的代码如下:

```
#include <rtthread.h>
#include <rtdevice.h>
#include "drv_common.h"

#define DBG_TAG "main"
#define DBG_LVL DBG_LOG
#include <rtdbg.h>

/* 定义左右转向灯的控制引脚 */
#define LED_L_PIN GET_PIN(D, 8)
#define LED_R_PIN GET_PIN(D, 9)
/* 定义蜂鸣器的控制引脚 */
#define BEEP_PIN GET_PIN(A, 5)
/* 定义按键的控制引脚 */
#define KEY1_PIN GET_PIN(A, 0)

/* 定义中断回调函数 */
```

```
void beep_on(void * args)
{
    /* 判断按键是否按下 */
    if(PIN_LOW == rt_pin_read(KEY1_PIN))
    {
        rt_pin_write(BEEP_PIN, PIN_LOW); //按键按下,驱动蜂鸣器响
        while(PIN_LOW == rt_pin_read(KEY1_PIN)); //等待按键抬起
        rt_pin_write(BEEP_PIN, PIN_HIGH); //关闭蜂鸣器
    }
}

int main(void)
{
    /* 把 LED 灯引脚设置为输出模式 */
    rt_pin_mode(LED_L_PIN, PIN_MODE_OUTPUT);
    rt_pin_mode(LED_R_PIN, PIN_MODE_OUTPUT);

    /* 把蜂鸣器引脚设置为输出模式 */
    rt_pin_mode(BEEP_PIN, PIN_MODE_OUTPUT);
    /* 初始化蜂鸣器默认状态为不响 */
    rt_pin_write(BEEP_PIN, PIN_HIGH);

    /* 把按键引脚设置为上拉输入模式 */
    rt_pin_mode(KEY1_PIN, PIN_MODE_INPUT_PULLUP);
    /* 绑定中断,下降沿触发模式,回调函数名为 beep_on */
    rt_pin_attach_irq(KEY1_PIN, PIN_IRQ_MODE_FALLING, beep_on, RT_NULL);
    rt_pin_irq_enable(KEY1_PIN, PIN_IRQ_ENABLE); //使能中断

    while(1){
        rt_pin_write(LED_L_PIN, PIN_HIGH);//亮左灯
        rt_pin_write(LED_R_PIN, PIN_LOW);//灭右灯
        rt_thread_mdelay(500);//延迟 500 ms
        rt_pin_write(LED_L_PIN, PIN_LOW);//灭左灯
        rt_pin_write(LED_R_PIN, PIN_HIGH);//亮右灯
        rt_thread_mdelay(500);
    }

    return RT_EOK;
}
```

2. 代码说明

以上代码在 main()函数中首先完成引脚的模式设置和电平初始化功能,再设置按键引脚的中断回调函数,然后使能按键引脚中断,此时,如果有按键事件发生,则程序将会进入中断回调函数 beep_on()。main()函数最后通过 while 循环体实现 LED 灯轮流亮灭。

beep_on()函数如果被执行,则说明按键引脚出现了下降沿,此时有可能只是按键抖动,所

以必须先判断引脚电平是否为低电平，如果为低电平，则说明按键被按下，应该开启喇叭。然而，喇叭不能一直处于开启状态，当按键松开时，应该关闭喇叭。

3.5.3 程序测试

1. 测试过程

① 系统启动后，观察左右转向灯是否轮流闪烁；

② 当按下按键时，喇叭是否发出响声；

③ 当松开按键时，喇叭是否停止发出响声；

④ 一直按住按键不松开，观察灯的闪烁情况。

2. 测试结果

① 系统启动后，左右转向灯轮流闪烁；

② 当按下按键时，喇叭发出响声；

③ 当松开按键时，喇叭停止发出响声；

④ 一直按住按键不松开，喇叭发出响声，灯停止闪烁。

注意：从上述测试结果④中，我们可以发现，按键功能影响了闪灯的功能，说明两个功能还是没有很好地解耦，依然存在相互影响的情况。

出现这种情况，主要是由于中断回调函数中存在需要长时间等待的代码，当按键一直按住不松开时，中断回调函数由于一直停留在等待按键松开的地方而无法退出中断处理。而中断的优先级又高于 main()线程的优先级，从而导致 main()线程无法得到执行。

通常，我们不应该在中断回调函数中进行长时间的处理，中断回调函数应该只做一些必要的快速处理操作，而把长时间的处理操作放到线程中实现。

关于线程和优先级的概念，我们将在第 4 章讲述。

习题 3

1. 填空题

(1) 获得引脚 PA0 对应编号的宏定义是 ________。

(2) 获得引脚 PA0 对应编号的函数是________。

(3) 引脚的输入/输出模式有 5 种，分别是：________、________、________、________、________。

(4) 设置引脚输出模式的函数是________。

(5) 读取引脚电平的函数是________。

(6) 向引脚输出电平的函数是________。

(7) 读/写引脚时，应该先________。

(8) 引脚的中断触发模式有 5 种，分别是 ________、________、________、________、________。

(9) 函数 rt_pin_attach_irq 的作用是________。

(10) 关闭或使能引脚中断的函数是________。

(11) 电路设计如图 3－7 所示，想要读到 KEY1 按键的状态，应该设置引脚为________

模式。

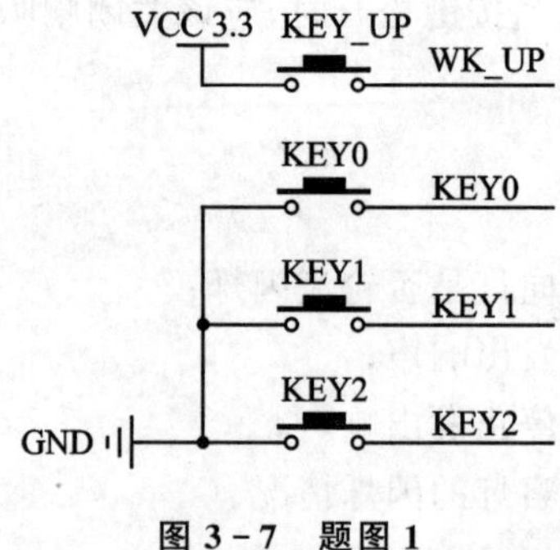

图 3－7　题图 1

(12) 在实时操作系统编程中，一定要注意在空闲时(或其他合适时机)让出 CPU，否则可能会导致低优先级别的线程________。

2. 编程题

编程使 PA1 引脚输出周期为 1 s，占宽比为 50％的 PWM 信号。

第 4 章 线程及其应用

本章概述

本章首先引入线程的基本概念;其次在理解了线程的基本概念后,介绍 RT - Thread 线程的工作机制和管理方法;最后通过实例讲解如何使用多线程完成多任务开发。通过本章的学习,读者可以熟练掌握 RT - Thread 多线程开发方法。

知识目标

- 理解操作系统的线程概念;
- 理解 RT - Thread 线程工作机制和管理方法;
- 掌握 RT - Thread 线程入口函数的编写方法。

技能目标

- 能够使用 RT - Thread 线程管理函数进行线程开发;
- 能够根据实际业务需要进行多任务开发;
- 能够根据需要选择静态创建线程和动态创建线程。

4.1 线程介绍

在第 3 章中我们发现,一个 main()函数很难同时实现按键功能和闪灯功能。其实在现实世界中,当一个人要同时完成多个任务时,也是很难做好的,就好像很多人无法做到同时用左手画圆形右手画正方形一样。在这种情况下,我们通常可以把不同的任务交给不同的人去处理,比如把画圆形的任务交给张三去做,把画正方形的任务交给李四去做,他们并行进行,这样,同时画出圆形和正方形就方便很多了,张三和李四各司其职,互不干扰。

在操作系统中,一个线程就好比做事的某一个人。一个操作系统可以有多个线程,不同的线程完成不同的小任务,它们各司其职,共同协作完成整个系统的大任务。

4.1.1 线程的概念

在日常生活中,我们要完成一个复杂的任务,一般会先将它分解成多个简单、容易解决的小任务,再把小任务分配给不同的人完成,当小任务逐个被完成时,复杂任务也就随之完成了。

嵌入式系统一般也是为用于完成一些特定任务而设计的,这些特定任务可能比较复杂,这就要求开发人员把复杂的任务进行功能分解,形成若干个不同功能的小任务,而不同功能的小任务由运行于操作系统中的不同程序来完成,再由操作系统统一协调各个程序之间的运行。这些运行在操作系统之上的程序单元就是线程。

当合理地划分任务并正确地执行时,这种设计能够让系统满足实时系统的性能及时间的要求，例如让嵌入式系统执行这样的任务，系统通过红外传感器采集寻迹数据，并根据数据采集结果决定小车的行驶方向（如直走、纠偏等），在多线程实时系统中，可以将这个任务分解成两个子任务，如图 4－1 所示。

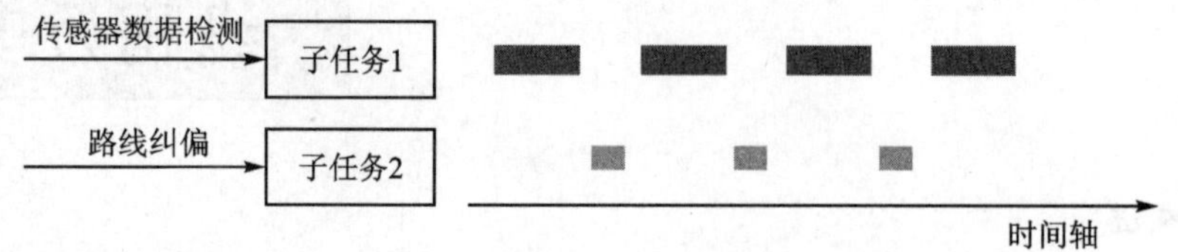

图 4－1　多任务分解示意图

图 4－1 中一个子任务不间断地读取传感器数据，并将数据写到共享内存中，另一个子任务周期性地从共享内存中读取数据，并根据传感器数据修正行进路线。

在 RT－Thread 中，线程是实现任务的载体，它是 RT－Thread 中最基本的调度单位。

4.1.2　线程的调度

调度是什么？先讲个故事，小朋友去游乐场玩荡秋千，秋千只有一个，但想玩的小朋友很多，那怎么办？游乐场的服务员小姐姐就想了一个办法：想玩的小朋友要排队，一个一个轮流玩，而且每人一次只能玩 5 分钟，如果还想再玩一次，就得重新排队。这样，听话的小朋友们就在服务员小姐姐的统一调度下开心有序地玩起了荡秋千。

对于单核系统，CPU 就好比秋千，线程就好比游乐场的小朋友，系统中有多个线程，每个线程的运行都要占用 CPU，而 CPU 只有一个，这样，想让所有线程在操作系统上有序地运行，就需要有一个统一的协调者，这个协调者我们称为调度器，而它的工作就是负责线程调度，给不同的线程分配运行时间，使操作系统上的所有线程有序地运行。综上所述，线程调度是指按照特定机制为多个线程分配 CPU 的使用权。

常见的线程调度方式有两种：分时调度和抢占式调度。分时调度就是所有线程轮流拥有 CPU 的使用权，平均分配每个线程占用 CPU 的时间；抢占式调度就是让优先级高的线程优先使用 CPU，如果线程的优先级相同，则会像分时调度一样轮流使用 CPU。RT－Thread 实时操作系统采用的调度方式是抢占式调度方式。

4.1.3　上下文切换

线程是程序的一个运行实例，每个线程都有自己的上下文，包括程序的代码、数据、堆栈、寄存器、程序计数器等。

操作系统的调度器在进行线程调度时，会发生上下文切换，从正在运行的线程的上下文，切换到另一个线程的上下文。这相当于从一个程序代码，切换到另一个程序代码，但又不仅是代码的切换，还有上下文的其他内容，如数据、堆栈、寄存器、程序计数器等也要一起切换。

线程的运行是需要运行环境的。对于线程来说，运行环境就是 CPU 资源，包括运算单元、程序指针、堆栈指针以及各种通用寄存器。当线程运行时，它会认为自己是以独占 CPU 资源的方式在运行，会根据自己的需要对这些资源进行修改。

而 CPU 资源只有一套，当另一个线程运行时，它也想独占 CPU 资源，那么前面已占用

CPU 资源的线程必须把 CPU 资源让给后面的线程使用。但它又担心后面的线程把 CPU 资源修改了,所以它在让出资源之前,还要做一件重要的事,就是把它当前的资源使用情况记录下来(这个动作也叫保护现场),方便下次运行时重新布置资源。

当另一个线程得到资源后,此时得到的资源的状态可能不适合它运行,因此在运行之前,它必须根据自己的需要把资源重新布置(这个动作也叫恢复现场)才能运行。

这种把 CPU 资源从一个状态切换到另一个状态的过程,就是上下文切换。

我们拿舞台剧来做个不太恰当的比喻。每一场舞台剧的表演都需要一个舞台资源(场地、灯光和道具等),而且独占舞台资源,表演时会根据自己表演剧情的需要,把舞台资源进行布置。而到下一场表演时,也要独占舞台资源,而且此时的舞台资源布置情况可能不适合下一场表演剧情的需要,因此必须在开始前重新布置舞台资源。所以,从一场表演切换到另一场表演时,需要进行舞台场景的切换。

4.1.4 线程的重要属性

1. 线程栈

前面我们讲到,在进行上下文切换时,需要记录线程的上下文信息,那么就需要有一个地方来保存这些数据。RT - Thread 的每个线程都具有独立的栈,当进行线程切换时,会将当前线程的上下文保存在栈中,当线程要恢复运行时,再从栈中读取上下文信息,进行恢复。

线程栈还用来存放函数中的局部变量,函数中的局部变量从线程栈空间中申请;函数中的局部变量在初始时从寄存器中分配(ARM 架构),当这个函数再调用另一个函数时,这些局部变量将放入栈中。

线程栈大小可以这样设定,对于资源相对较大的 MCU,可以适当设计较大的线程栈;也可以在初始时设置较大的栈,例如指定大小为 1 KB 或 2 KB,然后在 FinSH 中用 list_thread 命令查看线程运行过程中线程所使用的栈的大小,通过此命令,能够看到从线程启动运行时,到当前时刻点,线程使用的最大栈深度,而后加上适当的余量形成最终的线程栈大小,最后对栈空间大小加以修改。

2. 线程的状态

在系统运行的过程中,同一时间内只允许一个线程在处理器中运行,从运行的过程上划分,线程有多种不同的运行状态,如初始状态、挂起状态、就绪状态、运行状态等。在 RT - Thread 中,线程包含 5 种状态,操作系统会自动根据其运行的情况来动态调整它的状态。RT - Thread 中线程的 5 种状态如表 4 - 1 所列。

表 4 - 1 线程状态

状 态	描 述
初始状态	当线程刚开始创建还没启动时处于初始状态。在初始状态下,线程不参与调度。此状态在 RT - Thread 中的宏定义为 RT_THREAD_INIT
就绪状态	在就绪状态下,线程按照优先级排队,等待被执行。一旦当前线程运行完毕让出处理器,操作系统会马上寻找最高优先级的就绪态线程运行。此状态在 RT - Thread 中的宏定义为 RT_THREAD_READY

续表 4-1

状　态	描　述
运行状态	线程当前正在运行。在单核系统中，只有 rt_thread_self()函数返回的线程处于运行状态；在多核系统中，可能就不只这一个线程处于运行状态。此状态在 RT-Thread 中的宏定义为 RT_THREAD_RUNNING
挂起状态	也称阻塞态。它可能因为资源不可用而挂起等待，或线程主动延时一段时间而挂起。在挂起状态下，线程不参与调度。此状态在 RT-Thread 中的宏定义为 RT_THREAD_SUSPEND
关闭状态	当线程运行结束时将处于关闭状态。关闭状态的线程也叫僵尸线程，不参与线程的调度。此状态在 RT-Thread 中的宏定义为 RT_THREAD_CLOSE

RT-Thread 提供一系列的操作系统调用接口，使线程的状态在这 5 个状态之间来回切换。几种状态间的转换关系如图 4-2 所示。

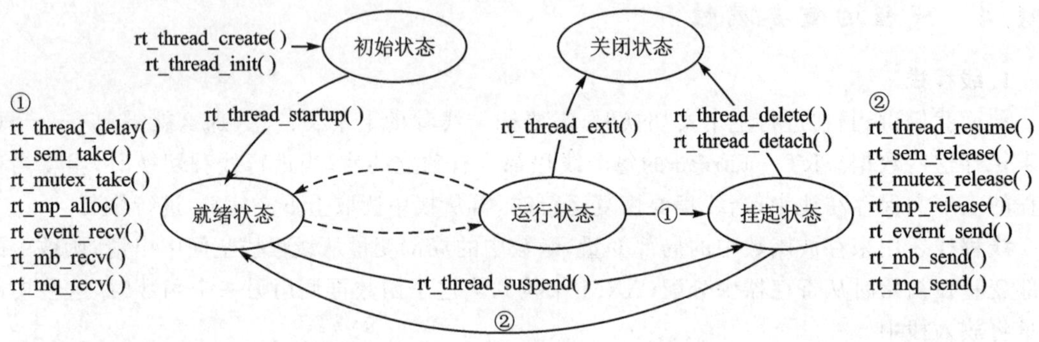

图 4-2　线程状态转换图

程序通过调用函数 rt_thread_create()/init()使线程进入初始状态(RT_THREAD_INIT)；程序通过调用函数 rt_thread_startup()使处于初始状态的线程进入就绪状态(RT_THREAD_READY)；就绪状态的线程被调度器调度后进入运行状态(RT_THREAD_RUNNING)；当处于运行状态的线程调用 rt_thread_delay()、rt_sem_take()、rt_mutex_take()、rt_mb_recv()等函数或者获取不到资源时，将进入挂起状态(RT_THREAD_SUSPEND)；处于挂起状态的线程，如果等待超时依然未能获得资源或由于其他线程释放了资源，那么它将返回就绪状态。程序通过调用 rt_thread_delete()/detach()函数将处理挂起状态的线程改为关闭状态(RT_THREAD_CLOSE)；而运行状态的线程，如果运行结束，就会在线程的最后部分执行 rt_thread_exit()函数，将状态更改为关闭状态。

3. 线程优先级

RT-Thread 线程的优先级是表示线程被调度的优先程度。每个线程都具有优先级，线程越重要，赋予的优先级就应越高，线程被调度的可能就会越大。

RT-Thread 最大支持 256 个线程优先级(0～255)，数值越小优先级越高，0 为最高优先级。在一些资源比较紧张的系统中，可以根据实际情况选择只支持 8 个或 32 个优先级的系统配置；对于 ARM Cortex-M 系列，普遍采用 32 个优先级。最低优先级默认分配给空闲线程使用，用户一般不使用。在系统中，当有比当前线程优先级更高的线程就绪时，当前线程将立刻被换出，高优先级线程抢占处理器运行。

4. 线程时间片

前面讲述小朋友荡秋千的故事时,每个小朋友荡秋千的时间是有限的,不能一直占着秋千,否则将导致其他小朋友不能参与荡秋千。同样的道理,操作系统中的线程也不能一直占用CPU,每个线程都有时间片这个参数,表示线程每次可以占用 CPU 运行的时间,当时间片用完,线程就要让出 CPU。但时间片仅对优先级相同的就绪态线程有效。系统对优先级相同的就绪态线程采用时间片轮转的调度方式进行调度,时间片起到约束线程单次运行时长的作用,其单位是一个系统节拍(OS Tick),详见第 6 章。假设有 2 个优先级相同的就绪态线程 A 与 B,A 线程的时间片设置为 10,B 线程的时间片设置为 5,那么当系统中不存在比 A 优先级高的就绪态线程时,系统会在 A、B 线程间来回切换执行,并且每次对 A 线程执行 10 个节拍的时长,对 B 线程执行 5 个节拍的时长,如图 4-3 所示,可以看出,线程 A 占用 CPU 运行的时间比较长。

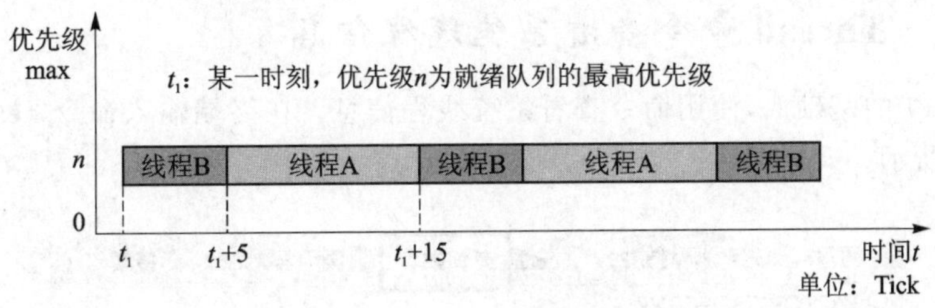

图 4-3 线程时间片

5. 线程的入口函数

线程的入口函数是线程实现预期功能的函数,它是线程第一个运行的函数,也是线程开始运行的地方。线程的入口函数由用户设计实现,可以有以下几种模式。

(1) 无限循环模式

在实时系统中,线程通常是被动式的,这是由实时系统的特性所决定的,实时系统通常总是等待外界事件的发生,而后进行相应的服务。

```
void thread_entry(void * paramenter)
{
    while (1)
    {
    /* 等待事件的发生 */

    /* 对事件进行服务、进行处理 */
    }
}
```

线程看似没有什么限制程序执行的因素,似乎所有的操作都可以执行。但是作为一个实时系统,一个优先级明确的实时系统,如果一个线程中的程序陷入了死循环操作,那么比它优先级低的线程都不会被执行。所以在实时操作系统中必须注意的一点就是:线程中不能陷入死循环操作,必须要有让出 CPU 使用权的动作,如循环中调用延时函数或者主动挂起。用户设计这种无限循环的线程的目的,就是让这个线程一直被系统循环调度运行,永不删除。

(2) 顺序执行或有限次循环模式

如简单的顺序语句、do while()或 for()循环等,此类线程不会循环或不会永久循环,可谓是“一次性”线程,一定会被执行完毕。在执行完毕后,线程将被系统自动删除。

```
static void thread_entry(void * parameter)
{
    /* 处理事务 #1 */
    ……
    /* 处理事务 #2 */
    ……
    /* 处理事务 #3 */
}
```

4.1.5 RT - Thread 命令查看系统线程信息

在任务 3 - 1 的基础上,使用命令查看系统线程信息。在终端输入命令 help,观看输出结果,如图 4 - 4 所示。

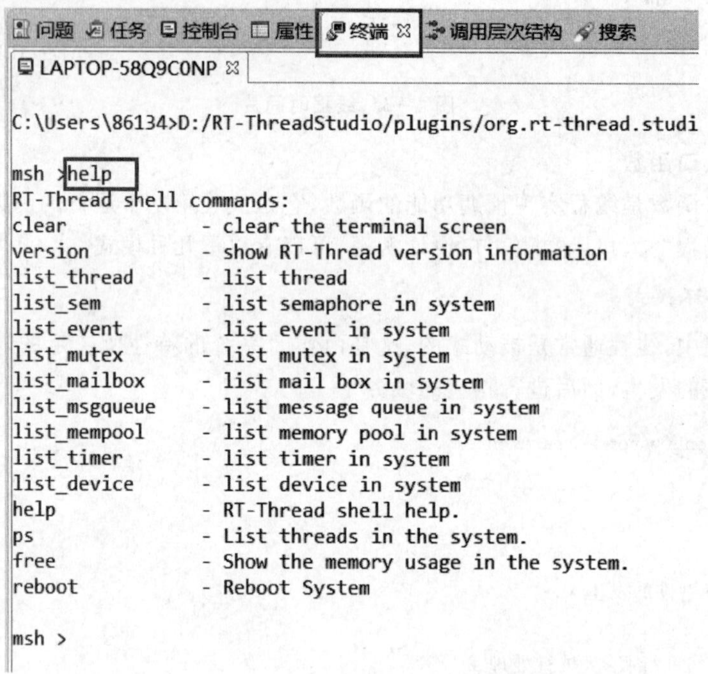

图 4 - 4 help 命令输出

从图 4 - 4 中可以看到,help 命令可以查看系统支持的所有命令,其中有两个命令与线程相关,分别是 ps 和 list_thread。这两个命令都可以用于查看系统中存在哪些线程,以及线程的信息,其命令输出结果如图 4 - 5 所示。

从结果上看,这两个命令的输出是一样的。可以看出,系统当前有 4 个线程,分别是 tshell、tidle0、timer、main。

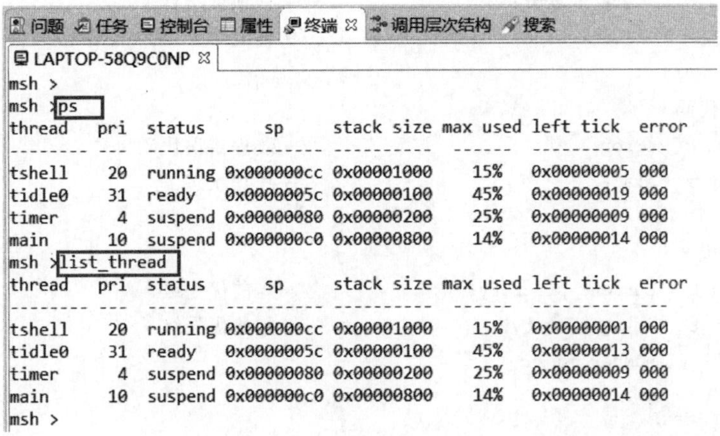

```
msh >
msh >ps
thread   pri  status      sp     stack size max used left tick  error
-------- ---  ------- ---------- ----------  ------  ---------- ---
tshell    20  running 0x000000cc 0x00001000    15%   0x00000005 000
tidle0    31  ready   0x0000005c 0x00000100    45%   0x00000019 000
timer      4  suspend 0x00000080 0x00000200    25%   0x00000009 000
main      10  suspend 0x000000c0 0x00000800    14%   0x00000014 000
msh >list_thread
thread   pri  status      sp     stack size max used left tick  error
-------- ---  ------- ---------- ----------  ------  ---------- ---
tshell    20  running 0x000000cc 0x00001000    15%   0x00000001 000
tidle0    31  ready   0x0000005c 0x00000100    45%   0x00000013 000
timer      4  suspend 0x00000080 0x00000200    25%   0x00000009 000
main      10  suspend 0x000000c0 0x00000800    14%   0x00000014 000
msh >
```

图 4-5 查看系统线程

tidle0、timer、main 三个线程是系统线程，由系统在启动时自动创建并运行。其中，tidle0 是一个空闲线程，在系统空闲的时候运行，用于处理系统中一些非紧急的任务，如僵尸线程的资源清理，就是在空闲线程中进行的；timer 是定时器线程，负责处理定时器任务；而 main 就是我们程序中的 main 函数，它单独作为一个线程运行，通常也叫主线程。

tshell 是用户线程，在系统开启 finsh 命令组件时创建此线程（默认是开启的），它负责解析并执行终端命令，最后向终端输出命令执行结果。

4.2 RT-Thread 线程管理接口介绍

在 RT-Thread 中，用线程控制块来描述和管理一个线程，一个线程对应一个线程控制块。线程控制块由结构体 struct rt_thread 表示，它用于存放线程的所有一些信息，例如优先级、线程名称、线程状态等，也包含线程与线程之间连接用的链表结构，线程等待事件集合等，详细定义如下：

```
/*线程控制块*/
struct rt_thread
{
    /*rt 对象*/
    char          name[RT_NAME_MAX];          /*线程名称*/
    rt_uint8_t    type;                       /*对象类型*/
    rt_uint8_t    flags;                      /*标志位*/

    rt_list_t     list;                       /*对象列表*/
    rt_list_t     tlist;                      /*线程列表*/

    /*栈指针与入口指针*/
    void          *sp;                        /*栈指针*/
    void          *entry;                     /*入口函数指针*/
    void          *parameter;                 /*参数*/
```

```
    void         * stack_addr;                      /* 栈地址指针 */
    rt_uint32_t    stack_size;                      /* 栈大小 */

    /* 错误代码 */
    rt_err_t     error;                             /* 线程错误代码 */
    rt_uint8_t   stat;                              /* 线程状态 */

    /* 优先级 */
    rt_uint8_t   current_priority;                  /* 当前优先级 */
    rt_uint8_t   init_priority;                     /* 初始优先级 */
    rt_uint32_t  number_mask;

    ……

    rt_ubase_t   init_tick;                         /* 线程初始化时的时间片计数值 */
    rt_ubase_t   remaining_tick;                    /* 线程剩余时间片计数值 */

    structr  rt_timer thread_timer;                 /* 内置线程定时器 */

    void ( * cleanup)(struct rt_thread * tid);      /* 线程退出清除函数 */
    rt_uint32_t user_data;                          /* 用户数据 */
};
```

其中,init_priority 是线程创建时指定的线程优先级,在线程运行过程当中是不会被改变的(除非用户执行线程控制函数进行手动调整线程优先级)。cleanup 会在线程退出时,被空闲线程回调一次以执行用户设置的清理现场等工作。最后的一个成员 user_data 可由用户挂接一些数据信息到线程控制块中,以提供类似线程私有数据的实现。

线程的创建、启动、删除等操作,都与线程控制块相关,RT - Thread 提供了线程管理和控制的一些函数,具体如表 4 - 2 所列。下面结合具体实例对每个函数进行分析介绍。

表 4 - 2　线程相关函数

函　数	描　述
rt_thread_create()	创建和删除线程
rt_thread_delete()	删除线程
rt_thread_init()	初始化和脱离线程
rt_thread_detach()	脱离线程
rt_thread_startup()	启动线程
rt_thread_self()	获得当前正在运行的线程,返回值为 rt_thread_t 类型(线程的句柄)
rt_thread_yield()	使线程让出处理器资源
rt_thread_sleep()	使线程睡眠指定 tick,调用该函数线程会被挂起
rt_thread_delay()	使线程延时指定 tick,调用该函数线程会被挂起
rt_thread_mdelay()	使线程延时指定毫秒,调用该函数线程会被挂起

续表 4-2

函 数	描 述
rt_thread_suspend()	挂起线程
rt_thread_resume()	恢复线程
rt_thread_control()	控制线程

4.3 任务 4-1 使用多线程的方式同时实现车灯闪烁和按键控制喇叭(扫描法)

任务描述:本任务是对任务 3-4 的改进。在本任务中,我们在 main 线程中实现车灯闪烁的功能,同时创建一个线程单独实现按键控制喇叭的功能,按键的识别使用扫描法。

另外,要求可以通过命令控制灯的闪烁模式,硬件设计参见任务 3-3。

任务 4-1
实战演示

4.3.1 RT-Thread 相关接口函数

1. 创建和删除线程

在 RT-Thread 中,线程可以动态创建和删除。

(1) 创建线程

可以通过如下的接口函数动态创建一个线程:

```
rt_thread_t rt_thread_create(const char * name,
                             void ( * entry)(void * parameter),
                             void * parameter,
                             rt_uint32_t stack_size,
                             rt_uint8_t priority,
                             rt_uint32_t tick);
```

调用该函数时,系统会从动态堆内存中分配一个线程句柄以及按照参数中指定的栈大小从动态堆内存中分配相应的空间。分配出来的栈空间是按照 rtconfig.h 中配置的 RT_ALIGN_SIZE 方式对齐。

rt_thread_create()函数的参数和返回值如表 4-3 所列。

表 4-3 rt_thread_create()函数参数描述

参 数	描 述
name	线程的名称。线程名称的最大长度由 rtconfig.h 中的宏 RT_NAME_MAX 指定,多余部分会被自动截掉
entry	线程入口函数
parameter	线程入口函数参数
stack_size	线程栈大小,单位是字节

续表 4-3

参 数	描 述
priority	线程的优先级。优先级范围根据系统配置情况(rtconfig.h中的RT_THREAD_PRIORITY_MAX宏定义),如果支持的是256级优先级,那么范围是从0~255,数值越小优先级越高,0代表最高优先级
tick	线程的时间片大小。时间片(tick)的单位是操作系统的时钟节拍。当系统中存在相同优先级线程时,这个参数指定线程一次调度能够运行的最大时间长度。这个时间片运行结束时,调度器自动选择下一个就绪态的同优先级线程进行运行
返回	Thread:线程创建成功,返回线程句柄; RT_NULL:线程创建失败

(2) 删除线程

对于使用rt_thread_create()创建出来的线程,当不需要使用,或者运行出错时,我们可以使用下面的接口函数来从系统中把线程完全删除:

```
rt_err_t rt_thread_delete(rt_thread_t thread);
```

调用该函数后,线程对象将会被移出线程队列并且从内核对象管理器中删除,线程占用的堆栈空间也会被释放,收回的空间将重新用于其他的内存分配。实际上,用rt_thread_delete()函数删除线程接口,仅仅是把相应的线程状态更改为RT_THREAD_CLOSE状态,然后放入rt_thread_defunct队列中;而真正的删除动作(释放线程控制块和释放线程栈)需要到下一次执行空闲线程时,由空闲线程完成最后的线程删除动作。

线程删除rt_thread_delete()的参数和返回值如表4-4所列。

表4-4 rt_thread_delete()参数描述

参 数	描 述
thread	要删除的线程句柄
返回	RT_EOK:删除线程成功; -RT_ERROR:删除线程失败

注意:rt_thread_create()和rt_thread_delete()函数仅在使能了系统动态堆时才有效(即已经定义了RT_USING_HEAP宏定义,此宏RT-Thread默认已经定义)。

2. 初始化和脱离线程

在RT-Thread中,还可以静态的方法使用线程。

(1) 初始化线程

对于静态定义的线程对象(线程控制块),可以使用下面的函数来初始化静态线程对象:

```
rt_err_t rt_thread_init(struct rt_thread * thread,
                        const char * name,
                        void ( * entry)(void * parameter), void * parameter,
                        void * stack_start, rt_uint32_t stack_size,
                        rt_uint8_t priority, rt_uint32_t tick);
```

静态线程的线程句柄(或者说线程控制块指针)、线程栈必须由用户提供。静态线程是指线程控制块、线程运行栈,一般都设置为全局变量,在编译时就被确定、被分配处理,内核不负责动态分配内存空间。需要注意的是,用户提供的栈首地址需做系统对齐,可以在定义栈空间时使用 ALIGN(RT_ALIGN_SIZE)宏进行对齐。

线程初始化接口函数 rt_thread_init()的参数和返回值如表 4-5 所列。

表 4-5　rt_thread_init()参数描述

参　数	描　述
thread	线程句柄。线程句柄由用户提供,并指向对应的线程控制块内存地址
name	线程的名称。线程名称的最大长度由 rtconfig. h 中定义的 RT_NAME_MAX 宏指定,多余部分会被自动截掉
entry	线程入口函数
parameter	线程入口函数参数
stack_start	线程栈起始地址
stack_size	线程栈大小,单位是字节。在大多数系统中需要做栈空间地址对齐(例如 ARM 体系结构中需要向 4 字节地址对齐)
priority	线程的优先级。优先级范围根据系统配置情况(rtconfig. h 中的 RT_THREAD_PRIORITY_MAX 宏定义),如果支持的是 256 级优先级,那么范围是从 0~255,数值越小优先级越高,0 代表最高优先级
tick	线程的时间片大小。时间片(tick)的单位是操作系统的时钟节拍。当系统中存在相同优先级线程时,这个参数指定线程一次调度能够运行的最大时间长度。这个时间片运行结束时,调度器自动选择下一个就绪态的同优先级线程进行运行
返回	RT_EOK:线程创建成功; —RT_ERROR:线程创建失败

(2) 脱离线程

对于用 rt_thread_init()初始化的线程,可以使用 rt_thread_detach()函数将线程对象从线程队列和内核对象管理器中脱离。线程脱离函数如下:

```
rt_err_t rt_thread_detach (rt_thread_t thread);
```

线程脱离接口函数 rt_thread_detach()的参数和返回值如表 4-6 所列。

表 4-6　rt_thread_detach()参数描述

参　数	描　述
thread	线程句柄。它应该是由 rt_thread_init 进行初始化的线程句柄
返回	RT_EOK:线程脱离成功; —RT_ERROR:线程脱离失败

这个接口函数是与 rt_thread_delete()函数相对应的,rt_thread_delete()函数操作的对象是 rt_thread_create()创建的句柄,而 rt_thread_detach()函数操作的对象是使用 rt_thread_ init()函数初始化的线程控制块。同样,线程本身不应调用这个接口脱离线程本身。

3. 启动线程

创建(初始化)的线程状态处于初始状态,并未进入就绪线程的调度队列,我们可以在线程初始化/创建成功后调用下面的接口函数让该线程进入就绪状态:

```
rt_err_t rt_thread_startup(rt_thread_t thread);
```

当调用这个函数时,将把线程的状态更改为就绪状态,并放到相应优先级队列中等待调度。如果新启动的线程优先级比当前线程优先级高,则立刻切换到这个线程。

线程启动接口函数 rt_thread_startup()的参数和返回值如表 4-7 所列。

表 4-7　rt_thread_startup()参数描述

参　数	描　述
thread	线程句柄
返回	RT_EOK:启程启动成功; -RT_ERROR:线程启动失败

4. 线程睡眠

在实际应用中,有时需要让运行的当前线程延迟一段时间,在指定的时间到达后重新运行,这称为"线程睡眠"。线程睡眠可使用以下 3 个接口函数:

```
rt_err_t rt_thread_sleep(rt_tick_t tick);
rt_err_t rt_thread_delay(rt_tick_t tick);
rt_err_t rt_thread_mdelay(rt_int32_t ms);
```

这 3 个接口函数的作用相同,调用它们可以使当前线程挂起一段指定的时间,当这个时间过后,线程会被唤醒并再次进入就绪状态。

这 3 个函数接受一个参数,该参数指定了线程的休眠时间。线程睡眠接口函数 rt_thread_sleep/delay/mdelay()的参数和返回值如表 4-8 所列。

表 4-8　rt_thread_sleep/delay/mdelay()的参数描述

参　数	描　述
tick/ms	线程睡眠的时间: tick:以 1 个 tick 为单位,见第 6 章; ms:以 1 ms 为单位
返回	RT_EOK:操作成功

4.3.2　代码实现

本任务要实现两个功能:一是车灯闪烁,二是按键控制喇叭。这两个功能都可以采用循环结构来设计。但是,在第 3 章中我们发现,单线程中采用循环结构同时实现这两个功能在代码实现上比较困难,本任务中,我们分为两个线程来实现:一个线程实现车灯闪烁,另一个线程实现按键扫描并控制喇叭开关。

在代码设计中,通常采用模块化程序设计思想,即在进行程序设计时将一个大程序按照功能划分为若干小程序模块,每个小程序模块完成一个确定的功能,并在这些模块之间建立必要的联系,通过模块的互相协作完成整个大程序。一般用一个.c文件和一个.h文件来实现具有一定独立性的小模块。

本任务有两个小功能模块,分别是车灯闪烁小功能模块和按键控制喇叭小功能模块,以下分别实现。

1. 车灯闪烁功能模块实现

我们使用car_led.h和car_led.c两个文件来实现车灯闪烁的功能模块。

car_led.h文件主要用于实现变量类型的定义和函数的声明,代码清单如下:

```
#ifndef APPLICATIONS_CAR_LED_H_
#define APPLICATIONS_CAR_LED_H_

/* 车灯闪烁模式定义 */
enum led_mode {
    LED_MODE_STOP = 0,    //停止闪烁
    LED_MODE_Double,      //双闪
    LED_MODE_LEFT,        //左灯闪烁
    LED_MODE_RIGHT        //右灯闪烁
};
void led_thread_entry();                    //线程入口函数声明
void led_set_mode(enum led_mode m);         //车灯闪烁模式设置声明

#endif /* APPLICATIONS_CAR_LED_H_ */
```

代码的说明如下:

① 通过预编译宏"#ifndef……#define……#endif"来防止头文件被重复引用而引起重定义或者重复声明。例如,当我们有两个源文件,同时包含了car_led.h这个头文件而编译时,这两个源文件又需要一同编译成一个可运行文件,此时如果没有这个预编译宏,则会出现重复定义的错误。

② 通过枚举类型定义车灯的闪烁模式,本任务中,车灯的闪烁模式有停止闪烁、双闪、左灯闪烁、右灯闪烁4种模式。

③ 声明函数,使其他模块可以通过头文件的包含引用,调用本模块的函数。

car_led.c是具体的函数实现,本文件除了实现闪灯线程的入口函数以外,还按任务要求,实现闪灯模式设置接口,并把设置接口导出到msh命令列表中,导出后,用户就可以通过在终端输入命令来改变闪烁的模式,代码清单如下:

```
#include <rtthread.h>
#include <rtdevice.h>
#include "drv_common.h"

#define DBG_TAG "LED"      //定义日志打印标签
#define DBG_LVL DBG_LOG   //定义日志打印级别
/*包含日志打印头文件。注意,以上2个宏定义一定要在这个头文件前定义才有效*/
#include <rtdbg.h>
```

```
#include <stdlib.h>        //atoi()函数需要包含的头文件
#include "car_led.h"
/*定义左右转向灯的控制引脚*/
#define LedLeft GET_PIN(D, 8)
#define LedRight GET_PIN(D, 9)
/*定义开灯/关灯接口*/
#define LedOn(pin) rt_pin_write(pin, PIN_LOW)
#define LedOff(pin) rt_pin_write(pin, PIN_HIGH)

enum led_mode LedMod = LED_MODE_STOP; //车灯默认为不闪烁

/*设置闪灯模式的接口*/
void led_set_mode(enum led_mode m)
{
    LedMod = m;
}

/*车灯控制线程入口函数定义*/
void led_thread_entry()
{
    /*设置车灯控制引脚模式为输出模式*/
    rt_pin_mode(LedLeft, PIN_MODE_OUTPUT);
    rt_pin_mode(LedRight, PIN_MODE_OUTPUT);
    while(1){
        switch(LedMod)//判断模式
        {
        case LED_MODE_STOP://停止闪烁
            LedOff(LedLeft);
            LedOff(LedRight);
            break;
        case LED_MODE_Double://双闪
            LedOn(LedLeft);
            LedOn(LedRight);
            rt_thread_mdelay(500);
            LedOff(LedLeft);
            LedOff(LedRight);
            break;
        case LED_MODE_LEFT://左灯闪
            LedOff(LedRight);
            LedOn(LedLeft);
            rt_thread_mdelay(250);
            LedOff(LedLeft);
            break;
        case LED_MODE_RIGHT://右灯闪
            LedOff(LedLeft);
```

```
                LedOn(LedRight);
                rt_thread_mdelay(250);
                LedOff(LedRight);
                break;
            default:
                LOG_D("mode error\n");
            }
            rt_thread_mdelay(250);//此处延时主要是为了让出 CPU,不能让线程一直占用 CPU
        }
}
/*msh命令接口*/
void ledmode(int argn, char *argv[])
{
    if(argn < 2){
        LOG_W("ledmode #mode");
        return ;
    }
    led_set_mode(atoi(argv[1]));//通过 atoi 函数把字符变量转为整型变量
}
/*导出到 msh 命令列表中*/
MSH_CMD_EXPORT(ledmode, set led flash mode);
```

以上代码中使用宏 MSH_CMD_EXPORT,把函数导出到 msh 命令列表中,这样,就可以通过在串口终端输入函数名字来执行该函数。此宏的用法如下:

```
MSH_CMD_EXPORT(command, desc)
```

其中,command 为函数的名字,desc 为用于描述命令用法或功能的字符串,程序员可以自己定义。

2. 按键控制喇叭功能模块实现

我们使用 car_beep.h 和 car_beep.c 两个文件来实现车灯闪烁的功能模块,使用扫描法进行按键扫描。

car_beep.h 代码清单如下:

```
#ifndef APPLICATIONS_CAR_BEEP_H_
#define APPLICATIONS_CAR_BEEP_H_
void beep_thread_entry();          //按键扫描并控制蜂鸣器的接口声明
#endif /*APPLICATIONS_CAR_BEEP_H_*/
```

car_beep.c 代码清单如下:

```
#include <rtthread.h>
#include <rtdevice.h>
#include "drv_common.h"
#define DBG_TAG "BEEP"             //定义日志打印标签
#define DBG_LVL DBG_LOG            //定义日志打印级别
#include <rtdbg.h>                 //以上 2 个宏定义一定要在这个头文件前定义才有效
```

```
#define KeyBeep GET_PIN(A, 0)      //按键引脚定义
#define Beep GET_PIN(A, 5)         //蜂鸣器引脚定义
/*按键扫描并控制蜂鸣器的接口实现*/
int beep_thread_entry(void)
{
    /*把蜂鸣器引脚设置为输出模式*/
    rt_pin_mode(Beep, PIN_MODE_OUTPUT);
    /*把按键引脚设置为上拉输入模式*/
    rt_pin_mode(KeyBeep, PIN_MODE_INPUT_PULLUP);

    while (1)
    {
        if(PIN_LOW == rt_pin_read(KeyBeep)){//按键按下
            rt_thread_mdelay(20);//延时去抖
            if(PIN_LOW == rt_pin_read(KeyBeep))
                rt_pin_write(Beep, PIN_LOW);//蜂鸣器响
        }
        else
            rt_pin_write(Beep, PIN_HIGH);//否则,蜂鸣器不响

        rt_thread_mdelay(100);//每 0.1 s 进行一次按键扫描,线程要有让出 CPU 的时候
    }

    return RT_EOK;
}
```

注意: 本任务中,两个线程都采用了无线循环模式,为了不让线程陷入死循环操作,两个线程都在每次循环后通过调用延时函数来让出 CPU 使用权。但这种让出方式还不是最好的方式,通常可以通过让线程等待信号量的方式使线程挂起,从而达到在线程空闲时让出 CPU 的效果。关于信号量方式请参考第 5 章。

3. main()程序设计

main()程序主要实现线程的创建,本任务中,我们分别采用动态方法和静态方法来创建线程,主要是使读者了解两种方法如何使用。

main.c 文件程序清单如下:

```
#include <rtthread.h>
#define DBG_TAG "main"
#define DBG_LVL DBG_LOG
#include <rtdbg.h>
#include "car_led.h"     //包含 LED 控制模块头文件
#include "car_beep.h"    //包含蜂鸣器控制模块头文件

#define THREAD_STACK_SIZE     1024      //定义线程栈大小
#define THREAD_PRIORITY       20        //定义线程优先级
```

```
#define THREAD_TIMESLICE      10        //定义线程时间片

/*栈首地址必须系统对齐*/
ALIGN(RT_ALIGN_SIZE)
static char beep_stack[THREAD_STACK_SIZE];  //定义栈空间
static struct rt_thread beepThread;         //静态方式定义 beep 线程控制块
rt_thread_t TidLed = RT_NULL;               //动态方式定义 LED 线程句柄

int main(void)
{
    int ret;

    /*动态方式创建线程*/
    TidLed = rt_thread_create ("LED",
                              led_thread_entry,
                              RT_NULL,
                              THREAD_STACK_SIZE,
                              THREAD_PRIORITY,
                              THREAD_TIMESLICE);
    if (TidLed != RT_NULL)//判断线程是否成功创建
        rt_thread_startup(TidLed);//成功则启动线程
    else {//否则打印日志并输出
        LOG_D("can not create LED thread!");
        return -1;
    }

    /*采用静态方式初始化线程*/
    ret = rt_thread_init (&beepThread,
                         "BEEP",
                         beep_thread_entry,
                         RT_NULL,
                         &beep_stack[0],
                         sizeof(beep_stack),
                         THREAD_PRIORITY,
                         THREAD_TIMESLICE);
    if (ret == RT_EOK) //判断线程是否成功创建
        rt_thread_startup(&beepThread); //成功则启动线程
    else {                                //否则打印日志并输出
        LOG_D("can not init beep thread!");
        return -1;
    }

    return RT_EOK;
}
void stop_led_thread(void)                //删除 led 线程命令
{
    rt_thread_delete(TidLed);             //动态创建的线程用 delete 删除
}
```

```
void stop_beep_thread(void)          //删除beep线程命令
{
    rt_thread_detach(&beepThread);   //静态初始化的线程用detach删除
}

/*导出到msh命令列表中*/
MSH_CMD_EXPORT(stop_led_thread, delete led thread);
MSH_CMD_EXPORT(stop_beep_thread, delete beep thread);
```

4.3.3 程序测试

测试结果：

① 系统启动后，左右转向灯没有闪烁，在终端输入ps命令查看系统线程情况，发现系统中新增了2个线程，分别是BEEP和LED，如图4-6所示。

```
 \ | /
- RT -     Thread Operating System
 / | \     4.0.3 build Mar 18 2022
 2006 - 2020 Copyright by rt-thread team
msh >ps
thread   pri  status      sp     stack size max used left tick  error
-------- ---  ------- ---------- ----------  ------  ---------- ---
BEEP      20  suspend 0x00000090 0x00000400    16%   0x0000000a 000
LED       20  suspend 0x000000a4 0x00000400    16%   0x0000000a 000
tshell    20  running 0x000000cc 0x00001000    15%   0x0000000a 000
tidle0    31  ready   0x00000070 0x00000100    57%   0x0000000b 000
timer      4  suspend 0x0000007c 0x00000200    24%   0x00000009 000
```

图4-6 ps命令输出

② 在终端输入help命令查看系统命令支持情况，发现系统新增了我们程序中导出的3个命令ledmode、stop_led_thread、stop_beep_thread，如图4-7所示。

③ 如图4-8所示，通过终端输入“ledmode 1”“ledmode 2”“ledmode 3”等命令后，观察到车灯闪烁分别变为“双闪”“左灯闪”“右灯闪”。

```
msh >help
RT-Thread shell commands:
clear            - clear the terminal screen
version          - show RT-Thread version information
list_thread      - list thread
list_sem         - list semaphore in system
list_event       - list event in system
list_mutex       - list mutex in system
list_mailbox     - list mail box in system
list_msgqueue    - list message queue in system
list_mempool     - list memory pool in system
list_timer       - list timer in system
list_device      - list device in system
help             - RT-Thread shell help.
ps               - List threads in the system.
free             - Show the memory usage in the system.
pwm_enable       - pwm_enable pwm1 1
pwm_disable      - pwm_disable pwm1 1
pwm_set          - pwm_set pwm1 1 100 50
reboot           - Reboot System
motor            - set motor speed
ledmode          - set led flash mode
stop_led_thread  - stop led thread
stop_beep_thread - stop beep thread
```

图4-7 help命令输出

```
msh >ledmode 1
msh >
msh >ledmode 2
msh >
msh >ldemode 3
ldemode: command not found.
msh >ledmode 3
msh >
```

图4-8 设置闪灯模式

④ 当按下按键时,喇叭发出响声。

⑤ 当松开按键时,喇叭停止发出响声。

⑥ 一直按住按键不松开,喇叭发出响声的同时车灯继续闪烁。

⑦ 如图 4-9 所示,通过终端输入停止车灯闪烁命令 stop_led_thread,观察车灯不再闪烁;通过终端输入 ps 命令查看系统线程情况,发现系统中不存在 LED 线程了。

```
msh >stop_led_thread
msh >ps
thread   pri  status      sp     stack size max used left tick  error
-------- ---  ------- ---------- ----------  ------  ---------- ---
BEEP      20  suspend 0x00000090 0x00000400    16%   0x0000000a 000
tshell    20  running 0x000000cc 0x00001000    15%   0x00000002 000
tidle0    31  ready   0x00000058 0x00000100    57%   0x00000013 000
timer      4  suspend 0x0000007c 0x00000200    24%   0x00000009 000
msh >
msh >
```

图 4-9 停止 led 线程后 ps 命令输出

⑧ 如图 4-10 所示,通过终端输入停止喇叭响声命令 stop_beep_thread 后,按下按键时喇叭不响;通过终端输入 ps 命令查看系统线程情况,发现系统中不存在 BEEP 线程了。

```
msh >stop_beep_thread
msh >ps
thread   pri  status      sp     stack size max used left tick  error
-------- ---  ------- ---------- ----------  ------  ---------- ---
tshell    20  running 0x000000cc 0x00001000    15%   0x00000009 000
tidle0    31  ready   0x00000070 0x00000100    57%   0x0000000a 000
timer      4  suspend 0x0000007c 0x00000200    24%   0x00000009 000
msh >
msh >
```

图 4-10 停止 beep 线程后 ps 命令输出

4.4 任务 4-2 暂停或恢复车灯闪烁功能

任务描述:在任务 4-1 中,我们通过停止命令把线程删除后,线程在系统中就不存在了,也无法再使线程重新运行。例如,我们输入 stop_led_thread 命令后,车灯闪烁关闭了,车灯停止闪烁,但也无法重新开启车灯闪烁功能。本任务通过修改停止命令的实现代码,同时增加恢复命令,使车灯闪烁功能可以暂停和恢复。

任务 4-2
实战演示

4.4.1 RT-Thread 相关接口函数

1. 挂起线程

线程挂起是指把线程脱离就绪队列,使线程不参与调度器的调度。线程挂起使用下面的接口函数:

```
rt_err_t rt_thread_suspend (rt_thread_t thread);
```

线程挂起接口函数 rt_thread_suspend()的参数和返回值如表 4-9 所列。

表 4-9 rt_thread_suspend()参数描述

参 数	描 述
thread	线程句柄
返回	RT_EOK:线程挂起成功; -RT_ERROR:线程挂起失败,因为该线程的状态并不是就绪状态

注意: RT-Thread对此函数有严格的使用限制,该函数只能使用来挂起当前线程(即自己挂起自己),不可以在线程A中尝试挂起线程B,而且在挂起线程自己后,需要立刻调用rt_schedule()函数进行手动线程上下文切换。用户只需要了解该接口的作用即可,不建议在程序中使用该接口。该接口可以视为是内部接口。这是因为线程A在尝试挂起线程B时,线程A并不清楚线程B正在运行什么程序,一旦线程B正在使用影响或阻塞其他线程的内核对象(如互斥量、信号量等)时,那么线程A尝试挂起线程B的操作将会引发连锁反应,严重危及系统的实时性(有些地方会将其描述为死锁,实际上这种现象不是死锁,但是也没有比死锁好到哪儿去)。

当线程调用rt_thread_delay()时,线程将主动挂起;当调用rt_sem_take(),rt_mb_recv()等函数时,资源不可使用也将导致线程挂起。处于挂起状态的线程,如果其等待的资源超时(超过其设定的等待时间),那么该线程将不再等待这些资源,并返回就绪状态;或者,当其他线程释放掉该线程所等待的资源时,该线程也会返回就绪状态。

2. 恢复线程

恢复线程就是让挂起的线程重新进入就绪状态,并将线程放入系统的就绪队列中。如果被恢复线程在所有就绪状态线程中,位于最高优先级链表的第一位,那么系统将进行线程上下文切换。线程恢复使用下面的接口函数:

```
rt_err_t rt_thread_resume (rt_thread_t thread);
```

线程恢复接口函数rt_thread_resume()的参数和返回值如表4-10所列。

表 4-10 rt_thread_resume()参数描述

参 数	描 述
thread	线程句柄
返回	RT_EOK:线程恢复成功; -RT_ERROR:线程恢复失败,因为这个线程的状态并不是RT_THREAD_SUSPEND状态

4.4.2 程序设计

在任务4-1的代码基础上做相应修改,只需修改car_led.c和main.c两个文件,具体如下,本任务我们只对修改代码(黑体部分)进行注解。

car_led.h代码清单如下:

```
#ifndef APPLICATIONS_CAR_LED_H_
#define APPLICATIONS_CAR_LED_H_
enum led_mode {
```

```
    LED_MODE_STOP = 0,
    LED_MODE_Double,
    LED_MODE_LEFT,
    LED_MODE_RIGHT
};
void led_thread_entry();
void led_set_mode(enum led_mode m);
void led_stop_flag(int i); //接口声明,同时导出模块接口供其他模块使用
#endif /* APPLICATIONS_CAR_LED_H_ */
```

car_led.c 文件修改。我们在此文件中增加暂停标志、暂停设置接口,以及在线程中增加暂停执行代码,具体代码清单如下:

```
#include <rtthread.h>
#include <rtdevice.h>
#include "drv_common.h"

#define DBG_TAG "LED"
#define DBG_LVL DBG_LOG
#include <rtdbg.h>
#include <stdlib.h>
#include "car_led.h"
/* 定义左右转向灯的控制引脚 */
#define LedLeft GET_PIN(D, 8)
#define LedRight GET_PIN(D, 9)
#define LedOn(pin)rt_pin_write(pin, PIN_LOW)
#define LedOff(pin) rt_pin_write(pin, PIN_HIGH)

enum led_mode LedMod = LED_MODE_STOP;
void led_set_mode(enum led_mode m)
{
    LedMod = m;
}
/* 暂停运行标志变量,0 表示运行,1 表示暂停 */
static int stopFlag = 0;
void led_thread_entry()
{
    rt_pin_mode(LedLeft, PIN_MODE_OUTPUT);
    rt_pin_mode(LedRight, PIN_MODE_OUTPUT);
    while(1){
        /* 判断是否暂停运行 */
        if(stopFlag)
        {
            rt_thread_suspend(rt_thread_self());//挂起线程,只能自已挂起自已
            rt_schedule();//使用 suspend 挂起线程后,需手动进行线程上下文切换
        }
```

```
        switch(LedMod)
        {
        case LED_MODE_STOP:
            LedOff(LedLeft);
            LedOff(LedRight);
            break;
        case LED_MODE_Double:
            LedOn(LedLeft);
            LedOn(LedRight);
            rt_thread_mdelay(500);
            LedOff(LedLeft);
            LedOff(LedRight);
            break;
        case LED_MODE_LEFT:
            LedOff(LedRight);
            LedOn(LedLeft);
            rt_thread_mdelay(250);
            LedOff(LedLeft);
            break;
        case LED_MODE_RIGHT:
            LedOff(LedLeft);
            LedOn(LedRight);
            rt_thread_mdelay(250);
            LedOff(LedRight);
            break;
        default:
            LOG_D("mode error\n");
        }
        rt_thread_mdelay(250);
    }
}
void ledmode(int argn, char * argv[])
{
    if(argn < 2){
        LOG_W("ledmode #mode");
        return ;
    }
    led_set_mode(atoi(argv[1]));

}
void led_stop_flag(int i)//设置暂停标志的接口
{
    stopFlag = i;
}
```

```
/*导出到msh命令列表中*/
MSH_CMD_EXPORT(ledmode, set led flash mode);
```

main.c文件修改，在此文件中，我们主要是修改stop_led_thread()函数的实现，同时增加线程恢复函数，并把线程恢复函数导出到msh命令列表中，使我们可以通过终端命令来恢复线程。

```
#include <rtthread.h>
#define DBG_TAG "main"
#define DBG_LVL DBG_LOG
#include <rtdbg.h>
#include "car_led.h"
#include "car_beep.h"
#define THREAD_STACK_SIZE   1024
#define THREAD_PRIORITY     20
#define THREAD_TIMESLICE    10

ALIGN(RT_ALIGN_SIZE)
static char beep_stack[THREAD_STACK_SIZE];
static struct rt_thread beepThread;
static rt_thread_t TidLed = RT_NULL;

int main(void)
{
    int ret;

    TidLed = rt_thread_create("LED", led_thread_entry,
                              RT_NULL,THREAD_STACK_SIZE,
                              THREAD_PRIORITY, THREAD_TIMESLICE);
    if (TidLed != RT_NULL)
        rt_thread_startup(TidLed);
    else {
        LOG_D("can not create LED thread!");
        return -1;
    }

    ret = rt_thread_init (&beepThread,
                          "BEEP",
                          beep_thread_entry,
                          RT_NULL,
                          &beep_stack[0],
                          sizeof(beep_stack),
                          THREAD_PRIORITY,
                          THREAD_TIMESLICE);
    if (ret == RT_EOK)
```

```
        rt_thread_startup(&beepThread);
    else {
        LOG_D("can not init beep thread!");
        return -1;
    }

    return RT_EOK;
}
void stop_led_thread()                                  //暂停运行
{
led_stop_flag(1);
}
void resume_led_thread()                                //恢复运行
{
    led_stop_flag(0);                                   //先设置为运行
    rt_thread_resume(TidLed);                           //再恢复线程
    return;
}
/*导出到 msh 命令列表中*/
MSH_CMD_EXPORT(resume_led_thread, resume led thread);   //唤醒命令
MSH_CMD_EXPORT(stop_led_thread, stop led thread);
```

4.4.3 程序测试

测试过程如图 4-11 所示。

① 系统启动后，使用命令 ledmode 1 使能车灯双闪，观察到车灯闪烁。

② 输入命令 stop_led_thread，观察到车灯停止闪烁，说明线程已经被挂起。

③ 输入命令 resume_led_thread，观察到车灯重新闪烁，说明线程被重新唤醒。

④ 输入命令 ps，如图 4-12 所示，观察到 BEEP 和 LED 两个线程都处于挂起状态，这主要是因为 ps 命令输出时，CPU 正在运行 tshell 程序（命令是在 tshell 线程上下文中运行的），而此时 BEEP 和 LED 两个线程因为执行 rt_thread_mdelay()函数而被挂起。

```
 \ | /
- RT -     Thread Operating System
 / | \     4.0.3 build Mar 18 2022
 2006 - 2020 Copyright by rt-thread team
msh >ledmode 1
msh >stop_led_thread
msh >resume_led_thread
msh >
```

图 4-11　暂停和恢复线程

```
msh >resume_led_thread
msh >ps
thread   pri  status      sp     stack size max used left tick  error
-------- ---  ------- ---------- ---------- ------  ---------- ---
BEEP      20  suspend 0x000000a4 0x00000400    16%   0x0000000a 000
LED       20  suspend 0x000000a0 0x00000400    15%   0x0000000a 000
tshell    20  running 0x000000c8 0x00001000    15%   0x00000005 000
tidle0    31  ready   0x00000070 0x00000100    57%   0x00000014 000
timer      4  suspend 0x0000007c 0x00000200    24%   0x00000009 000
```

图 4-12　ps 命令输出

4.5 任务 4-3 多线程运行机制实验

任务描述：本任务我们进一步研究多线程的运行机制。要求实现功能如下：创建 2 个线程，线程名称分别为 LED 和 BEEP，两个线程的任务是连续 5 次打印本线程的名字后退出线程（**注意**：线程不执行控制 LED 和蜂鸣器动作）。

任务 4-3
实战演示

设计本任务的目的是观察 LED 线程和 BEEP 线程在操作系统中是如何同时运行的。

4.5.1 RT-Thread 相关接口函数

本任务需要使用到的 RT-Thread 相关接口函数如下：

1. 获得当前运行的线程

在程序运行过程中，相同的一段代码可能会被多个线程执行，在执行时可以通过下面的接口函数获得当前执行的线程句柄：

```
rt_thread_t rt_thread_self(void);
```

该接口函数的返回值如表 4-11 所列。

表 4-11 rt_thread_self()参数描述

返 回	描 述
thread	当前运行的线程句柄
RT_NULL	失败，调度器还未启动

2. 设置调度器钩子函数

在整个系统运行时，系统都处于线程运行、中断触发和响应中断、切换到其他线程，甚至是线程间的切换过程中，所以说系统的上下文切换是系统中最普遍的事件。有时用户可能会想知道在一个时刻发生了什么样的线程切换，可以通过调用下面的接口函数设置一个相应的钩子函数。在系统线程切换时，这个钩子函数将被调用如下：

```
void rt_scheduler_sethook (void ( * hook)(struct rt_thread * from,
                                   struct rt_thread * to));
```

设置调度器钩子函数的输入参数如表 4-12 所列。

表 4-12 rt_scheduler_sethook()参数描述

参 数	描 述
hook	表示用户定义的钩子函数指针

钩子函数 hook()的声明如下：

```
void hook(struct rt_thread * from, struct rt_thread * to);
```

调度器钩子函数 hook()的输入参数如表 4-13 所列。

表 4-13　hook()参数描述

参　数	描　述
from	表示系统所要切换出的线程控制块指针
to	表示系统所要切换到的线程控制块指针

注意：编写钩子函数时一定要仔细，稍有不慎将可能导致整个系统运行不正常。在钩子函数中，基本不允许调用系统 API，更不应该导致当前运行的上下文挂起。

4.5.2　程序设计

程序可以使用 rt_thread_self()函数获取本线程的线程句柄，然后通过线程句柄，可以方便地获得线程的名称。

新建 RT - Thread 项目，对 main.c 文件进行如下程序设计。

(1) 头文件包含及宏定义

在本任务代码中，我们使用预编译宏进行选择编译，使代码可以兼容两个版本，提高代码利用率。

```
#include <rtthread.h>
#define DBG_TAG "main"                          //日志标签
#define DBG_LVL DBG_LOG                         //日志级别
#include <rtdbg.h>                              //日志函数需包含的头文件

#define THREAD_STACK_SIZE   1024                //线程栈大小
/* 两个线程的优先级分别定义 */
#define THREAD_PRIORITY_LED       20
#define THREAD_PRIORITY_BEEP      20
#define THREAD_TIMESLICE      10                //线程时间片大小为 10 个系统嘀嗒，默认是 10 ms
/* 本任务我们使用预编译宏进行选择编译，当定义以下宏时，将开启调度器钩子的功能 */
/* #define SCHEDULER_HOOK */

#ifdef SCHEDULER_HOOK
/* 定义调度钩子函数 */
static void hook_of_scheduler(struct rt_thread * from, struct rt_thread * to)
{
    //打印出调度信息：从一个线程切换到另一个线程运行
    rt_kprintf("from: %s -->  to: %s \n", from->name, to->name);
}
#endif
```

(2) 线程入口函数定义

本任务需要创建两个线程，所以要编写两个线程入口函数，分别为 beep_thread_entry 和 led_thread_entry。

```
void beep_thread_entry(void * parameter)
{
    rt_thread_t tid;
    int count = 0;                          //为了观察方便,我们只打印出前5个调度过程

    while (1){
        tid = rt_thread_self();             //获取本线程的句柄
        /* 打印线程的名字和当前计数变量的值 */
        LOG_D("thread name: %s count = %d\n",tid->name, count);
        if(count++ == 5)                    //线程循环5次后退出
            break;
    }
    /* 线程退出时打印退出信息 */
    LOG_D("thread %s exit\n",tid->name);
}

void led_thread_entry()                     //线程入口函数
{
    int count = 0;
    rt_thread_t tid;
    while(1){
        tid = rt_thread_self();             //获取本线程的句柄
        /* 打印线程的名字和当前计数变量的值 */
        LOG_D("thread name: %s count = %d\n",tid->name,count);
        if(count++ == 5)                    //线程循环5次后退出
            break;
    }
    /* 线程退出时打印退出信息 */
    LOG_D("thread %s exit\n",tid->name);
}
```

(3) main 函数设计

main 只负责线程的创建,我们用动态方法创建 LED 线程,用静态方法创建 BEEP 线程。静态方法创建线程,需要用户自定义线程栈空间和线程控制块。

```
ALIGN(RT_ALIGN_SIZE)
static char beep_stack[THREAD_STACK_SIZE];//线程栈空间
static struct rt_thread beepThread;         //线程控制块
static rt_thread_t TidLed = RT_NULL;

/* main 函数主要完成线程的创建工作 */
int main(void)
{
    int ret;

#ifdef SCHEDULER_HOOK
```

```
    /*设置调度器钩子*/
    rt_scheduler_sethook(hook_of_scheduler);
#endif

TidLed = rt_thread_create("LED", led_thread_entry,
                          RT_NULL,THREAD_STACK_SIZE,
                          THREAD_PRIORITY_LED, THREAD_TIMESLICE);
    if (TidLed != RT_NULL)
        rt_thread_startup(TidLed);
    else {
        LOG_D("can not create LED thread!");
        return -1;
    }

    ret = rt_thread_init(&beepThread,
                         "BEEP",
                         beep_thread_entry,
                         RT_NULL,
                         &beep_stack[0],
                         sizeof(beep_stack),
                         THREAD_PRIORITY_BEEP,
                         THREAD_TIMESLICE);
    if (ret == RT_EOK)
        rt_thread_startup(&beepThread);
    else {
        LOG_D("can not init beep thread!");
        return -1;
    }

    return RT_EOK;
}
```

4.5.3 程序测试

① 先使用终端连接开发板，然后再按开发板的重启按键重启系统。观察终端打印的调试信息如图 4-13(a)所示，发现两个线程轮流输出信息，可以间接说明两个线程是轮流执行的。

② 把上述代码的 BEEP 线程优先级改为 19，如下：

```
#define THREAD_PRIORITY_BEEP      19
```

修改后重新构建并下载运行程序，按照①的方法，观察终端打印的调试信息如图 4-13(b)所示，可以看到，即使 LED 线程先于 BEEP 被创建，由于 BEEP 线程的优先级高于 LED 线程，因此 BEEP 线程被执行，而且要等到 BEEP 线程执行完成后 LED 线程才能执行。

③ 打开预处理宏定义 SCHEDULER_HOOK，把 LED 和 BEEP 两个线程优先级都设置为 20，如下：

```
 \ | /
- RT -     Thread Operating System
 / | \     4.0.3 build Mar 19 2022
 2006 - 2020 Copyright by rt-thread team
msh >[D/main] thread LED count=0

[D/main] thread LED count=1

[D/main] thre[D/main] thread BEEP count=0

[D/main] thread BEEP count=1

[D/main] thread BEEad BEEP count=2
[D/main] thread LED count=3

[D/main] thread LED count=4

n]  nt=4

[D/main] thread BEEP count=3

[D/main] thread BEEP count=4

[D[D/main] thread LED count=5

[D/main] thread LED exit

 LED exthread BEEP count=5

[D/main] thread BEEP exit
```

(a)

```
 \ | /
- RT -     Thread Operating System
 / | \     4.0.3 build Mar 19 2022
 2006 - 2020 Copyright by rt-thread team
[D/main] thread BEEP count=0

[D/main] thread BEEP count=1

[D/main] thread BEEP count=2

[D/main] thread BEEP count=3

[D/main] thread BEEP count=4

[D/main] thread BEEP count=5

[D/main] thread BEEP exit

msh >[D/main] thread LED count=0

[D/main] thread LED count=1

[D/main] thread LED count=2

[D/main] thread LED count=3

[D/main] thread LED count=4

[D/main] thread LED count=5

[D/main] thread LED exit
```

(b)

图 4-13　优先级对比

```
#define THREAD_PRIORITY_LED        20
#define THREAD_PRIORITY_BEEP       20
#define SCHEDULER_HOOK
```

修改后重新构建并下载运行程序，观察终端打印的调试信息如图 4-14 (a)所示，可以看到，系统先运行 main 线程，再运行 tshell 线程，这是因为系统中 main 线程优先级默认为 10，比 tshell 默认优先级 20 高(数值越小优先级越高)，所以系统先运行 main 线程。

tshell 运行后 LED 线程和 BEEP 线程接着轮流运行，由于这 3 个线程的优先级都是 20，所以它们在属于同一个优先级的队列中，并且按启动先后顺序排列(**注意**：*是启动顺序，即 rt_thread_startup()函数的执行顺序，而不是创建顺序*)，调度顺序也是按照启动的先后顺序进行的。

LED 线程和 BEEP 线程退出后，进入 tidle0 线程运行，tidle0 优先级在系统中最低，当所有高优先级的线程退出或者睡眠时，会进入 tidle0 线程运行。

④ 打开预处理宏定义 SCHEDULER_HOOK，把 LED 和 BEEP 两个线程优先级分别设置为 20 和 19，如下：

```
#define THREAD_PRIORITY_LED        20
#define THREAD_PRIORITY_BEEP       19
#define SCHEDULER_HOOK
```

修改后重新构建并下载运行程序，观察终端打印的调试信息如图 4-14(b)所示，可以看到，系统线程的运行顺序为：main 线程→BEEP 线程→tshell 线程→LED 线程，读者可自行分析原因。

```
 - RT -     Thread Operating System
 / | \      4.0.3 build Mar 19 2022
 2006 - 2020 Copyright by rt-thread team
from: main -->  to: tshell
msh >from: tshell -->  to: LED
[D/main] thread LED count=0

[D/main] thread LED count=1

[D/main]from: LED -->  to: BEEP
[D/main] thread BEEP count=0

[D/main] thread BEEP count=1

[D/from: BEEP -->  to: LED
-thread LED count=2

[D/main] thread LED count=3

[D/main] thread Lfrom: LED -->  to: BEEP
ED -->thread BEEP count=2

[D/main] thread BEEP count=3

[D/main] tfrom: BEEP -->  to: LED
EP -->  to:
[D/main] thread LED count=5

[D/main] thread LED exit
rom: LED -->  to: BEEP
rom: LED -->  to: B
[D/main] thread BEEP count=5

[D/main] thread BEEfrom: BEEP -->  to: LED
om:from: LED -->  to: BEEP
-->  to
from: BEEP -->  to: tidle0
```

(a)

```
 - RT -     Thread Operating System
 / | \      4.0.3 build Mar 19 2022
 2006 - 2020 Copyright by rt-thread team
from: main -->  to: BEEP
[D/main] thread BEEP count=0

[D/main] thread BEEP count=1

[D/main] thread BEEP count=2

[D/main] thread BEEP count=3

[D/main] thread BEEP count=4

[D/main] thread BEEP count=5

[D/main] thread BEEP exit

from: BEEP -->  to: tshell
msh >from: tshell -->  to: LED
[D/main] thread LED count=0

[D/main] thread LED count=1

[D/main] thread LED count=2

[D/main] thread LED count=3

[D/main] thread LED count=4

[D/main] thread LED count=5

[D/main] thread LED exit

from: LED -->  to: tidle0
```

(b)

图 4-14　调度钩子

结论:在操作系统中,所有线程各自独立运行,所有线程看起来是同时工作的,但在只有一个 CPU 核的情况下,在同一时刻只能有一个线程在 CPU 上运行,操作系统为每个线程分配一定的运行时间片,当线程的运行时间耗尽时,操作系统会调度下一个线程到 CPU 运行。由于时间片很小,使我们觉得线程是在同时运行的。

4.6　任务 4-4　线程主动让出 CPU 资源

任务描述:在任务 4-3 中,我们发现,当 LED 和 BEEP 两个线程的优先级一样时,它们轮流使用 CPU 资源,且每次使用 CPU 资源时大概打印 2 次日志(相当于执行一次时间片大概可以执行 2 次循环体)。读者也应该发现,程序打印中存在混乱,这主要是因为线程在打印字符串时,字符串还没有完整输出,线程就由于时间片用完而被强制挂起。

本任务,我们让线程一次时间片只执行一次循环体后主动让出 CPU 资源。

任务 4-4
实战演示

4.6.1 RT-Thread 相关接口函数

1. 使线程让出处理器资源

在当前线程的时间片用完或者该线程主动要求让出处理器资源时，它将不再占有处理器，调度器会选择相同优先级的下一个线程执行。线程调用这个接口函数后，这个线程仍然在就绪队列中。线程让出处理器可以使用下面的接口函数：

```
rt_err_t rt_thread_yield(void);
```

调用该函数后，当前线程首先把自己从它所在的就绪优先级线程队列中删除，然后把自己挂到这个优先级队列链表的尾部，然后激活调度器进行线程上下文切换（如果当前优先级只有这一个线程，则这个线程继续执行，不进行上下文切换动作）。

rt_thread_yield()函数和 rt_schedule()函数比较像，但在有相同优先级的其他就绪态线程存在时，系统的行为就完全不一样了。执行 rt_thread_yield()函数后，当前线程被换出，相同优先级的下一个就绪线程将被执行。而执行 rt_schedule()函数后，当前线程并不一定被换出，即使被换出，也不会被放到就绪线程链表的尾部，而是在系统中选取就绪的优先级最高的线程执行（如果系统中没有比当前线程优先级更高的线程存在，那么执行完 rt_schedule()函数后，系统将继续执行当前线程）。

2. 控制线程

当需要对线程进行一些其他控制时，例如动态更改线程的优先级，可以调用如下接口函数：

```
rt_err_t rt_thread_control(rt_thread_t thread, rt_uint8_t cmd, void* arg);
```

线程控制接口函数 rt_thread_control()的参数和返回值如表 4-13 所列。

表 4-13 rt_thread_control()参数描述

参 数	描 述
thread	线程句柄
cmd	指示控制命令，当前支持的命令包括： • RT_THREAD_CTRL_CHANGE_PRIORITY：动态更改线程的优先级； • RT_THREAD_CTRL_STARTUP：开始运行一个线程，等同于 rt_thread_startup()函数调用； • RT_THREAD_CTRL_CLOSE：关闭一个线程，等同于 rt_thread_delete()或 rt_thread_detach()函数调用
arg	控制参数
返回	RT_EOK：控制执行正确； -RT_ERROR：失败

注意： 因为线程在启动时，运行优先级被设置为创建时或初始化时传入的优先级，所以一定要在线程启动（使用 rt_thread_startup()启动线程）后，通过此接口改变线程优先级才能生效。

4.6.2 程序设计

新建项目，在 mian.c 文件中进行程序设计。程序中我们使用两个预编译宏：THREAD_

CONTROL 和 USE_THREAD_YIELD 进行条件编译，当定义 THREAD_CONTROL 宏时，程序执行线程控制函数修改线程优先级；当定义 USE_THREAD_YIELD 时，程序使用 rt_thread_yield()函数让出 CPU，否则使用 rt_schedule()让出 CPU，这样设计主要是为了方便后续测试。

mian.c 文件代码清单如下：

```
#include <rtthread.h>
#define DBG_TAG "main"                          //日志 TAG
#define DBG_LVL DBG_LOG                         //日志级别
#include <rtdbg.h>                              //日志打印头文件

#define THREAD_STACK_SIZE     1024              //栈大小
#define THREAD_PRIORITY_LED   20                //LED 线程优先级
#define THREAD_TIMESLICE      10                //时间片

#define THREAD_PRIORITY_BEEP 19                 //BEEP 线程优先级
/*以下为两个预编译宏定义，用于选择哪些代码参与编译*/
#define THREAD_CONTROL                          //使能线程控制功能
#define USE_THREAD_YIELD                        //定义此宏使用 yield 函数让出 CPU，否则使用 schedule

void beep_thread_entry(void * parameter) //BEEP 线程入口函数
{
    rt_thread_t tid;
    int count = 0;

    for(count = 0;count < 6;count ++)
    {
        tid = rt_thread_self();
        LOG_D("thread %s count = %d",tid->name, count);//打印出线程名字和运行次数
#ifdef USE_THREAD_YIELD
        rt_thread_yield();                      //使用 yield 函数让出 CPU
#else
        rt_schedule();                          //使用 schedule 让出 CPU
#endif
    }

    LOG_D("thread %s exit",tid->name); //退出后打印退出信息
}

void led_thread_entry()                         //LED 线程入口函数
{
    int count = 0;
    rt_thread_t tid;
    for(count = 0;count < 6;count ++)
    {
```

```
        tid = rt_thread_self();
        LOG_D("thread %s count = %d",tid->name, count);
#ifdef USE_THREAD_YIELD
        rt_thread_yield();                  //使用 yield 函数让出 CPU
#else
        rt_schedule();                      //使用 schedule 让出 CPU
#endif
    }
    LOG_D("thread %s exit",tid->name);
}

ALIGN(RT_ALIGN_SIZE)                        //栈对齐
static char beep_stack[1024];               //栈内存
static struct rt_thread beepThread;         //线程控制块
static rt_thread_t TidLed = RT_NULL;        //线程句柄
int main(void)
{
    int ret;
#ifdef THREAD_CONTROL
    rt_uint8_t priority = 21;
#endif

    /* 创建 LED 线程 */
    TidLed = rt_thread_create("LED",
                              led_thread_entry,
                              RT_NULL,
                              THREAD_STACK_SIZE,
                              THREAD_PRIORITY_LED,
                              THREAD_TIMESLICE);
    /* 创建 BEEP 线程 */
    ret = rt_thread_init(&beepThread,
                              "BEEP",
                              beep_thread_entry,
                              RT_NULL,
                              &beep_stack[0],
                              sizeof(beep_stack),
                              THREAD_PRIORITY_BEEP,
                              THREAD_TIMESLICE);

    if (ret == RT_EOK)
        rt_thread_startup(&beepThread); /* 启动线程 */
    else {
        LOG_D("can not init beep thread!");
        return -1;
    }
```

```
    if (TidLed != RT_NULL)
        rt_thread_startup(TidLed); /* 启动线程 */
    else {
        LOG_D("can not create LED thread!");
        return -1;
    }
#ifdef THREAD_CONTROL
    /* 改变线程优先级 */
    rt_thread_control(TidLed, RT_THREAD_CTRL_CHANGE_PRIORITY, &priority);
    rt_thread_control(&beepThread, RT_THREAD_CTRL_CHANGE_PRIORITY, &priority);
#endif
    return RT_EOK;
}
```

4.6.3 程序测试

① 下载并启动系统，观察到终端打印如图 4-15(a)所示，虽然在创建线程时，LED 和 BEEP 线程的优先级不一样，但在线程启动后，由于 main 程序通过 rt_thread_control()函数把两个线程的优先级重新设置为相同的值 21，使两个线程的运行优先级一样。由于两个线程的优先级相同，所以两个线程通过时间片轮流使用 CPU 资源。

又由于两个线程都在打印日志信息后通过 rt_thread_yield()主动让出 CPU 资源，线程的时间片足够打印一行信息，剩下的时间把 CPU 让出，让下一个具有相同优先级的线程使用，因此观察到两个线程轮流打印日志信息。

② 修改代码中的预处理宏定义如下：

```
//#define THREAD_CONTROL
#define USE_THREAD_YIELD
```

构建后下载并启动系统，观察到终端打印如图 4-15(b)所示，虽然 BEEP 线程在打印完日志后主动让出 PCU 资源，但由于 BEEP 线程的优先级 19 比 LED 线程的优先级 20 要高，系统当前就绪队列的最高优先级为 19，调度器在最高优为 19 的就绪队列中只找到 BEEP 线程，因此，BEEP 线程让出 CPU 资源后，又重新得到运行。

直到 BEEP 线程退出，系统当前就绪队列的最高优先级变为 20，LED 线程才可到执行。因此先观察到 BEEP 线程的日志信息，等 BEEP 线程退出后，才观察到 LED 线程的日志信息。

③ 修改代码中的预处理宏定义如下：

```
#define THREAD_CONTROL
//#define USE_THREAD_YIELD
```

上述宏定义把 BEEP 线程和 LED 线程的优先级都改为 21，用 rt_schedule()函数代替 rt_thread_yield()。

构建后下载并启动系统，观察到终端打印如图 4-15(c)所示，我们发现，线程并没像图 4-15(a)那样，每输出一行信息就让出 CPU。

调用 rt_schedule()函数不能成功让出 CPU 的原因是：rt_schedule()只是让调度器重新选

择一个最高优先级的就绪线程来执行，并不影响线程在就绪队列中的位置。对于本例，当前系统就绪线程中，最高优先级为 21，当优先级为 21 的 LED/BEEP 线程调用 rt_schedule()时，此时调度器找不到更高优先级的线程，且此时 LED/BEEP 线程时间片还没有用完，所以继续运行 LED/BEEP 线程。

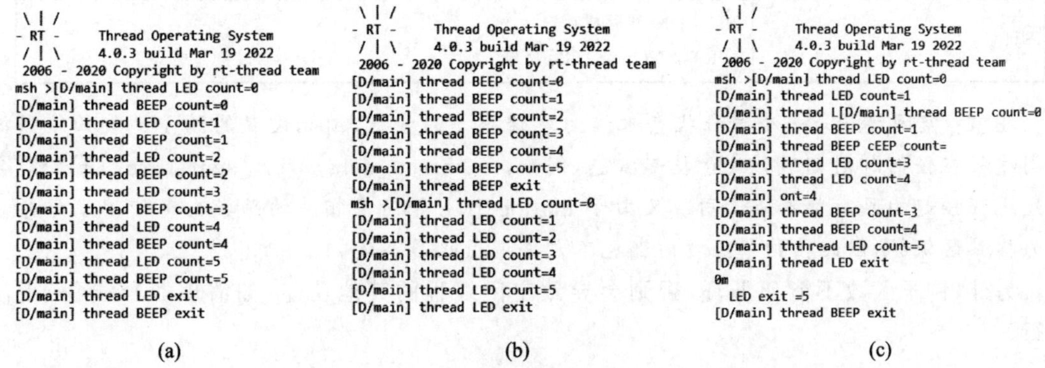

图 4-15　线程让出 CPU 实验

4.7　任务 4-5　空闲线程中运行 LED 灯的闪烁

功能描述：通常，我们可以把一些不太紧急的事情放在 CPU 空闲时运行。那么怎么才能知道 CPU 什么时候是空闲的呢？我们知道，RT-Thread 操作系统中有个空闲线程，其优先级是最低的，也就是说，只有 CPU 没有其他事情做时，此线程才会运行。本任务我们将在空闲线程中运行 LED 灯的闪烁。此功能有一个作用，就是可以通过灯是否闪烁来判断系统是否在某个地方进入了死循环。

任务 4-5
实战演示

4.7.1　RT-Thread 中设置和删除空闲钩子函数

空闲钩子函数是空闲线程的钩子函数，如果设置了空闲钩子函数，就可以在系统执行空闲线程时，自动执行空闲钩子函数来做一些其他事情，比如系统指示灯。设置/删除空闲钩子函数的接口函数如下：

```
rt_err_t rt_thread_idle_sethook(void ( * hook)(void));
rt_err_t rt_thread_idle_delhook(void ( * hook)(void));
```

设置空闲钩子函数 rt_thread_idle_sethook()的输入参数和返回值如表 4-14 所列。

表 4-14　rt_thread_idle_sethook()参数描述

参　数	描　述
hook	设置的钩子函数
返回	RT_EOK：设置成功； −RT_EFULL：设置失败

删除空闲钩子函数 rt_thread_idle_delhook()的输入参数和返回值如表 4-15 所列。

表 4-15 rt_thread_idle_delhook()参数描述

参 数	描 述
hook	删除的钩子函数
返回	RT_EOK:删除成功; -RT_ENOSYS:删除失败

注意:空闲线程是一个线程状态永远为就绪状态的线程,因此设置的钩子函数必须保证空闲线程在任何时刻都不会处于挂起状态,例如,rt_thread_delay()、rt_sem_take()等可能会导致线程挂起的函数都不能使用。又由于 malloc、free 等内存相关的函数内部使用了信号量作为临界区保护,因此在钩子函数内部也不允许调用此类函数!

另外,钩子函数不能死循环,否则会导致空闲线程的其他功能(如清理僵尸线程)无法执行。

4.7.2 程序设计

新建项目,在项目的 main.c 文件中编写如下代码,其中,空闲钩子函数可以在 main()函数中进行设置。

```
#include <rtthread.h>
#include <rtdevice.h>
#include "drv_common.h"
#define DBG_TAG "main"
#define DBG_LVL DBG_LOG
#include <rtdbg.h>

/* LED 灯引脚定义 */
#define LedLeft GET_PIN(D, 8)
#define LedRight GET_PIN(D, 9)
/* 开/关的定义,使用宏定义的好处是提高代码可读性 */
#define LedOn(pin)rt_pin_write(pin, PIN_LOW)
#define LedOff(pin) rt_pin_write(pin, PIN_HIGH)

void led_flash(void)
{
    int i;
    LedOn(LedLeft);
    LedOn(LedRight);
    /* 以下使用 while 等待的方法实现延时,注意,不能用 rt_thread_delay 等函数 */
    i = 1 << 20;
    while(i--);
    LedOff(LedLeft);
    LedOff(LedRight);
    /* 使用 while 等待的方法实现延时,注意,不能用 rt_thread_delay 等函数 */
```

```
    i = 1 << 20;
    while(i--);
}

int main(void)
{
    rt_pin_mode(LedLeft, PIN_MODE_OUTPUT);
    rt_pin_mode(LedRight, PIN_MODE_OUTPUT);
    /* 设置空闲钩子函数 */
    rt_thread_idle_sethook(led_flash);
    return RT_EOK;
}
```

4.7.3 程序测试

下载程序后启动系统，发现车灯闪烁。

练习 4

1. 判断题

(1) 上下文件切换只是从一个程序代码切换到另一个程序代码，不包括数据、堆栈、寄存器的切换。(　　)

(2) RT-Thread 线程具有独立的栈，当进行线程切换时，会将当前线程的上下文保存在线程栈中。(　　)

(3) 栈的增长方向都是由高地址向低地址增长的。(　　)

(4) RT-Thread 中优先级数值越小的线程优先级越低。(　　)

(5) 空闲线程是一个线程状态永远为就绪态的线程。(　　)

2. 填空题

(1) 线程调度方式常见的有两种，分别为________和________。

(2) 所有线程轮流拥有 CPU 的使用权，平均分配每个线程占用 CPU 的时间，这种调度方法叫________调度。

(3) 让优先级高的线程优先使用 CPU 的调度方法叫________调度。

(4) 实时操作系统采用________调度方法。

(5) 操作系统的调度器在进行线程调度时，会发生________。

(6) 在 RT-Thread 中，线程包含 5 种状态，分别是________、________、________、________、________。

(7) 线程通过调用函数 rt_thread_create/init()进入________状态。

(8) RT-Thread 最大支持 256 个线程优先级(0～255)，数值越小的优先级越________。

(9) 在 RT-Thread 中，查看线程信息，可以使用的命令有________、________。

3. 编程题

(1) 假设 LED 灯以灌电流的方式接到 PA6 引脚，请使用线程的方法，编程实现 LED 灯的呼吸效果。

(2) 创建一个线程,线程入口函数如下:

```
thread_entry()
{
    while(1);
}
```

线程优先级设置为20;参考任务4-5挂载空闲钩子函数,运行程序后观察行动效果。

(3) 任务4-1中,两个线程通过rt_thread_mdelay()实现让出CPU,请读者尝试修改为使用rt_thread_yield()实现让出CPU,并分析两种方法的区别。

第 5 章

线程同步及其应用

本章概述

本章首先引入线程同步的基本概念;在理解了线程同步的基本概念后,介绍 RT-Thread 线程同步工作机制。信号量是在 RT-Thread 中应用广泛的一种线程同步方法,学习完本章,读者可以掌握信号量在线程与线程同步、中断与线程同步、资源计数方面的应用方法。

知识目标

- 理解操作系统的线程同步概念;
- 理解信号量的概念;
- 掌握信号量的使用方法。

技能目标

- 能够在多线程应用开发中使用信号量进行线程间通信;
- 能够在不同应用场合下使用信号量;
- 能够使用中断法进行矩阵按键的识别。

5.1 线程同步的概念

在现实生活中,完成一项工作,通常需要多人协同来完成,例如,送一个快递,快递小哥先把快递包裹寄存在快速驿站中,然后快递收件人再去驿站取快递。可以看出,从包裹送出到收件人收到,需要快递小哥和收件人的参与,快递小哥送包裹到驿站,收件人到驿站取包裹。而在此过程中,快递小哥和收件人必须协同好,否则,可能出现收件人去到驿站,而包裹还没有送达驿站的情况,这个协同的工具,就是驿站工作人员发出的短信通知。

在操作系统中,完成一项工作,往往也要多个线程协同完成。例如一项工作中的两个线程:一个线程从传感器中接收数据并且将数据写到共享内存中,同时另一个线程周期性地从共享内存中读取数据并发送出去显示,图 5-1 描述了两个线程间的数据传递。

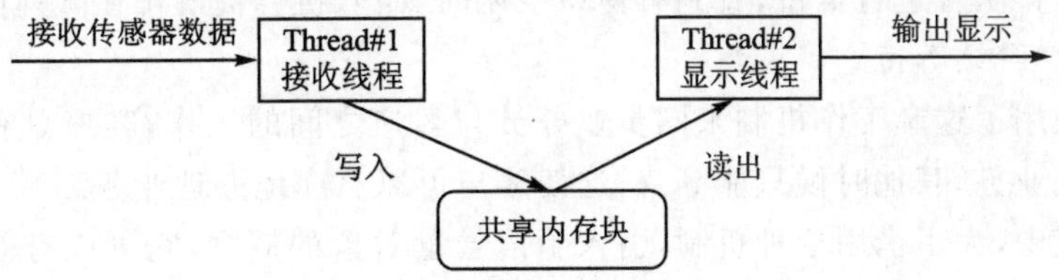

图 5-1 两个线程间的数据传递

如果对共享内存的访问不是排他性的,那么各个线程可能同时访问它,这将引起数据一致性的问题。例如,在显示线程试图显示数据之前,接收线程还未完成数据的写入,那么显示将包含不同时间采样的数据,造成显示数据的错乱。

将传感器数据写入共享内存块的接收线程#1和将传感器数据从共享内存块中读出的线程#2都会访问同一块内存。为了防止出现数据的差错,两个线程访问的动作必须是互斥进行的,应该是在一个线程对共享内存块操作完成后,才允许另一个线程去操作,这样,接收线程#1与显示线程#2才能正常配合,使此项工作正确地执行。

同步是指按预定的先后次序进行运行,线程同步是指多个线程通过特定的机制(如信号量、互斥量、事件对象、临界区)来控制线程之间的执行顺序,也可以说是在线程之间通过同步建立起执行顺序的关系,如果没有同步,那么线程之间将是无序的。

多个线程操作/访问同一块区域(代码),这块区域(代码)就称为临界区,上述例子中的共享内存块就是临界区。线程互斥是指对于临界区资源访问的排他性。当多个线程都要使用临界区资源时,任何时刻最多只允许一个线程去使用,其他要使用该资源的线程必须等待,直到占用资源者释放该资源。通过线程互斥,线程之间建立起了对临界区访问的顺序,因此线程互斥可以看成是一种特殊的线程同步。

线程的同步方式有很多种,其核心思想都是:在访问临界区的时候只允许一个(或一类)线程运行。在内核中,进入/退出临界区的方式有很多种:

① 关闭硬件中断。线程在进入临界区之前可以使用 rt_hw_interrupt_disable()函数关闭硬件中断,在退出临界区时使用 rt_hw_interrupt_enable()函数重新使能中断。关中断使系统无法响应用中断,而线程的调度是基于中断的,因此在关闭中断后,系统无法进行线程调度,从而保证了对临界区访问的排他性(只有一个线程访问临界区)。

② 禁止调度器。线程在进入临界区之前可以使用 rt_enter_critical() 禁止调度器进行线程调度,在退出临界区时使用 rt_exit_critical() 开启调度器。同理,调度器无法进行线程调度,保证了对临界区访问的排他性。

以上两种方法在应用程序开发中尽量少用,因为如果操作不当,可能影响系统调度功能。应用程序开发过程中有专用的同步方式,如信号量(semaphore)、互斥量(mutex)和事件集(event)。学习完本章,读者将学会如何使用信号量进行线程间的同步。

5.2 信号量

如图 5-2 所示,我们平时去银行办业务时,业务服务厅有多个窗口,如果有空闲的窗口,那么我们可以马上到空闲窗口办理业务;如果所有窗口都忙,则需要排队等待,通常我们会在叫号机上拿一个排队号进行等待,直到有窗口空闲时,叫号机会提醒排在队列前面的客户去办理业务,其他客户继续等待。

银行正是使用了这套工作机制来同步业务员与客户之间的工作,客户只有在业务员有空闲时才可以办理业务,其他时候只能等待,这使客户可以有序地办理业务。

在操作系统中,为了借用这种机制,引入了信号量对象的概念,它可以有效解决线程间同步问题。

从以上的例子中,我们知道,这种机制需要一定数量的窗口和一个队列。那么,信号量也需要一个变量用于表示可用资源(相当于银行的窗口)的数量,同时还需要一个队列用于线程

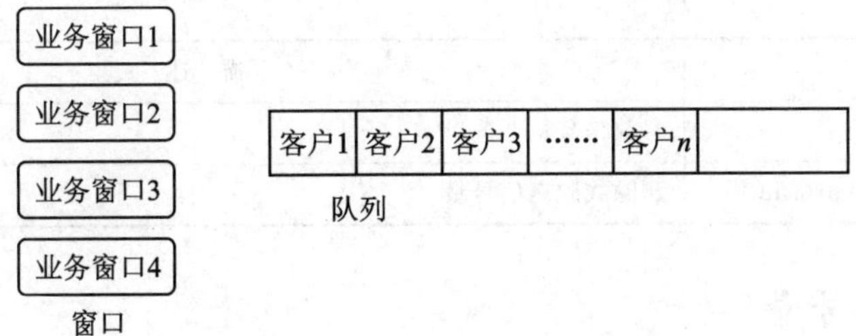

图 5-2 银行中的信号量机制

（相当于客户）排队。在 RT-Thread 中，信号量对象定义如下：

```
struct rt_semaphore
{
    struct rt_ipc_object parent;          //IPC 对象，本质是一个队列
    rt_uint16_t          value;           //信号量的值
    rt_uint16_t          reserved;        //保留，32 位对齐
};
```

rt_ipc_object 定义如下：

```
struct rt_ipc_object
{
    struct rt_object parent;              //继承于内核对象
    rt_list_t        suspend_thread;      //队列，等待信号量的线程在此排队
};
```

从以上定义可以看出，信号量本质是一个变量加一个队列，变量表示可用资源的数量，队列用于线程等待资源时进行排队。

5.2.1 RT-Thread 信号量的工作机制

多个线程可能访问有限的共享资源时，为了使共享资源的访问有序进行，我们可以使用信号量，信号量的值表示可用共享资源的数量。当某一线程要访问共享资源时，必须先获取信号量的值，如果信号量的值为非 0，则线程可以访问共享资源；否则，线程必须在信号量的队列上进行等待。

就像前面的例子，客户要办理业务，必须先看是否有空闲的窗口，如果有，就可以办理业务；如果没有，就得排队等待。

RT-Thread 通过表 5-1 中的函数实现信号量工作机制。

表 5-1 信号量工作机制相关函数

函 数	描 述
rt_sem_create/rt_sem_init()	创建或初始化信号量，rt_sem_create 用于动态创建，rt_sem_init 用于静态初始化
rt_sem_take/rt_sem_trytake()	获取信号量，rt_sem_take 获取不到信号量线程将被挂起，rt_sem_trytake 获取不到信号量，返回失败，线程继续运行

续表 5-1

函 数	描 述
rt_sem_release()	释放信号量
rt_sem_delete/rt_sem_detach()	删除或脱离信号量

5.2.2 创建信号量

使用信号量前，必须创建信号量，创建信号量的方法有动态方法和静态方法。

1. 动态方法创建信号量

动态创建信号量使用以下接口函数：

```
rt_sem_t rt_sem_create(const char * name, rt_uint32_t value, rt_uint8_t flag)
```

其参数和返回值描述如表 5-2 所列。

表 5-2 rt_sem_create()函数参数描述

参 数	描 述
name	信号量名称
value	信号量初始值
flag	信号量标志，它可以取如下数值：RT_IPC_FLAG_FIFO 或 RT_IPC_FLAG_PRIO
返回	创建失败：RT_NULL； 创建成功：信号量的控制块指针

值得注意的是，信号量标志有两个取值，它们决定了线程在对列中以何种方式排队，当选取 RT_IPC_FLAG_FIFO 时，线程以先入先出的方式排队；当选取 RT_IPC_FLAG_PRIO 时，线程将按照优先级进行排队。

对于实时操作系统，建议选用 RT_IPC_FLAG_PRIO，这样才能保证实时性。如果应用对先来后到要求很明确，则可以选取 RT_IPC_FLAG_FIFO，但采用这种方式，所有涉及该信号量的线程都将会变为非实时线程。

2. 静态方法定义信号量

该方法通过静态定义信号量变量，再调用信号量初始化函数进行变量的初始化。用法如下：

```
struct rt_semaphore sem;
rt_sem_init(&sem, "lock", 1, RT_IPC_FLAG_PRIO);
```

其中，需要用到信号量初始化接口函数，其接口函数原型如下：

```
rt_err_t rt_sem_init( rt_sem_t sem,
                      const char * name,
                      rt_uint32_t value,
                      rt_uint8_t  flag )
```

其参数和返回值描述如表 5-3 所列。

表 5-3 rt_sem_init()函数参数描述

参 数	描 述
sem	信号量对象的句柄
name	信号量名称
value	信号量初始值
flag	信号量标志，它可以取如下数值：RT_IPC_FLAG_FIFO 或 RT_IPC_FLAG_PRIO
返回	初始化成功：RT_EOK

5.2.3 获取信号量

在线程访问共享资源时，必须先获取信号量，RT-Thread 中获取信号量通过以下接口函数实现：

```
rt_err_t rt_sem_take(rt_sem_t sem, rt_int32_t time)
```

表 5-4 描述了 rt_sem_take()函数的输入参数与返回值。

表 5-4 rt_sem_take()参数描述

参 数	描 述
sem	信号量对象的句柄
time	指定的等待时间，单位是操作系统时钟节拍(OS Tick)
返回	RT_EOK：成功获得信号量； -RT_ETIMEOUT：超时依然未获得信号量； -RT_ERROR：其他错误

使用 rt_sem_take()函数获取信号量时，该函数先判断信号量的当前值是否大于 0，如果大于 0，则表示信号量当前可用，信号量获取成功；否则，信号量不可用，此时线程将根据函数的 time 参数决定是否等待，以及等待时长。

- time=0 时，线程不等待，可使用宏 RT_WAITING_NO；
- time>0 时，线程等待 time 时间；
- time<0 时，线程永久等待，直到信号量可用，可使用宏 RT_WAITING_FOREVER。

5.2.4 信号量释放

信号量释放使用下面的接口函数：

```
rt_err_t rt_sem_release(rt_sem_t sem)
```

表 5-5 描述了 rt_sem_release()函数的输入参数与返回值。

表 5-5 rt_sem_release()参数描述

参 数	描 述
sem	信号量对象的句柄
返回	RT_EOK：成功释放信号量； -RT_EFULL：出错，信号量值溢出

使用此函数释放信号量时，当信号量的值等于零且有线程等待该信号量时，释放信号量将唤醒等待在该信号量线程队列中的第一个线程，由它获取信号量；否则将把信号量的值加 1，表示可用资源数增加 1 个。

注意：使用信号量会导致的另一个潜在问题是线程优先级翻转问题。所谓优先级翻转，就是当一个高优先级线程试图通过信号量机制访问共享资源时，如果该信号量已被一低优先级线程持有，而这个低优先级线程在运行过程中可能又被其他一些中等优先级的线程抢占，因此造成高优先级线程被许多具有较低优先级的线程阻塞，实时性难以得到保证。

5.3 任务 5-1 使用按键控制喇叭(中断法)

任务描述：在任务 4-1 的按键控制喇叭程序中，采用每 0.1 s 扫描一次按键的方法，该方法存在一定的弊端，因为系统每过 0.1 s 就需要切换到 BEEP 线程去扫描按键，但在实际应用中，按键可能很少使用，有可能好几天才有一次按键，这样频繁地做无意义的线程切换看起来有些浪费 CPU 资源。本任务我们使用信号量的方法来解决这一问题。

任务 5-1
实战演示

5.3.1 程序设计

本任务要求采用中断方法实现按键扫描，此方法在第 3 章用过，但是由于中断回调函数不能使用延时函数，无法做到延时去抖动。本任务是把延时去抖动放到线程中实现。

我们依然采用中断的方法，BEEP 线程在没有按键时一直睡眠等待信号量，当发生按键事件时，硬件向系统发出中断，系统进入中断服务程序，在中断服务程序中通过信号量机制唤醒 BEEP 线程。

本任务在任务 4-1 的基础上进行修改，其中 car_led. h、car_led. c、car_beep. h 文件代码不用改动，读者可直接参照任务 4-1 进行编写，需要改动的文件为 car_beep. c 和 main. c，具体设计如下。

1. car_beep. c 文件程序设计

① 包含头文件及引脚定义，代码如下：

```
#include <rtthread.h>
#include <rtdevice.h>
#include "drv_common.h"
#define DBG_TAG "BEEP"
#define DBG_LVL DBG_LOG
#include <rtdbg.h>
#define KeyBeep GET_PIN(A, 0)   //按键引脚
#define Beep GET_PIN(A, 5)      //蜂鸣器引脚
```

② 线程入口函数设计。本任务在一个代码上同时实现扫描法和中断法(使用不同的线程入口函数)，方便后续对比测试两种方法，我们通过预编译宏来进行条件编译，以兼容两种方法，当定义 USE_INTERRUPT_CABACK 宏时，程序使用中断法实现；当没有定义 USE_INTERRUPT_CABACK 宏时，程序使用扫描法实现。具体设计如下：

```
#define USE_INTERRUPT_CABACK //默认定义此宏,使用中断法,以下黑体部分不参与编译

#ifndef USE_INTERRUPT_CABACK
/*扫描法的线程入口函数*/
int beep_thread_entry(void)
{
    /*把蜂鸣器引脚设置为输出模式*/
    rt_pin_mode(Beep, PIN_MODE_OUTPUT);
    /*把按键引脚设置为上拉输入模式*/
    rt_pin_mode(KeyBeep, PIN_MODE_INPUT_PULLUP);

    while (1)
    {
        if(PIN_LOW == rt_pin_read(KeyBeep)){            //按键按下
            rt_thread_mdelay(20);                        //延时去抖
            if(PIN_LOW == rt_pin_read(KeyBeep))
                rt_pin_write(Beep, PIN_LOW);             //蜂鸣器响
        }
        else
            rt_pin_write(Beep, PIN_HIGH);                //否则,蜂鸣器不响
        rt_thread_mdelay(100);                           //每 0.1 s 进行一次按键扫描
    }

    return RT_EOK;
}
#else  // USE_INTERRUPT_CABACK,中断法线程入口函数设计
/*中断法,使用信号量进行线程与中断的同步*/
static struct rt_semaphore key_sem;  /*信号量定义*/

/*定义中断回调函数,当产生中断时,会进入此回调函数*/
void beep_cb(void *args)
{
    /*发送信号量唤醒线程*/
    rt_sem_release(&key_sem);
}

/*中断法的线程入口函数*/
void beep_thread_entry()
{
    /*初始化信号量*/
    rt_sem_init(&key_sem, "key", 0, RT_IPC_FLAG_PRIO);
    /*把蜂鸣器引脚设置为输出模式*/
    rt_pin_mode(Beep, PIN_MODE_OUTPUT);
    /*初始化蜂鸣器默认状态为不响*/
```

```
    rt_pin_write(Beep, PIN_HIGH);

    /* 把按键引脚设置为上拉输入模式 */
    rt_pin_mode(KeyBeep, PIN_MODE_INPUT_PULLUP);
    /* 绑定中断,双边沿触发模式,回调函数名为 beep_on */
    rt_pin_attach_irq(KeyBeep, PIN_IRQ_MODE_FALLING, beep_cb, RT_NULL);
    /* 使能中断 */
    rt_pin_irq_enable(KeyBeep, PIN_IRQ_ENABLE);

    while(1)
    {
        /* 阻塞等待接收信号量,等到信号量后再次读取数据 */
        rt_sem_take(&key_sem, RT_WAITING_FOREVER);
        if(PIN_LOW == rt_pin_read(KeyBeep))
        {
            rt_thread_mdelay(20);//延时去抖
            if(PIN_LOW == rt_pin_read(KeyBeep)){
                /* 按按键下,驱动蜂鸣器响 */
                rt_pin_write(Beep, PIN_LOW);
                /* 等待按键抬起 */
                while(PIN_LOW == rt_pin_read(KeyBeep));
                /* 关闭蜂鸣器 */
                rt_pin_write(Beep, PIN_HIGH);
            }
        }
    }
}
#endif  // USE_INTERRUPT_CABACK
```

2. main.c 文件程序设计

此文件主要实现两个线程的创建。同时,为了观察方便,我们还设计了线程调度钩子函数,在发生线程切换时,钩子函数会被调用,我们通过钩子函数来打印线程切换信息。

```
#include <rtthread.h>

#define DBG_TAG "main"
#define DBG_LVL DBG_LOG
#include <rtdbg.h>
#include "car_led.h"                          //包含 LED 控制模块头文件
#include "car_beep.h"                         //包含蜂鸣器控制模块头文件
#define THREAD_STACK_SIZE    1024     //定义线程栈大小
#define THREAD_PRIORITY      20       //定义线程优先级
#define THREAD_TIMESLICE     10       //定义线程时间片

/* 栈首地址需做系统对齐 */
```

```
ALIGN(RT_ALIGN_SIZE)
static char beep_stack[THREAD_STACK_SIZE];  //定义栈空间
static struct rt_thread beepThread;          //静态方式定义 BEEP 线程控制块
rt_thread_t TidLed = RT_NULL;                //动态方式定义 LED 线程句柄

/* 定义调度钩子函数 */
static void hook_of_scheduler(struct rt_thread * from, struct rt_thread * to)
{
    //打印出调度信息:从一个线程切换到另一个线程运行
    rt_kprintf("from: %s -->  to: %s \n", from->name, to->name);
}

int main(void)
{
    int ret;

    /* 设置调度器钩子 */
    rt_scheduler_sethook(hook_of_scheduler);

    /* 动态方式创建线程 */
    TidLed = rt_thread_create("LED",
                              led_thread_entry,
                              RT_NULL,
                              THREAD_STACK_SIZE,
                              THREAD_PRIORITY,
                              THREAD_TIMESLICE);
    if (TidLed != RT_NULL)//判断线程是否成功创建
        rt_thread_startup(TidLed);//成功则启动线程
    else {//否则打印日志并输出
        LOG_D("can not create LED thread!");
        return -1;
    }

    /* 采用静态方式初始化线程 */
    ret = rt_thread_init(&beepThread,
                         "BEEP",
                         beep_thread_entry,
                         RT_NULL,
                         &beep_stack[0],
                         sizeof(beep_stack),
                         THREAD_PRIORITY,
                         THREAD_TIMESLICE);
    if (ret == RT_EOK) //判断线程是否成功创建
        rt_thread_startup(&beepThread); //成功则启动线程
```

```
    else { //否则打印日志并输出
        LOG_D("can not init beep thread!");
        return -1;
    }

    return RT_EOK;
}
```

5.3.2 程序测试

① 启动系统并打开终端，观察终端打印如图 5-3(a)所示，可以看到，当没有按键事件发生时，系统一直在 LED 线程和 tidle0 线程之间来回切换，不会执行 BEEP 线程。

② 按下按键，蜂鸣器发出响声，同时观察终端打印如图 5-3(b)所示，可以看到，按下按键后，系统切换到 BEEP 线程运行，松开按键后，BEEP 线程因获取不到信号量而被挂起。

③ 把 car_beep.c 文件的预处理宏定义 USE_INTERRUPT_CABACK 注释掉，即把代码修改为扫描方式，如下：

```
//#define USE_INTERRUPT_CABACK
```

重新构建工程并下载启动系统，观察终端输出如图 5-3(c)所示，可以发现，BEEP 线程在没有按键事件发生时也一直在抢占 CPU 资源。

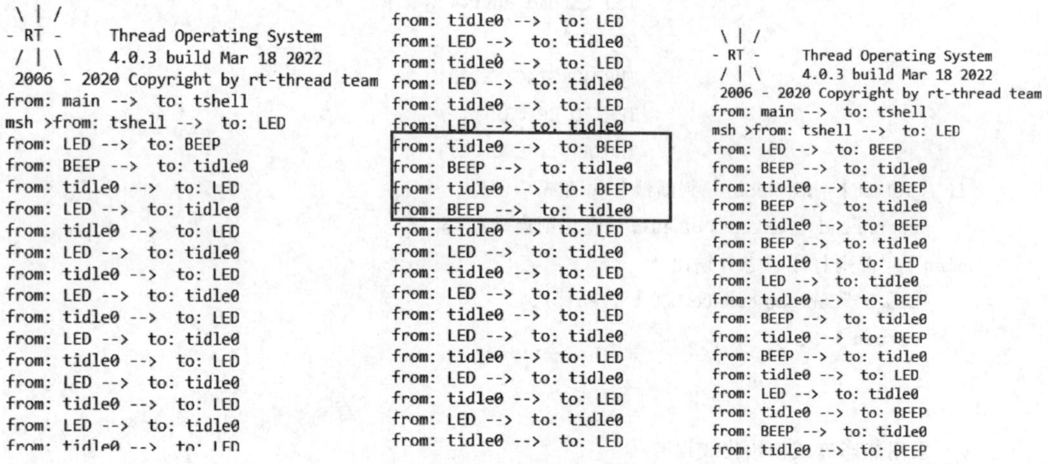

```
 \ | /
- RT -     Thread Operating System
 / | \     4.0.3 build Mar 18 2022
 2006 - 2020 Copyright by rt-thread team
from: main -->  to: tshell
msh >from: tshell -->  to: LED
from: LED -->  to: BEEP
from: BEEP -->  to: tidle0
from: tidle0 -->  to: LED
from: LED -->  to: tidle0
from: tidle0 -->  to: LED
from: LED -->  to: tidle0
from: tidle0 -->  to: LED
from: LED -->  to: tidle0
from: tidle0 -->  to: LED
from: LED -->  to: tidle0
from: tidle0 -->  to: LED
from: LED -->  to: tidle0
from: tidle0 -->  to: LED
from: LED -->  to: tidle0
from: tidle0 -->  to: LED
```

(a)

```
from: tidle0 -->  to: LED
from: LED -->  to: tidle0
from: tidle0 -->  to: LED
from: LED -->  to: tidle0
from: tidle0 -->  to: LED
from: LED -->  to: tidle0
from: tidle0 -->  to: BEEP
from: BEEP -->  to: tidle0
from: tidle0 -->  to: BEEP
from: BEEP -->  to: tidle0
from: tidle0 -->  to: LED
from: LED -->  to: tidle0
from: tidle0 -->  to: LED
from: LED -->  to: tidle0
from: tidle0 -->  to: LED
from: LED -->  to: tidle0
from: tidle0 -->  to: LED
from: LED -->  to: tidle0
from: tidle0 -->  to: LED
from: LED -->  to: tidle0
from: tidle0 -->  to: LED
```

(b)

```
 \ | /
- RT -     Thread Operating System
 / | \     4.0.3 build Mar 18 2022
 2006 - 2020 Copyright by rt-thread team
from: main -->  to: tshell
msh >from: tshell -->  to: LED
from: LED -->  to: BEEP
from: BEEP -->  to: tidle0
from: tidle0 -->  to: BEEP
from: BEEP -->  to: tidle0
from: tidle0 -->  to: BEEP
from: BEEP -->  to: tidle0
from: tidle0 -->  to: LED
from: LED -->  to: tidle0
from: tidle0 -->  to: BEEP
from: BEEP -->  to: tidle0
from: tidle0 -->  to: BEEP
from: BEEP -->  to: tidle0
from: tidle0 -->  to: LED
from: LED -->  to: tidle0
from: tidle0 -->  to: BEEP
from: BEEP -->  to: tidle0
from: tidle0 -->  to: BEEP
```

(c)

图 5-3 按键测试

5.4 信号量的应用场合

信号量可以在不同场合中应用，下面分别说明。

1. 线程与线程的同步

线程同步是信号量最简单的一类应用。例如，使用信号量进行两个线程之间的同步，信号量的值初始化成 0，表示具备 0 个信号量资源实例；而尝试获得该信号量的线程，将直接在这个信号量上等待。

当持有信号量的线程完成它处理的工作时，释放这个信号量，可以把等待在这个信号量上的线程唤醒，让它执行下一部分工作。这类场合也可以看成把信号量用于工作完成标志：持有信号量的线程完成它自己的工作，然后通知等待该信号量的线程继续下一部分工作。

信号量在线程与线程之间进行同步的应用可以参考任务 6-1。

2. 中断与线程的同步

在任务 5-1 中，我们使用信号量来同步按键中断和 BEEP 线程，使 BEEP 线程在按键中断产生后运行。

一个中断触发，中断服务函数需要通知线程进行相应的数据处理。这种应用场合可以设置信号量的初始值是 0，线程在试图持有这个信号量时，由于信号量的初始值是 0，因此线程直接在这个信号量上挂起直到信号量被释放。当中断触发时，先进行与硬件相关的动作，例如从硬件的 I/O 口中读取相应的数据，并确认中断以清除中断源，而后释放一个信号量来唤醒等待该信号量的线程以便做后续的数据处理。

如任务 5-1 中信号量的初始值为 0，在没有按键中断发生时，BEEP 线程试图持有这个信号量，因为此时信号量值为 0 而被挂起到信号量队列中；当按键中断发生时，在中断服务函数中释放信号量，使信号量值变为 1，因此可以唤醒在信号量队列中挂起的 BEEP 线程，使 BEEP 线程得到运行，在 BEEP 线程中，进行按键状态的判断并开启/关闭蜂鸣器。

3. 资源计数

信号量也可以认为是一个递增或递减的计数器，需要注意的是信号量的值非负。例如，若初始化一个信号量的值为 5，则这个信号量可最多连续减少 5 次，直到计数器减为 0。资源计数适合于线程间工作处理速度不匹配的场合，这时信号量可以作为前一线程工作完成个数的计数，而当调度到后一线程时，它也可以一种连续的方式一次性处理多个事件。例如，在生产者与消费者问题中，生产者可以对信号量进行多次释放，而当消费者被调度到时能够一次处理多个信号量资源。

在下面的任务 5-2 中，信号量的主要作用是中断与线程进行同步，但它同时又可以统计按键按下时产生的抖动次数。

5.5 任务 5-2 矩阵键盘按键识别(中断法)

任务描述：矩阵键盘是嵌入式设备常见的一种输入设备。本任务使用中断法来识别矩阵键盘按键，当识别到键盘有某个按键被按下时，在终端显示按键的键值，表示正确识别到按键。

任务 5-2
实战演示

5.5.1 硬件设计

键盘硬件设计如图 5-4 所示。

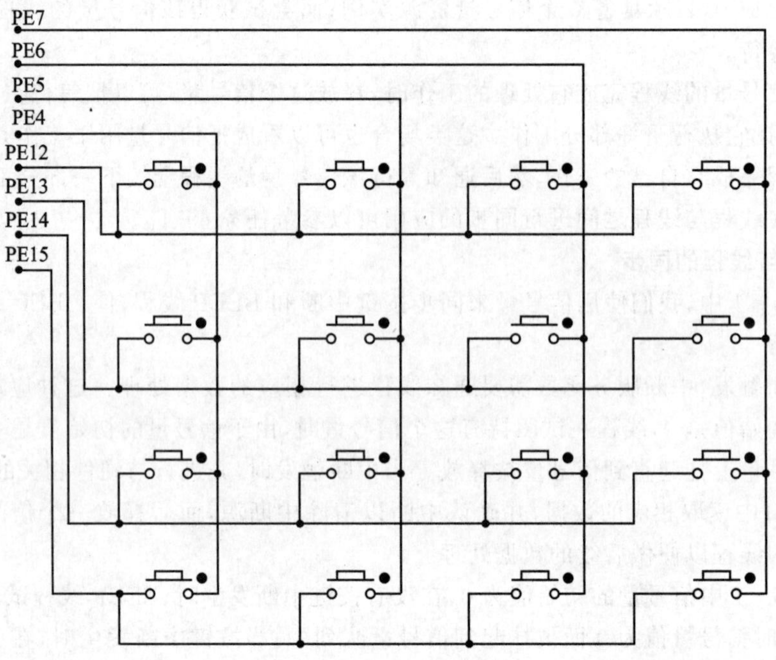

图 5-4　矩阵键盘电路图

5.5.2 程序设计

新建项目,项目名称设置为 car_keyboard,创建 car_keyboard.c 和 car_keyboard.h 文件,分别在 car_keyboard.c、car_keyboard.h 和 main.c 文件中进行程序设计。

1. car_keyboard.c 文件程序设计

car_keyboard.c 文件主要完成按键扫描接口功能,我们分以下几步实现。

① 文件包含、相关宏定义、枚举变量定义、结构体定义。我们结合面向对象的编程思想,用结构体来定义键盘的相关属性,如键盘所连接的引脚、键盘按键的键值等。

```
#include <rtthread.h>
#include <rtdevice.h>
#include "drv_common.h"
#define DBG_TAG "KEYBOARD"
/*#define DBG_LVL DBG_LOG*/   //如要输出调试信息,可以打开此宏
#include <rtdbg.h>

#define THREAD_STACK_SIZE   1024
#define THREAD_PRIORITY     19
#define THREAD_TIMESLICE    10

#define ROW_NUM 4  //键盘行数定义
#define COL_NUM 4  //键盘列数定义
/*键盘行列引脚定义*/
#define ROW_PIN_CONFIG {GET_PIN(E, 12),GET_PIN(E, 13),    \
```

```
    GET_PIN(E, 14),GET_PIN(E, 15)                       \
}
#define COL_PIN_CONFIG { GET_PIN(E, 4),GET_PIN(E, 5),   \
    GET_PIN(E, 6),GET_PIN(E, 7)                        \
}
/*按键值定义*/
#define KEYBOARD_VALUE {   \
    {'1','2','3','A'},     \
    {'4','5','6','B'},     \
    {'7','8','9','C'},     \
    {'0','*','D','E'}      \
}
struct keyboard{
    struct rt_semaphore sem;          //用于中断与线程同步
    void (*key_notice)(char key); //此接口用于通知用户哪个按键被按下,用户可自行设置此接口
    rt_base_t rowPin[ROW_NUM];        //行引脚定义
    rt_base_t colPin[COL_NUM];        //列引脚定义
    char key[ROW_NUM][COL_NUM];       //键盘键值定义
    char row;                         //当前按键的行 ID
    char col;                         //当前按键的列 ID
};
```

② 键盘结构体变量的定义。主要是实例化一个键盘,需要根据硬件设计给键盘的引脚和键值赋上具体的数值。另外,设计中我们使用回调函数的方法来通知调用者被按下的按键的键值,调用者如果需要根据按键值做相应的动作,则可以修改通知回调函数指针 key_notice 的值。

```
/*默认的键值通知回调函数,此处只是打印出按键的键值*/
void key_notice_default(char key)
{
    rt_kprintf("key: %c\n",key);
}
/*具体键盘定义*/
struct keyboard keyBoard = {
    .key_notice = key_notice_default,   //通知回调函数,可以根据需要修改这个函数指针
    .rowPin = ROW_PIN_CONFIG,           //行引脚定义
    .colPin = COL_PIN_CONFIG,           //列引脚定义
    .key = KEYBOARD_VALUE,              //按键键值定义
    .row = -1,                          //当前按键的行值
    .col = -1                           //当前按键的列值
};
```

③ 中断回调函数定义。我们把行引脚配置为中断输入方式,当有按键按下时,会产生中断,进入中断回调函数,对于 4×4 键盘,会有 4 行,每一行都可能产生中断,这里我们会把 4 个中断函数统一为 1 个,通过中断函数的参数来区分不同引脚的中断。

```
/* 用于区分不同引脚的中断的变量 */
static char cb_row[] = {0,1,2,3};

/* 定义中断回调函数,4 个引脚使用同一个中断回调函数,使用回调函数的参数来区分不同引脚产生的中断 */
void row_cb(void * iRow)
{

    keyBoard.row =  *((char *)iRow);
    LOG_D("row %d",keyBoard.row);
    /* 产生中断,调用此回调函数,然后发送信号量唤醒线程 */
    rt_sem_release(&keyBoard.sem);
}
```

④ 按键线程入口函数编写。采用无限循环,每次循环获取信号量,如果没有按键按下,那么线程将因为无法成功获取信号量而睡眠等待。当有按键按下时,中断回调函数释放信号量使线程被唤醒,线程被唤醒后开始进行键盘扫描,程序中我们采用反转法来扫描按键。

```
void key_thread_entry()
{
    int i;
    int row;
    while(1){
        /* 获取信号量,如果没有按键按下,线程会在这里睡眠 */
        rt_sem_take(&keyBoard.sem, RT_WAITING_FOREVER);
        /* 延时去抖动 */
        rt_thread_mdelay(30);
        row = keyBoard.row;
        /* 再次确定按键已稳定按下, 否则退出此次循环,重新等待按键按下。row 为产生中断的行序列号 */
        if(rt_pin_read(keyBoard.rowPin[row]) == PIN_LOW)
        {
            continue;
        }
        /* 把相应行改成输出,并输出高电平 */
        rt_pin_mode(keyBoard.rowPin[row], PIN_MODE_OUTPUT);
        rt_pin_write(keyBoard.rowPin[row], PIN_HIGH);

        /* 把所有列改为输入,同时读入每个列引脚的值,如果引脚值为高电平,则说明对应的列有按键按下 */
        for(i = 0; i < COL_NUM; i++)
        {
            rt_pin_mode(keyBoard.colPin[i], PIN_MODE_INPUT_PULLDOWN);

            if(PIN_HIGH == rt_pin_read(keyBoard.colPin[i]))
            //引脚值为高电平,说明该列有按键按下
```

```
            {
                keyBoard.col = i;//记录列序号
                LOG_D("col = %d",i);
                keyBoard.key_notice(keyBoard.key[row][i]);
                break;
            }
        }

        /*把列引脚重置为输出高电平*/
        for(i = 0;i < COL_NUM;i++)
        {
            /*把按键引脚设置为上拉输入模式*/
            rt_pin_mode(keyBoard.colPin[i], PIN_MODE_OUTPUT);
            rt_pin_write(keyBoard.colPin[i], PIN_HIGH);
        }

        /*把行引脚重置为输入*/
        rt_pin_mode(keyBoard.rowPin[row], PIN_MODE_INPUT_PULLDOWN);

        /*把抖动产生的多余信号量清0,另外,在按键还没抬起时,重配置引脚也会再次产生中断*/
        rt_sem_control(&keyBoard.sem, RT_IPC_CMD_RESET, RT_NULL);
        //while(RT_EOK == rt_sem_trytake(&keyBoard.sem));//与上面语句同效
        /*在STM32 HAL库中,尽量不要重复开关中断,这样会莫名其妙不停地产生中断*/
    }
}
```

⑤ 键盘模块的初始化。其他模块如果要使用键盘接口,则必须先调用此函数进行硬件的初始化,此初始化函数会创建键盘扫描线程。

```
void key_init(void (*cb)(char key))
{
    int i;
    rt_thread_t TidKey = RT_NULL;

    if(cb)
        keyBoard.key_notice = cb;
    /*初始化信号量*/
    rt_sem_init(&keyBoard.sem, "keyboard", 0, RT_IPC_FLAG_PRIO);
    for(i = 0;i < COL_NUM;i++)
    {
        /*把列引脚设置为输出高电平*/
        rt_pin_mode(keyBoard.colPin[i], PIN_MODE_OUTPUT);
        rt_pin_write(keyBoard.colPin[i], PIN_HIGH);
    }

    /*行引脚设置为下拉输入,上升沿中断模式*/
```

```
    for(i = 0;i < ROW_NUM;i ++ )
    {
        /* 把按键引脚设置为下拉输入模式 */
        rt_pin_mode(keyBoard.rowPin[i], PIN_MODE_INPUT_PULLDOWN);
        /* 绑定中断,上升沿触发模式,回调函数名为 row_cb */
        rt_pin_attach_irq(keyBoard.rowPin[i], PIN_IRQ_MODE_RISING, row_cb, &cb_row[i]);
    }
    /* 创建矩阵键盘扫描线程 */
    TidKey = rt_thread_create("keyboard",
                              key_thread_entry,
                              RT_NULL,
                              THREAD_STACK_SIZE,
                              THREAD_PRIORITY,
                              THREAD_TIMESLICE);
    if (TidKey != RT_NULL)
        rt_thread_startup(TidKey);
    else {
        LOG_D("can not create keyboard thread!");
    }

    /* 使能行引脚中断 */
    for(i = 0;i < ROW_NUM;i ++ )
    {
        rt_pin_irq_enable(keyBoard.rowPin[i], PIN_IRQ_ENABLE);
    }
}
```

2. car_keyboard.h 文件程序设计

本文件主要是进行键盘模块的接口的声明。

```
#ifndef APPLICATIONS_CAR_KEYBOARD_H_
#define APPLICATIONS_CAR_KEYBOARD_H_

void key_init(void ( * cb)(char key));

#endif /* APPLICATIONS_CAR_KEYBOARD_H_ */
```

3. mian.c 文件代码清单

```
#include <rtthread.h>
#define DBG_TAG "main"
#define DBG_LVL DBG_LOG
#include <rtdbg.h>
#include "car_keyboard.h"
```

```
int main(void)
{
    key_init(RT_NULL);
    return RT_EOK;
}
```

5.5.3 程序测试

① 启动系统并打开终端，观察终端打印如图 5-5(a)所示，可以看到，当按键被按下时，可以显示出相应按键的值。

② 打开 keyboard.c 文件的调试宏定义，如下：

```
#define DBG_LVL DBG_LOG   //如果需要输出调试信息，则可以打开此宏
```

重新构建并测试，如图 5-5(b)所示，发现按键按下时有多次抖动，抬起时偶尔也会有多次抖动。

```
 \ | /
- RT -     Thread Operating System
 / | \     4.0.3 build Mar 22 2022
 2006 - 2020 Copyright by rt-thread team
msh >key: 1
key: 5
key: 5
key: 5
key: 9
key: 5
key: 1
```

(a)

```
 \ | /
- RT -     Thread Operating System
 / | \     4.0.3 build Mar 22 2022
 2006 - 2020 Copyright by rt-thread team
msh >[D/KEYBOARD] row 0
[D/KEYBOARD] row 0
[D/KEYBOARD] row 0
[D/KEYBOARD] col=0
key: 1
[D/KEYBOARD] row 0
[D/KEYBOARD] row 0
[D/KEYBOARD] row 0
[D/KEYBOARD] row 0
[D/KEYBOARD] row 1
[D/KEYBOARD] row 1
[D/KEYBOARD] row 1
[D/KEYBOARD] col=1
key: 5
[D/KEYBOARD] row 1
```

(b)

图 5-5 矩阵键盘测试结果

本任务中，由于还没有学习线程间的通信知识，所以在这里我们使用了一个技巧，那就是通过回调函数 key_notice()通知键盘使用者（需要根据键盘按键值进行相应处理的线程）按键的键值，在后面学习了线程间通信方法后，我们可以使用邮箱或消息队列的方法来进行通信，当检测到按键时，把按键键值发送给键盘使用者。

练习 5

1. 判断题

(1) 当信号量的值等于 0 时，线程可以获取到该信号量。（　　）

(2) 线程获取不到信号量，线程一定会被挂起。（　　）

(3) 信号量的值只能是 0 和 1。（　　）

2. 填空题

(1) 多个线程操作/访问同一块区域(代码),这块代码就称为________。

(2) 线程的同步方式有很多种,其核心思想都是:________。

(3) 信号量的值表示可用共享资源的________。

(4) 动态创建信号量使用的函数是:________。

3. 编程题

(1) 使用线程同步的方法实现任务 3-3 的功能。

(2) 使用信号量实现任务 4-1,尽量避免线程浪费 CPU 资源。(注意,原来的实现方法,两个线程都存在浪费 CPU 资源的问题。)

第 6 章 时钟管理与应用

本章概述

本章首先介绍 RT - Thread 嘀嗒时钟相关接口，使读者了解在 RT - Thread 中如何使用不同精度级别的时间接口函数；然后介绍 RT - Thread 软件定时器的使用方法；最后通过超声波测距的应用实例，使读者掌握各种时间接口函数的使用方法。

知识目标

- 理解嘀嗒时钟的概念；
- 掌握 RT - Thread 软件定时器的使用方法；
- 理解 RT - Thread 软件定时器的两种不同模式；
- 理解超声波测距方法。

技能目标

- 能够根据实际需要，使用 RT - Thread 不同精度级别的时间接口函数进行开发；
- 能够使用 RT - Thread 软件定时器进行定时；
- 能够根据实际需要，合理使用软件定时器的两种不同模式。

6.1 RT - Thread 嘀嗒时钟相关函数介绍

在前面章节中，我们经常用到一个时间延迟函数 rt_thread_mdelay()，此函数的计时是基于系统嘀嗒时钟的，在 RT_TICK_PER_SECOND 宏定义大于 1 000 的情况下（RT - Thread 中默认定义为 1 000），它的延迟可以精确到毫秒级。以下对 RT - Thread 中基于嘀嗒时钟的时间接口函数进行介绍，如表 6 - 1 所列。

表 6 - 1 RT - Thread 嘀嗒时钟相关函数

函 数	描 述
rt_thread_mdelay()	毫秒级延时函数，执行该函数后，线程会主动挂起，直到延时时间到才被重新调度
rt_hw_us_delay()	微秒级延时函数，执行此函数后，线程会一直等待，不会主动挂起
rt_tick_get()	获取系统从启动以来的 tick 数，tick 是操作系统最小的时间单位，在 RT - Thread 中，一个 tick 的时间长短由 RT_TICK_PER_SECOND 宏定义决定
rt_tick_get_millisecond()	获取系统从启动以来的毫秒数，如果 RT_TICK_PER_SECOND 宏定义小于1 000，则系统无法提供精准的毫秒级时间，此函数不起作用
rt_tick_from_millisecond()	把毫秒级时间转换成 tick

6.1.1 毫秒级延时

当需要毫秒级别的延时等待时，可以通过如下函数完成：

```
rt_err_t rt_thread_mdelay(rt_int32_t ms)
```

其参数描述如表 6－2 所列。

表 6－2 rt_thread_mdelay()参数描述

参 数	描 述
ms	延迟的毫秒数
返回	RT_EOK：延迟完成；其他值：出错

此函数会使调用它的线程进入睡眠状态，以下代码使线程睡眠 1 s：

```
rt_thread_mdelay(1000);
```

6.1.2 微秒级延时

当需要微秒级别的延时等待时，可以通过如下函数完成：

```
void rt_hw_us_delay(rt_uint32_t us)
```

其参数描述如表 6－3 所列。

表 6－3 rt_hw_us_delay()参数描述

参 数	描 述
us	延迟的微秒数
返回	无

此函数与 rt_thread_mdelay()函数实现的方法不同，调用此函数线程不进行睡眠等待，而是一直轮询时间，只要时间到期就返回，以下代码实现 20 μs 的延时等待：

```
rt_hw_us_delay(20);
```

注意： 这个接口是基于时钟嘀嗒硬件计数器来计算延时时间的，由于每经过 $\frac{1\,000\,000}{\text{RT\_TICK\_PER\_SECOND}}$ μs，时钟嘀嗒硬件计数器就会溢出，所以，使用这个接口时，传入的参数一定要小于 $\frac{1\,000\,000}{\text{RT\_TICK\_PER\_SECOND}}$，默认 RT_TICK_PER_SECOND 为 1 000，所以传入的参数一定要小于 1 000，如果大于 1 000，则这个接口永远得不到返回。

6.1.3 获取系统当前时间

系统当前时间是指系统从启动时刻以来的时间，在 RT－Thread 中，这个时间有两种单位：一种是以嘀嗒为单位，另一种是以毫秒为单位。下面分别通过这两种单位获取系统当前时间，函数如下：

```
/*以嘀嗒为单位获取系统当前时间*/
rt_tick_t rt_tick_get(void)
/*以毫秒为单位获取系统当前时间*/
rt_tick_t rt_tick_get_millisecond(void)
```

时钟嘀嗒是操作系统中最小的时间单位，不可以再细分。RT-Thread 操作系统时钟嘀嗒的分辨率由 RT_TICK_PER_SECOND 宏定义决定，默认为 1 000，也就是说，RT-Thread 操作系统中最小时间单位默认为 1 ms。增加 RT_TICK_PER_SECOND 的值，可以提高操作系统时间分辨率，但会导致中断数增加，影响系统性能。

如果想要以毫秒为单位获取系统当前时间，可以通过 rt_tick_get_millisecond 函数获得。但要注意，当 RT_TICK_PER_SECOND 宏定义值小于 1 000 时，操作系统无法提供毫秒级的时间，该函数会直接返回 0，在这种情况下，如果想得到更高分辨率的时间，则需要使用硬件定时器。

6.1.4 获取更高精度的时间

通过 6.1.3 小节的学习我们知道，使用 rt_tick_get 和 rt_tick_get_millisecond 两个接口函数获取时间，其精度都受限于系统的宏定义 RT_TICK_PER_SECOND，该宏定义值越大，精度越高（rt_tick_get_millisecond 精度是毫秒）。然而，我们不能随便修改该宏定义的值。

那么如何获取更高精度的时间呢？有两种方法：一种是使用硬件定时器，另一种是直接读取嘀嗒定时器内部计数器的值。下面我们介绍第二种方法。

嘀嗒定时器中有两个与时基相关的寄存器：一个是计数寄存器 SysTick->VAL，另一个是重装载寄存器 SysTick->LOAD。其工作原理如下：

计数寄存器 SysTick->VAL 随着系统时钟不断递减，当递减到 0 时，如果再经过一个系统时钟周期，就会产生一次中断（计数器溢出），同时把 SysTick->LOAD 中的值赋给 SysTick->VAL 计数器，计数器每次溢出，就是一个系统嘀嗒。

根据以上原理，我们可以通过 rt_tick_get 获取嘀嗒数，再结合 SysTick->VAL 和 SysTick->LOAD 来计算得到更高精度的时间。

假设嘀嗒定时器的重装载寄存器 SysTick->LOAD 初始化值为 LOAD，某时刻 t0 读到的嘀嗒时间为 tick0，嘀嗒计数器 SysTick->VAL 的值为 val0；下一时刻 t1 读到的嘀嗒时间为 tick1，嘀嗒计数器 SysTick->VAL 的值为 val1，且 val0 大于 val1，则可以通过下式计算得到 t0 时刻和 t1 时刻的时间差，其单位为 1 个 TICK，当 RT_TICK_PER_SECOND 宏定义为默认值 1 000 时，单位为毫秒$\left(\text{此种情况下，精度为}\frac{1}{\text{LOAD}+1}\text{ ms}\right)$。

$$t1 - t0 = tick1 - tick0 + \frac{val0 - val1}{LOAD + 1} \tag{6-1}$$

6.2 任务 6-1 超声波测距(电平扫描方法)

任务描述:本任务要实现的功能是通过超声波测距模块来测量小车与前方障碍物的距离,并通过串口终端实时显示距离。

任务 6-1
实战演示

6.2.1 超声波测距原理介绍

超声波因其频率下限大于人的听觉上限而得名,它是一种频率高于 20 000 Hz 的声波。它的方向性好,穿透能力强,易于获得较集中的声能,在水中传播距离远,可用于测距、测速、清洗、焊接、碎石、杀菌消毒等,在医学、军事、工业、农业上有很多的应用。

1. 超声波测距原理

使用超声波进行测距,需要用到超声波发射器和超声波接收器。超声波发射器向某一方向发射超声波,在发射的同时开始计时,超声波在空气中传播,途中碰到障碍物就立即返回来,超声波接收器收到反射波就立即停止计时。根据时间差和超声波的速度可以估算出发射位置到障碍物之间的距离。

如图 6-1 所示,假设从发射器发射超声波到接收器接收到反射波的时间差为 T(单位:s),已知超声波在空中的传播速度为 340 m/s,则可以用下式计算得到被测物体的距离,即

$$L = 340 \times \frac{T}{2} = 170 \times T \tag{6-2}$$

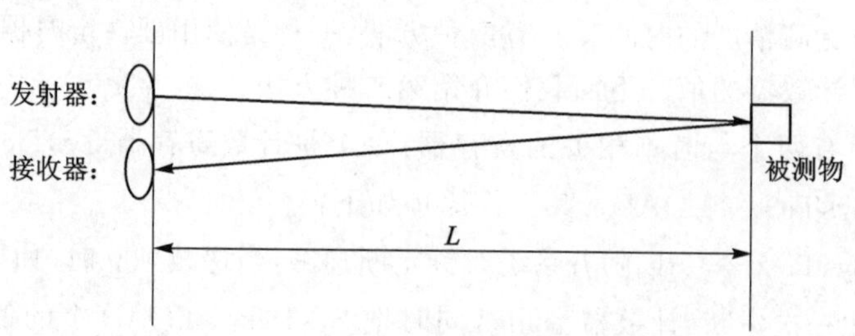

图 6-1 测距示意图

2. 超声波测距模块 HC-SR04 介绍

HC-SR04 超声波测距模块可提供 2～400 cm 的非接触式距离感测功能,测距精度可达 3 mm。其测距原理如图 6-2 所示。

当模块的 I/O 输入口 TRIG 引脚收到至少 10 μs 的高电平信号时,模块将自动发送 8 个 40 kHz 的方波,并自动检测是否有信号返回;当有信号返回时,通过 I/O 输出口 ECHO 引脚输出一个高电平,高电平持续的时间就是超声波从发射到返回的时间。

6.2.2 硬件设计

本任务中,我们把 HC-SR04 模块的 TRIG 连接到单片机的 PB0 引脚,ECHO 连接到单片机的 PB1 引脚,如图 6-3 所示。

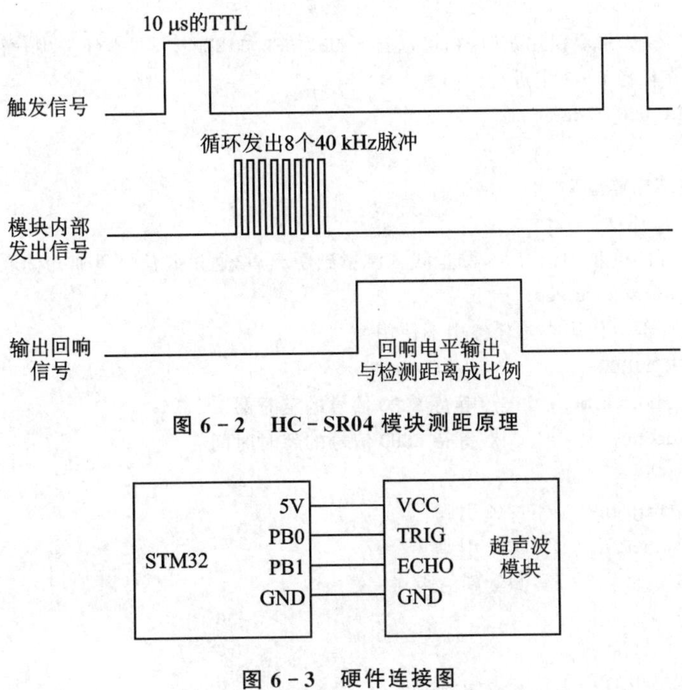

图 6-2　HC-SR04 模块测距原理

图 6-3　硬件连接图

6.2.3　软件设计

本任务要实现的功能是通过串口终端实时显示小车与前方障碍物的距离。我们可以分成两个线程进行开发:一个线程负责测距,把测得的数据保存在共享变量中;另一个线程负责从共享变量取数据,并把数据通过终端打印,如图 6-4 所示。

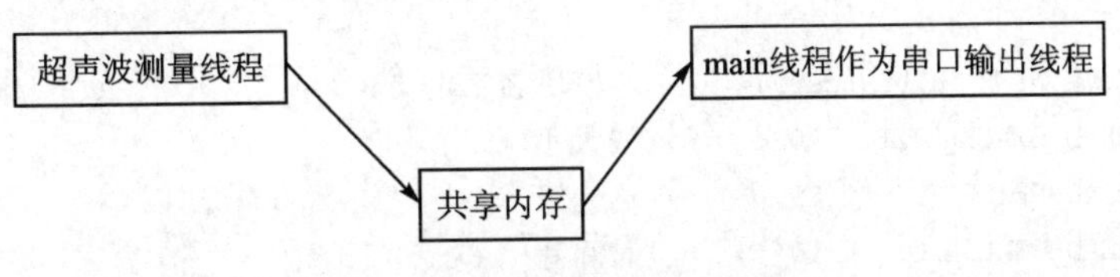

图 6-4　多线程协同完成任务

新建项目,在项目中新建文件 ultrasonic.c 和 ultrasonic.h。

(1) ultrasonic.c 文件程序设计

ultrasonic.c 文件主要实现超声波设备的初始化以及超声波测距接口,我们创建一个线程专用于每间隔一段时间进行一次距离测量,间隔时间由用户自行定义。**注意:** 为了代码复用,我们使用预编译宏来达到条件编译的目的,在本任务中,黑体部分代码不参与编译。

① 头文件、宏定义、结构体定义。

```
#include <rtthread.h>
#include <rtdevice.h>
#include <drv_common.h>
#define DBG_TAG "ULTR"
#define DBG_LVL DBG_LOG
```

```
#include <rtdbg.h>
/* 预编译宏定义,如果要使用定时器,可以打开 ULT_USE_TIMER 宏,在本任务中,暂时不使用定时器,定时器的使用,我们会在任务 6-3 中进行介绍 */
/* #define ULT_USE_TIMER */

/* 超声波模块结构体定义 */
struct ultr{
    /* 用于线程间同步的信号量,测量线程测量到距离后,通过此信号量通知读取线程 */
    struct rt_semaphore sem;
    /* 以下黑体部分代码在本任务中不使用 */
#ifdef ULT_USE_TIMER
    struct rt_timer timer;      //等待 ECHO 信号的定时器
    int echoTimeOut;            //等待 ECHO 信号的超时时间
#endif
    rt_base_t trigPin;  /* TRIG 引脚 */
    rt_base_t echoPin;  /* ECHO 引脚 */
    uint32_t dis;       /* 测量到的距离 */
};

/* 超声波模块实例定义,表示某个超声波模块 */
struct ultr hcsr04 = {
    .echoPin = GET_PIN(B, 1),   /* ECHO 引脚定义 */
    .trigPin = GET_PIN(B, 0),   /* TRIG 引脚定义 */
#ifdef ULT_USE_TIMER
    .echoTimeOut = 0,
#endif
};
#define MODULE_NAME "ultr_hcsr04"     /* 模块名字定义 */
#define THREAD_STACK_SIZE   1024    //栈大小
#define THREAD_PRIORITY     19      //优先级
#define THREAD_TIMESLICE    10      //时间片
```

② 读取测量距离接口及高精度时间接口函数设计。本设计使用信号量来同步测量线程与读取线程,只有测量线程完成测量后,读取线程才可以获取测量值。所以读取距离时,先通过获取信号量的方法等待测量线程完成测量,再读取距离变量。

```
#ifdef ULT_USE_TIMER
void time_out()
{
    LOG_D("timeout");
    hcsr04.echoTimeOut = 1;
}
#endif

/* 获取距离数据 */
uint32_t ultr_get_distence(void)
```

```
{
    rt_sem_take(&hcsr04.sem, RT_WAITING_FOREVER);//等待测量完成
    return hcsr04.dis; //返回测量结果
}

/*获取 tick 时间和 SYSTICK 计数寄存器的当前值,目的是得到更高精度的时间参数*/
static void ultr_get_clock(rt_uint32_t* tick,rt_uint32_t* clock)
{
     *clock = SysTick->VAL;
     *tick = rt_tick_get();
}
```

③ 测量线程入口函数设计。测量线程主要根据超声波模块的时序要求,先发送 10 μs 脉冲(TRIG 信号),然后等待 ECHO 信号,通过记录 ECHO 信号的上升沿时间与下降沿时间差,来计算距离。

```
/*测量线程入口函数,传入的参数为测量的时间间隔,单位为 ms*/
static void ultr_thread_entry(void * interval)
{
     rt_tick_t t1,t2,clk1,clk2;//定义变量

     while(1){
          /*向 TRIG 引脚输出触发信号,先写高电平,再写低电平,产生 10 μs 脉冲*/
          rt_pin_write(hcsr04.trigPin, PIN_HIGH);
          rt_hw_us_delay(10);
          rt_pin_write(hcsr04.trigPin, PIN_LOW);

          /*等待模块返回测量结果,引脚变为高电平表示有测量结果*/
#ifdef ULT_USE_TIMER
          rt_timer_start(&hcsr04.timer);
          while(PIN_LOW == rt_pin_read(hcsr04.echoPin) && ! hcsr04.echoTimeOut);
          if(hcsr04.echoTimeOut) //等待 ECHO 信号超时,退出本次测量
               goto exit;
          else
               rt_timer_stop(&hcsr04.timer); //收到 ECHO 信号,停止定时器
#else
          while(PIN_LOW == rt_pin_read(hcsr04.echoPin)); //一直等待 ECHO 信号
#endif
          /*记录此时的系统时间 t1,clk1,即 ECHO 信号的上升沿时间*/
          ultr_get_clock(&t1,&clk1);
          /*等待返回的脉冲结束*/
#ifdef ULT_USE_TIMER
          rt_timer_start(&hcsr04.timer);
          while(PIN_HIGH== rt_pin_read(hcsr04.echoPin) && ! hcsr04.echoTimeOut);
          if(hcsr04.echoTimeOut) //等待 ECHO 信号结束超时,退出本次测量
               goto exit;
```

```
        else
            rt_timer_stop(&hcsr04.timer);
    #else
        while(PIN_HIGH == rt_pin_read(hcsr04.echoPin));//等待 ECHO 信号结束
    #endif
        /*记录此时的系统时间 t2,clk2,即 ECHO 信号的下降沿时间*/
        ultr_get_clock(&t2,&clk2);

        /*计算距离,单位为 mm,注意 RT_TICK_PER_SECOND 默认为 1000*/
        LOG_D("t1 = %d,t2 = %d,clk1 = %d,clk2 = %d",t1,t2,clk1,clk2);
        /*计算时要注意,变量可能发生溢出*/
        if(clk2 <= clk1)
            hcsr04.dis = (t2 - t1)*170 + (clk1 - clk2)*170/(SysTick->LOAD+1);
        else {
            hcsr04.dis = (t2 - t1 - 1)*170 + (SysTick->LOAD + 1 - clk1 + clk2)*170/
(SysTick->LOAD+1);
        }
    #ifndef ULT_USE_TIMER
        rt_sem_release(&hcsr04.sem);//释放信号量,通信读取线程来读测量结果
    #else
        exit:
        if(!hcsr04.echoTimeOut)
            rt_sem_release(&hcsr04.sem);
        else {
            hcsr04.echoTimeOut = 0;
        }
    #endif
        rt_thread_mdelay(*(rt_int32_t *)interval);//等待下一次测量
    }
}
```

④ 超声波模块初始化函数设计。本函数主要是设置引脚模式及初始电平,最后创建测量线程。

```
/*超声波模块初始化函数,主要设置引脚的模式和初始电平,最后创建测量线程*/
void ultr_init(rt_int32_t* interval)
{
    rt_thread_t tid = RT_NULL;
#ifdef ULT_USE_TIMER
    rt_timer_init(&hcsr04.timer,MODULE_NAME, time_out,
                RT_NULL, 1000,
                RT_TIMER_FLAG_ONE_SHOT);
#endif
    rt_sem_init(&hcsr04.sem, MODULE_NAME, 0, RT_IPC_FLAG_PRIO);
    /*把 TRIG 引脚设置为输出模式*/
    rt_pin_mode(hcsr04.trigPin, PIN_MODE_OUTPUT);
```

```
    /*初始电平设置为低电平*/
    rt_pin_write(hcsr04.trigPin, PIN_LOW);
    /*把ECHO引脚设置为输入模式*/
    rt_pin_mode(hcsr04.echoPin, PIN_MODE_INPUT);
    /*创建测量线程*/
    tid = rt_thread_create(MODULE_NAME,
                            ultr_thread_entry,
                            interval,
                            THREAD_STACK_SIZE,
                            THREAD_PRIORITY, THREAD_TIMESLICE);
    if (tid != RT_NULL)
        rt_thread_startup(tid);
    else {
        LOG_E("cannot create thread %s",MODULE_NAME);
    }

}
```

(2) ultrasonic.h 文件程序设计

该文件主要实现函数声明。

```
#ifndef APPLICATIONS_ULTRASONIC_H_
#define APPLICATIONS_ULTRASONIC_H_
uint32_t ultr_get_distence(void);//读测量结果
void ultr_init(rt_int32_t* interval);//超声波初始化
#endif /* APPLICATIONS_ULTRASONIC_H_ */
```

(3) main.c 文件程序设计

该文件是实现 main 线程,此线程的任务是向串口输出测量结果,在 main 函数中,我们先调用超声波初始化函数,然后实时显示测量结果。代码清单如下:

```
#include <rtthread.h>
#define DBG_TAG "main"
#define DBG_LVL DBG_LOG
#include <rtdbg.h>
#include "ultrasonic.h"

int main(void)
{
    rt_uint32_t dist;//用于存储测量到的距离值
    rt_int32_t interval = 1000;

    ultr_init(&interval);//调用超声波模块初始化函数进行模块初始化

    while (1)
    {
```

```
        /*获取超声波测量结果,如果测量没有完成,则接口会阻塞*/
        dist = ultr_get_distence();
        /*向串口打印测量结果*/
        rt_kprintf("distence is: %u mm\n",dist);
    }
    return RT_EOK;
}
```

6.2.4 程序测试

启动系统后,可以观察到终端打印输出测量到的距离,如图 6-5 所示。

```
 \ | /
- RT -     Thread Operating System
 / | \     4.0.3 build Apr 14 2022
 2006 - 2020 Copyright by rt-thread team
[D/ULTR] t1=1,t2=2,clk1=74360,clk2=6070
distence is:239 mm
msh >[D/ULTR] t1=1009,t2=1010,clk1=130901,clk2=70966
distence is:230 mm
[D/ULTR] t1=2017,t2=2018,clk1=130735,clk2=70799
distence is:230 mm
[D/ULTR] t1=3025,t2=3026,clk1=130742,clk2=70805
distence is:230 mm
[D/ULTR] t1=4033,t2=4034,clk1=130921,clk2=70990
distence is:230 mm
[D/ULTR] t1=5041,t2=5042,clk1=130716,clk2=70954
distence is:230 mm
[D/ULTR] t1=6049,t2=6050,clk1=130921,clk2=71164
distence is:230 mm
[D/ULTR] t1=7057,t2=7058,clk1=130746,clk2=70814
distence is:230 mm
[D/ULTR] t1=8065,t2=8066,clk1=130921,clk2=70990
distence is:230 mm
```

图 6-5 距离测量结果

测试发现,如果超声波模块没有响应,则会导致线程卡死。其主要原因是因为使用查询的方法等待 ECHO 信号的到来,而且没有超时机制,所以如果因为硬件问题一直无法产生 ECHO 信号,则会导致线程在等待 ECHO 信号时卡死,一直占用 CPU,进而导致系统低优先级线程无法得到 CPU 资源(这种线程长时间无法得到 CPU 资源的现象,在操作系统理论上称为线程饿死)。

解决这个问题的一个方法是提供一种超时机制,当线程等待信号超过一定时间时,线程主动退出等待。通常操作系统都会提供这种机制,那就是系统定时器。

6.3 RT - Thread 系统定时器

定时器在我们日常生活中经常会使用到,它通常用于从某一时刻开始,经过一定的指定时间后触发一个事件。例如定个时间提醒自己第二天按时起床。

这里我们首先要区分操作系统的定时器与芯片上的硬件定时器。芯片上的硬件定时器是芯片本身提供的定时功能。一般是由外部晶振提供给芯片输入时钟,芯片向软件模块提供一组配置寄存器,接收控制输入,当到达设定时间值后芯片中断控制器产生时钟中断。硬件定时器的精度一般很高,可以达到 ns 级别,并且是中断触发方式。此外,硬件定时器数量是有限的。

操作系统提供的定时器通常也叫软件定时器，是由操作系统提供的一类系统接口，它构建在硬件定时器基础之上，使系统能够提供不受数目限制的定时器服务。

RT-Thread 操作系统提供的软件定时器，以时钟节拍（OS Tick）的时间长度为单位，即定时时间必须是时钟节拍长度的整数倍，例如一个 OS Tick 是 10 ms，那么上层软件定时器只能是 10 ms，20 ms，100 ms 等，而不能定时为 15 ms。RT-Thread 的定时器提供了基于节拍整数倍的定时功能。

RT-Thread 操作系统提供的软件定时器接口函数如表 6-4 所列。

表 6-4　软件定时器相关接口函数

函　数	描　述
rt_timer_create()	动态创建定时器
rt_ timer_delete()	动态删除定时器
rt_timer_init()	静态定时器初始化
rt_timer_detach()	静态定时器脱离
rt_timer_start()	启动定时器
rt_timer_stop()	停止定时器
rt_timer_control()	控制定时器

6.3.1　创建和删除定时器

当动态创建一个定时器时，可使用下面的接口函数：

```
rt_timer_t rt_timer_create (const char * name,
                            void ( * timeout)(void * parameter),
                            void * parameter,
                            rt_tick_t time,
                            rt_uint8_t flag);
```

调用该接口函数后，内核首先从动态内存堆中分配一个定时器控制块，然后对该控制块进行基本的初始化。其参数和返回值描述如表 6-5 所列。

表 6-5　rt_timer_create()参数描述

参　数	描　述
name	定时器的名称
void(* timeout)(void * parameter)	定时器超时函数指针（当定时器超时时，系统会调用这个函数）
parameter	定时器超时函数的入口参数（当定时器超时时，调用超时回调函数会把这个参数作为入口参数传递给超时函数）
time	定时器的超时时间，单位是时钟节拍
flag	定时器创建时的参数，支持的值包括单次定时、周期定时、硬件定时器、软件定时器等（可以用“或”关系取多个值）
返回	创建失败：通常会由于系统内存不够用而返回 RT_NULL； 创建成功：定时器的句柄

include/rtdef.h 中定义了一些定时器相关的宏，如下：

```
#define RT_TIMER_FLAG_ONE_SHOT        0x0      /* 单次定时 */
#define RT_TIMER_FLAG_PERIODIC        0x2      /* 周期定时 */

#define RT_TIMER_FLAG_HARD_TIMER      0x0      /* 硬件定时器 */
#define RT_TIMER_FLAG_SOFT_TIMER      0x4      /* 软件定时器 */
```

上面 2 组值可以"或"逻辑的方式赋给 flag。当指定的 flag 为 RT_TIMER_FLAG_HARD_TIMER 时，如果定时器超时，则定时器的回调函数将在时钟中断的服务例程上下文中被调用(硬件中断模式)；当指定的 flag 为 RT_TIMER_FLAG_SOFT_TIMER 时，如果定时器超时，则定时器的回调函数将在系统时钟 timer 线程的上下文中被调用(软件线程模式)。

当系统不再使用动态定时器时，可使用下面的接口函数：

```
rt_err_t rt_timer_delete(rt_timer_t timer);
```

调用这个接口函数后，系统会把这个定时器从 rt_timer_list 链表中删除，然后释放相应的定时器控制块占有的内存，其参数和返回值描述如表 6－6 所列。

表 6－6　rt_timer_delete()参数描述

参　数	描　述
timer	定时器句柄，指向要删除的定时器
返回	删除成功返回 RT_EOK(如果参数 timer 句柄是一个 RT_NULL，则会导致一个 ASSERT 断言)

6.3.2　初始化和脱离定时器

当选择静态创建定时器时，可利用 rt_timer_init 接口函数来初始化该定时器，接口函数如下：

```
void rt_timer_init (rt_timer_t timer,
                    const char* name,
                    void (*timeout)(void* parameter),
                    void* parameter,
                    rt_tick_t time, rt_uint8_t flag);
```

使用该接口函数时会初始化相应的定时器控制块、定时器名称、定时器超时函数等，其参数和返回值描述如表 6－7 所列。

表 6－7　rt_timer_init()参数描述

参　数	描　述
timer	定时器句柄，指向要初始化的定时器控制块
name	定时器的名称
void(*timeout)(void* parameter)	定时器超时函数指针(当定时器超时时，系统会调用这个函数)
parameter	定时器超时函数的入口参数(当定时器超时时，调用超时回调函数会把这个参数作为入口参数传递给超时函数)

续表 6-7

参数	描述
time	定时器的超时时间,单位是时钟节拍
flag	定时器创建时的参数,支持的值包括单次定时、周期定时、硬件定时器、软件定时器(可以用"或"关系取多个值),详见创建定时器小节

当一个静态定时器不需要再使用时,可以使用下面的接口函数:

```
rt_err_t rt_timer_detach(rt_timer_t timer);
```

脱离定时器时,系统会把定时器对象从内核对象容器中脱离,但是定时器对象所占有的内存不会被释放,其参数和返回值描述如表 6-8 所列。

表 6-8 rt_timer_detach()参数描述

参数	描述
timer	定时器句柄,指向要脱离的定时器控制块
返回	脱离成功返回 RT_EOK

6.3.3 启动和停止定时器

当定时器被创建或者初始化后,并不会被立即启动,而是必须在调用启动定时器函数后,才开始工作,启动定时器接口函数如下:

```
rt_err_t rt_timer_start(rt_timer_t timer);
```

当调用定时器启动函数后,定时器的状态将更改为激活状态(RT_TIMER_FLAG_ACTIVATED),并按照超时顺序插入到 rt_timer_list 队列链表中,其参数和返回值描述如表 6-9 所列。

表 6-9 rt_timer_start()参数描述

参数	描述
timer	定时器句柄,指向要启动的定时器控制块
返回	启动成功返回 RT_EOK

启动定时器的例子请读者参考后面的示例代码。

在启动定时器以后,若想使它停止,则可以使用下面的函数:

```
rt_err_t rt_timer_stop(rt_timer_t timer);
```

调用定时器停止函数后,定时器状态将更改为停止状态,并从 rt_timer_list 链表中脱离出来不参与定时器超时检查。当一个(周期性)定时器到期时,也可以调用这个接口函数停止这个(周期性)定时器,其参数和返回值描述如表 6-10 所列。

表 6-10　rt_timer_stop()参数描述

参　数	描　述
timer	定时器句柄,指向要停止的定时器控制块
返回	RT_EOK:成功停止定时器; - RT_ERROR:timer 已经处于停止状态

6.3.4　控制定时器

除了上述提供的一些编程接口函数外,RT-Thread 还额外提供了定时器控制接口函数,以获取或设置更多定时器的信息。控制定时器接口函数如下:

```
rt_err_t rt_timer_control(rt_timer_t timer, rt_uint8_t cmd, void* arg);
```

控制定时器接口可根据命令类型参数来查看或改变定时器的设置,其参数和返回值描述如表 6-11 所列。

表 6-11　rt_timer_control()参数描述

参　数	描　述
timer	定时器句柄,指向要控制的定时器控制块
cmd	用于控制定时器的命令,当前支持 4 个命令,分别是设置定时时间、查看定时时间、设置单次触发、设置周期触发
arg	与 cmd 相对应的控制命令参数,比如,把 cmd 设定为超时时间,就可以将超时时间参数通过 arg 进行设定
返回	成功返回 RT_EOK

函数参数 cmd 支持的命令如下:

```
#define RT_TIMER_CTRL_SET_TIME        0x0    /* 设置定时器超时时间 */
#define RT_TIMER_CTRL_GET_TIME        0x1    /* 获得定时器超时时间 */
#define RT_TIMER_CTRL_SET_ONESHOT     0x2    /* 设置定时器为单次定时器 */
#define RT_TIMER_CTRL_SET_PERIODIC    0x3    /* 设置定时器为周期性定时器 */
```

6.4　任务 6-2　使用定时器实现车灯的闪烁

任务描述:本任务中,要让两个车灯分别闪烁,其中一个周期性闪烁,另一个只闪烁一次就停止闪烁,要求采用定时器的方法实现。

任务 6-2
实战演示

6.4.1　软件设计

本任务的主要目的是使读者了解定时器的使用方法,我们设置两个定时器:一个是周期性定时器,使用默认的硬件中断模式定时器,用于控制左车灯的闪烁;另一个是单次定时器,配置为软件线程模式定时器(回调函数在线程上下文运行),用于控制右车灯。

新建工程，在 main.c 文件中进行如下程序设计：

```
#include <rtthread.h>
#include <rtdevice.h>
#include "drv_common.h"

#define DBG_TAG "main"
#define DBG_LVL DBG_LOG
#include <rtdbg.h>

/*定义左右转向灯的控制引脚*/
#define LED_L_PIN GET_PIN(D, 8)
#define LED_R_PIN GET_PIN(D, 9)

/*静态方式定义定时器 timerL*/
static struct rt_timer timerL;
/*动态方式定义定时器 timerR*/
static rt_timer_t timerR;
/*用于计算定时器的运行次数*/
rt_uint32_t countL = 0;
rt_uint32_t countR = 0;
/*定时器 timerL 的超时回调函数*/
static void timeout_led_l(void * parameter)
{
    LOG_D("countL = %d",countL);
    if(countL++ %2 == 0)
        rt_pin_write(LED_L_PIN, PIN_LOW);//亮左灯
    else {
        rt_pin_write(LED_L_PIN, PIN_HIGH);//灭左灯
    }
}
/*定时器 timerR 的超时回调函数*/
static void timeout_led_r(void * parameter)
{
    LOG_D("countR = %d",countR);
    if(countR++ %2 == 0)
        rt_pin_write(LED_R_PIN,PIN_LOW);//亮右灯
    else {
        rt_pin_write(LED_R_PIN,PIN_HIGH);//灭右灯
    }
}

int main(void)
{
    /*把引脚设置为输出模式*/
    rt_pin_mode(LED_L_PIN, PIN_MODE_OUTPUT);
```

```
    rt_pin_mode(LED_R_PIN, PIN_MODE_OUTPUT);
    rt_pin_write(LED_R_PIN, PIN_HIGH);//灭右灯
    rt_pin_write(LED_L_PIN, PIN_HIGH);//灭左灯
    /* 初始化静态定时器,周期定时器,系统默认定时器回调函数在中断上下文运行 */
    rt_timer_init(&timerL,"timer_l", timeout_led_l,
                            RT_NULL, 1000,
                            RT_TIMER_FLAG_PERIODIC);
    rt_timer_start(&timerL);
    /* 动态创建定时器,单次定时器,把定时器回调函数设置为线程上下文运行 */
    timerR = rt_timer_create("timer_r", timeout_led_r,
                            RT_NULL, 2000,
                            RT_TIMER_FLAG_ONE_SHOT|RT_TIMER_FLAG_SOFT_TIMER);
    if (timerR != RT_NULL)
        rt_timer_start(timerR);
    return RT_EOK;
}
```

6.4.2 程序测试

① 启动系统,观察终端打印如图 6-6(a)所示,可以看到,右定时器只运行了一次就没有再运行了,而左定时器不停地运行;再观察车灯,右车灯一直亮着,而左车灯一直闪烁。

② 在终端输入 list_timer 命令,观察终端输出如图 6-6(b)所示,可以看到,右定时器处于未激活状态,左定时器处于激活状态。**注意:** 未启动的定时器也是处于未激活状态。

```
 \ | /
- RT -     Thread Operating System
 / | \     4.0.3 build Jan 29 2022
 2006 - 2020 Copyright by rt-thread team
[D/main] countL=0
[D/main] countR=0
[D/main] countL=1
[D/main] countL=2
[D/main] countL=3
[D/main] countL=4
[D/main] countL=5
[D/main] countL=6
[D/main] countL=7
```

(a)

```
timer     periodic   timeout        flag
-------- ---------- ---------- -----------
timer_r  0x000007d0 0x000007d2 deactivated
timer_l  0x000003e8 0x0000985a activated
tshell   0x00000000 0x00000000 deactivated
tidle0   0x00000000 0x00000000 deactivated
timer    0x00000000 0x00000000 deactivated
```

(b)

图 6-6 定时器测试结果

6.5 任务 6-3 超声波测距(使用定时器改进任务 6-1)

任务描述: 通过串口终端实时显示小车与前方障碍物的距离。要求硬件问题不能影响软件的执行。

任务 6-3
实战演示

6.5.1 程序设计

本任务只需在任务 6-1 的基础上对 ultrsonic.c 进行修改,代码清

单如任务 6－1 所示，由于任务 6－1 中我们已经设计了条件编译，所要在本任务中，我们只需在任务 6－1 的 ultrsonic.c 文件中修改相关预处理的宏定义，修改后的宏定义如下：

```
/* 预编译宏定义，如果要使用定时器，则可以打开 ULT_USE_TIMER 宏 */
#define ULT_USE_TIMER
```

6.5.2 程序测试

测式方法如任务 6－1。

① 当超声波没有响应时，终端输出超时提示，且终端可以继续输入其他命令，如图 6－7 所示。

```
 \ | /
- RT -     Thread Operating System
 / | \     4.0.3 build Feb  4 2022
 2006 - 2020 Copyright by rt-thread team
[D/ULTR] timeout
msh >[D/ULTR] timeout
ps
thread     pri  status      sp     stack size max used left tick  error
---------- ---  ------- ---------- ---------- ------  ---------- ---
ultr_hcs   19   suspend 0x000000c4 0x00000400    19%   0x00000008 000
tshell     20   running 0x000000cc 0x00001000    15%   0x00000005 000
tidle0     31   ready   0x00000058 0x00000100    43%   0x0000000b 000
timer       4   suspend 0x0000007c 0x00000200    24%   0x00000009 000
main       10   suspend 0x000000b0 0x00000800    15%   0x00000013 000
msh >[D/ULTR] timeout
[D/ULTR] timeout

msh >
```

图 6－7 超声波测距测试结果(1)

② 当超声波正常时，终端打印出测量到的距离，如图 6－8 所示。

```
 \ | /
- RT -     Thread Operating System
 / | \     4.0.3 build Feb  4 2022
 2006 - 2020 Copyright by rt-thread team
[D/ULTR] t1=2,t2=2,clk1=37632,clk2=17519
distence is:53 mm
msh >[D/ULTR] t1=1009,t2=1009,clk1=47522,clk2=30385
distence is:45 mm
[D/ULTR] t1=2016,t2=2016,clk1=47522,clk2=29889
distence is:46 mm
[D/ULTR] t1=3023,t2=3023,clk1=47522,clk2=30633
distence is:44 mm
[D/ULTR] t1=4030,t2=4030,clk1=47522,clk2=32369
distence is:40 mm
[D/ULTR] t1=5037,t2=5037,clk1=47493,clk2=32092
distence is:40 mm
[D/ULTR] t1=6044,t2=6044,clk1=47522,clk2=27161
distence is:54 mm
[D/ULTR] t1=7051,t2=7051,clk1=47502,clk2=23669
distence is:63 mm
[D/ULTR] t1=8058,t2=8058,clk1=47515,clk2=27650
distence is:52 mm
[D/ULTR] t1=9065,t2=9065,clk1=47522,clk2=31873
distence is:41 mm
```

图 6－8 超声波测距测试结果(2)

本任务我们创建了一个线程进行距离实时测量，也就是说，不管用户是否需要距离测量，线程都会以一定的频率进行距离测量。然而，在某些情况下，用户可能只需偶尔进行一次测量，这种实现方法显得有些浪费 CPU 资源。

6.6 任务 6-4 超声波测距(引脚中断方式)

任务描述:本任务功能同任务 6-3,但在实现上,我们采用中断方式来实现,而且我们使用信号量超时机制来解决硬件错误导致卡死的问题。设计本任务的目的是为了让读者了解,一个功能可以有多种实现方法,需要根据不同的应用场景综合系统资源情况选择合适的方法。

任务 6-4
实战演示

6.6.1 程序设计

本任务我们采用中断方式来等待超声波模块的 ECHO 信号,当超声波模块 ECHO 信号到达时,进入中断回调函数,在中断回调函数中判断 ECHO 信号结束后,通过信号量通知用户计算测量值。

新建 RT-Thread 项目,并在项目中新建文件 ultrasonic_int.h 和 ultrasonic_int.c。

(1) ultrasonic_int.h 文件程序设计

此文件中我们使用面向对象的方法定义了超声波类型的结构体。

```
#ifndef APPLICATIONS_ULTRASONIC_INT_H_
#define APPLICATIONS_ULTRASONIC_INT_H_
#include <rtdevice.h>
#include <drv_common.h>
/*超声波模块的状态定义*/
enum ULTRA_STATE {
    ULTRA_STATE_NULL = 0,                      //未初始化
    ULTRA_STATE_INIT,                          //已初始化
    ULTRA_STATE_TRIG,                          //已发送 TRIG 信号
    ULTRA_STATE_ECHO_S,                        //已收到 ECHO 信号的上升沿
    ULTRA_STATE_ECHO_E,                        //已收到 ECHO 信号的下降沿
    ULTRA_STATE_END                            //测量完成状态
};
/*超声波模块结构体定义*/
struct ultr{
    char *name;                                /*模块名字*/
    struct rt_semaphore sem;                   /*用于 ECHO 引脚检测的信号量*/
    rt_base_t trigPin;                         /*TRIG 引脚*/
    rt_base_t echoPin;                         /*ECHO 引脚*/
    rt_int32_t timeout;
    enum ULTRA_STATE state;                    /*超声波模块的状态变量*/
    uint32_t dis;                              /*测量结果*/
};
void ultr_init(struct ultr* ul);               //超声波初始化接口
rt_int32_t ultr_get_distence(struct ultr* ul); //进行一次测量
#endif /*APPLICATIONS_ULTRASONIC_INT_H_*/
```

(2) ultrasonic_int.c 文件程序设计

本任务我们不需要创建专用的测量线程，而是通过引脚的双边沿中断来检测 ECHO 信号的上升沿和下降沿。测量距离时，先发送 TRIG 信号，然后通过获取信号量的方式等待 ECHO 信号到达，获取信号量时设置为有限超时等待，当等待时间超过所设置的时间时，认为本次测量失败，直接取消本次测试。

① 头文件及中断回调函数设计。在中断回调函数中，需要判断是上升沿中断还是下降沿中断，如果收到下降沿中断，则说明 ECHO 信号已经结束，可以通过释放信号量的方式通知测量函数开始计算测量值。

```
#include <rtthread.h>
#include "ultrasonic_int.h"
#define DBG_TAG "ULTR"
#define DBG_LVL DBG_LOG
#include <rtdbg.h>

/*定义时间相关的变量*/
static rt_tick_t t1,t2,clk1,clk2;
#define TIME_OUT_DEFAULT 1000 //默认的超时等待时间
/*获取 tick 时间和 SYSTICK 计数寄存器的当前值*/
void ultr_get_clock(rt_uint32_t * tick,rt_uint32_t * clock)
{
    *tick = rt_tick_get();
    *clock = SysTick->VAL;
}
/*ECHO 信号的中断回调函数*/
void echo_callback(void *args)
{
    struct ultr * ul = (struct ultr *)args;
    /*如果模块状态为已发出 TRIG 信号并且 ECHO 引脚为高电平，则说明 ECHO 上升沿到达*/
    if((ULTRA_STATE_TRIG == ul->state)&&(PIN_HIGH == rt_pin_read(ul->echoPin)))
    {
        //LOG_D("echoup val: %d",rt_pin_read(hcsr04.echoPin));
        /*记录此时的系统时间 t1,clk1*/
        ultr_get_clock(&t1,&clk1);
        ul->state++;//改变超声波模块状态为已收到 ECHO 信号的上升沿
    }
/*如果模块状态为已收到 ECHO 信号并且 ECHO 引脚为低电平，则说明 ECHO 下降沿到达*/
    else if((ULTRA_STATE_ECHO_S == ul->state) && (PIN_LOW == rt_pin_read(ul->echoPin))){
        //LOG_D("echodown val: %d",rt_pin_read(hcsr04.echoPin));
        /*记录此时的系统时间 t2,clk2*/
        ultr_get_clock(&t2,&clk2);
        ul->state++;//改变超声波模块的状态
        /*当收到 ECHO 信号的下降沿时，发送信号量通知等待线程进行距离计算*/
        rt_sem_release(&ul->sem);
```

```
    }
    return;
}
```

② 超声波模块初始化函数设计。该函数主要设置引脚的模式和初始电平,设置双边沿中断,并绑定中断回调函数。

```
/* 超声波模块初始化函数,主要设置引脚的模式和初始电平 */
void ultr_init(struct ultr * ul)
{
    /* 初始化信号量 */
    rt_sem_init(&ul->sem, ul->name, 0, RT_IPC_FLAG_PRIO);

    /* 把 TRIG 引脚设置为输出模式 */
    rt_pin_mode(ul->trigPin, PIN_MODE_OUTPUT);
    /* 初始电平设置为低电平 */
    rt_pin_write(ul->trigPin, PIN_LOW);

    /* 把 ECHO 引脚设置为输入模式 */
    rt_pin_mode(ul->echoPin, PIN_MODE_INPUT);

    /* 绑定中断,双边沿触发模式,中断回调函数名为 echo_callback */
    rt_pin_attach_irq(ul->echoPin, PIN_IRQ_MODE_RISING_FALLING, echo_callback, ul);
    if(ul->timeout == 0)
        ul->timeout = TIME_OUT_DEFAULT;
    /* 设置超声波模块为已初始化 */
    ul->state = ULTRA_STATE_INIT;
}
```

③ 测量函数设计。先发送 TRIG 信号,然后通过获取信号量的方式等待 ECHO 信号到达,获取信号量时设置为有限超时等待,当等待时间超过所设置的时间时,认为本次测量失败,直接取消本次测试。

```
/* 测量距离,参数为超声波模块指针,用于指定使用哪个超声波模块进行测量,本任务支持多模块 */
rt_int32_t ultr_get_distence(struct ultr * ul)
{
    rt_err_t ret;
    /* 未初始化,先进行初始化 */
    if(ULTRA_STATE_NULL == ul->state){
        ultr_init(ul);
        LOG_D("%s init ok!",ul->name);
    }
    /* 使能中断,准备接收 ECHO 信号 */
    rt_pin_irq_enable(ul->echoPin, PIN_IRQ_ENABLE);

    /* 向 TRIG 引脚输出触发信号,先写高电平,再写低电平,产生 10 μs 脉冲 */
```

```
    rt_pin_write(ul->trigPin, PIN_HIGH);
    rt_hw_us_delay(10);
    rt_pin_write(ul->trigPin, PIN_LOW);

    ul->state = ULTRA_STATE_TRIG;//状态设置为 TRIG 信号已发送
    /*阻塞等待 ECHO 信号量,如果没有 ECHO 信号,线程会等待一段时间后退出*/
    ret = rt_sem_take(&ul->sem, ul->timeout);
    /*ECHO 信号收到后,可以关闭中断了*/
    rt_pin_irq_enable(ul->echoPin, PIN_IRQ_DISABLE);
    if(RT_EOK == ret)
    {
        /*计算距离,单位为 mm,注意 RT_TICK_PER_SECOND 默认为 1000*/
        LOG_D("t1 = %d,t2 = %d,clk1 = %d,clk2 = %d",t1,t2,clk1,clk2);
        if(clk2 <= clk1)
        {
            ul->dis = (t2 - t1)*170 + (clk1 - clk2)*170/(SysTick->LOAD+1);
        }
        else {
            ul->dis = (t2 - t1-1)*170 + (SysTick->LOAD + 1 - clk2 + clk1)*170/
(SysTick->LOAD+1);
        }
        ul->state = ULTRA_STATE_END;//把超声波模块设置为测量完成状态
        LOG_D("distance is: %u mm",ul->dis);
        return ul->dis;
    }
    else {
        LOG_D(" %s timeout",ul->name);
        return -1;
    }
}
/*导出到 msh 命令列表中*/
MSH_CMD_EXPORT(ultr_get_distence, ultrasonic get distence);
```

(3) main.c 文件程序设计

本文件实现 main 函数,首先根据硬件设计定义一个超声波模块;然后调用超声波初始化函数对硬件进行初始化;最后每过 1 s 进行一次距离测量。具体代码如下:

```
#include <rtthread.h>
#define DBG_TAG "main"
#define DBG_LVL DBG_LOG
#include <rtdbg.h>
#include "ultrasonic_int.h"

#define MODULE_NAME "hcsr04"
int main(void)
```

```
{
    struct ultr hcsr04 = {
        .name = MODULE_NAME,
        .echoPin = GET_PIN(B, 1), /* RTIG 引脚定义 */
        .trigPin = GET_PIN(B, 0),  /* ECHO 引脚定义 */
        .timeout = 1000
    };
    ultr_init(&hcsr04);
    while (1)
    {
        ultr_get_distence(&hcsr04);
        rt_thread_mdelay(1000);
    }
    return RT_EOK;
}
```

6.6.2 程序测试

① 接上超声波模块，启动系统，观察终端输出如图 6－9(a)所示，可以看到，测得的距离为 87 mm，测试结果很稳定。

② 把超声波模块去掉，启动系统，观察终端输出如图 6－9(b)所示，可以看到，测试超时，且不影响系统其他线程的工作。

```
 \ | /
- RT -     Thread Operating System
 / | \     4.0.3 build Feb  6 2022
 2006 - 2020 Copyright by rt-thread team
[D/ULTR] hcsr04 init ok!
msh >[D/ULTR] t1=5,t2=6,clk1=29860,clk2=60888
[D/ULTR] distance is:87 mm
[D/ULTR] t1=1014,t2=1014,clk1=45960,clk2=12991
[D/ULTR] distance is:87 mm
[D/ULTR] t1=2023,t2=2023,clk1=45969,clk2=12995
[D/ULTR] distance is:87 mm
[D/ULTR] t1=3032,t2=3032,clk1=45989,clk2=13014
[D/ULTR] distance is:87 mm
[D/ULTR] t1=4041,t2=4041,clk1=45995,clk2=13033
[D/ULTR] distance is:87 mm
[D/ULTR] t1=5050,t2=5050,clk1=46047,clk2=13074
[D/ULTR] distance is:87 mm
[D/ULTR] t1=6059,t2=6059,clk1=46002,clk2=13005
[D/ULTR] distance is:87 mm
[D/ULTR] t1=7068,t2=7068,clk1=45970,clk2=13008
[D/ULTR] distance is:87 mm
[D/ULTR] t1=8077,t2=8077,clk1=46013,clk2=12981
[D/ULTR] distance is:87 mm
[D/ULTR] t1=9086,t2=9086,clk1=46040,clk2=13073
[D/ULTR] distance is:87 mm
```

(a)

```
 \ | /
- RT -     Thread Operating System
 / | \     4.0.3 build Feb  6 2022
 2006 - 2020 Copyright by rt-thread team
[D/ULTR] hcsr04 init ok!
msh >[D/ULTR] hcsr04 timeout
[D/ULTR] hcsr04 timeout
ps
thread   pri  status      sp     stack size max used left tick
-------- ---  ------- ---------- ----------  ------  ----------
tshell    20  running 0x000000cc 0x00001000    15%   0x00000003
tidle0    31  ready   0x00000058 0x00000100    43%   0x00000015
timer      4  suspend 0x0000007c 0x00000200    24%   0x00000009
main      10  suspend 0x000000b0 0x00000800    14%   0x0000000a
msh >help
RT-Thread shell commands:
clear            - clear the terminal screen
version          - show RT-Thread version information
list_thread      - list thread
list_sem         - list semaphore in system
list_event       - list event in system
list_mutex       - list mutex in system
list_mailbox     - list mail box in system
list_msgqueue    - list message queue in system
list_mempool     - list memory pool in system
list_timer       - list timer in system
list_device      - list device in system
help             - RT-Thread shell help.
```

(b)

图 6－9　测试结果

练习 6

1. 判断题

(1) 使用 rt_thread_mdelay 函数进行延时等待,线程会被挂起。( )

(2) 使用 rt_hw_us_delay 函数进行延时等待,线程会被挂起。( )

(3) rt_hw_us_delay 函数传入的参数的大小没有限制。( )

2. 填空题

(1) 进行毫秒级的时间延时,可以使用的函数是________。

(2) 当需要微秒级别的延时等待时,可以使用函数________。

(3) 当 RT_TICK_PER_SECOND 为默认值 1 000 时,rt_hw_us_delay 函数传入的参数必须小于________。

(4) RT - Thread 操作系统提供的软件定时器,以________的时间长度为单位,默认是________。

第 7 章 线程间通信

本章概述

在操作系统中，线程与线程之间为了完成一定的协作任务，经常需要在线程之间传输数据，比如串口收发线程从串口接收到一个密码字符串，为了检验密码的正确性，串口线程需要把这个密码字符串传输给密码校验线程进行校验；密码校验完成后，密码校验线程还要把校验结果传输给串口收发线程，由串口收发线程把结果通过串口发送出去。

这种在线程与线程之间传输数据的过程就是线程间通信。线程间通信可以通过设定共享内存（全局变量）和信号量的方式来实现，但在操作系统中，还提供了其他形式的线程通信方法，方便我们在不同场景进行使用。

本章我们学习 RT-Thread 提供的线程通信方式，包括邮箱、消息队列、信号。

知识目标

- 理解 RT-Thread 中邮箱的概念；
- 掌握 RT-Thread 中邮箱的使用方法；
- 理解 RT-Thread 中消息队列的概念；
- 掌握 RT-Thread 中消息队列的使用方法；
- 了解 RT-Thread 中信号的概念及相关接口。

技能目标

- 能够使用 RT-Thread 邮箱接口函数进行线程通信开发；
- 能够使用 RT-Thread 消息队列接口函数进行线程通信开发；
- 能够根据不同场景选择适当的线程通信方式。

7.1 邮 箱

邮箱是实时操作系统中一种典型的线程间通信方法。举一个简单的例子，有两个线程，线程 1 检测按键状态并发送状态值，线程 2 读取按键状态值，并根据按键的状态值设置蜂鸣器的开关。这种场景可以使用邮箱的方式进行通信，线程 1 将按键的状态值作为邮件发送到邮箱，线程 2 在邮箱中读取邮件，从而获得按键状态值，并对蜂鸣器执行开关操作。

邮箱通信方式除了可以 1 对 1 通信，如图 7-1(a)所示，也可以 1 对多通信或多对多通信，如图 7-1(b)所示。例如，共有 3 个线程，线程 1 检测并发送按键状态，线程 2 检测并发送温度信息，线程 3 根据接收的信息类型（按键状态信息和温度信息）分别执行不同的操作。

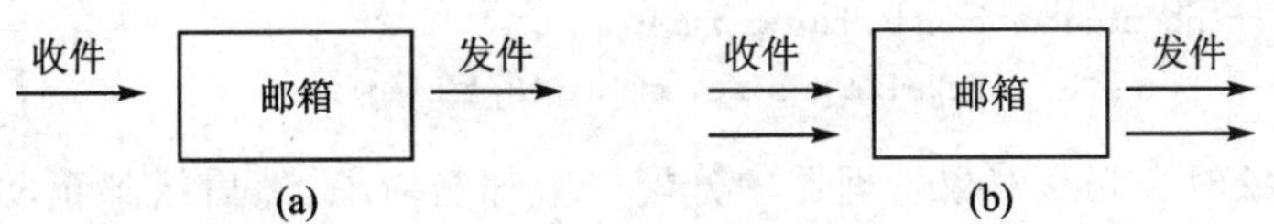

图 7-1　邮箱通信方式

7.1.1 邮箱的工作机制

在 RT-Thread 操作系统中,邮箱是开销较低、效率较高的一种线程间通信方式。邮箱中的每一封邮件的容量固定为 4 字节(刚好能容纳一个 32 位系统的指针)。典型的邮箱通信过程如图 7-2 所示,线程或中断服务程序把一封长度为 4 字节的邮件发送到指定邮箱中,而其他一个或多个线程可以从该指定邮箱中接收邮件后进行相关处理。

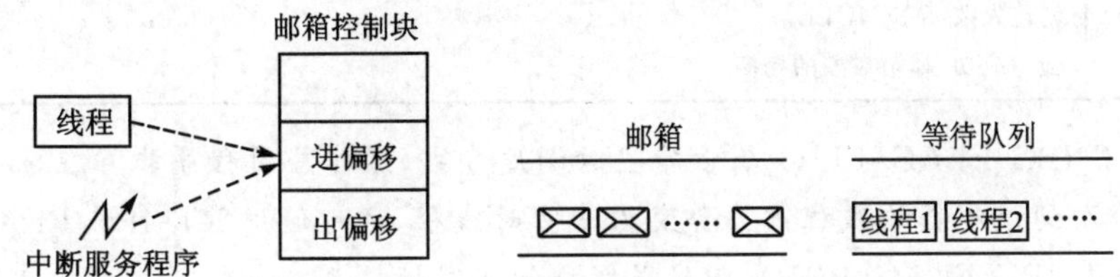

图 7-2　邮箱通信过程

当一个线程向邮箱发送邮件时,若邮箱没满,则邮件内容会被复制到邮箱中。如果邮箱已经满了,那么发送线程可以设置超时时间并挂起线程,等待邮箱空出;也可以选择不等待,此时直接返回"-RT_EFULL"。当邮箱中的邮件被收取而空出空间时,等待挂起的发送线程会被唤醒继续发送。

当一个线程从邮箱中接收邮件时,如果邮箱中存在邮件,那么接收线程将复制邮箱中的 4 字节邮件内容到接收缓存中。如果邮箱是空的,那么接收线程可以选择是否等待挂起直到有新的邮件到达而唤醒;也可以设置超时等待时间,当达到设置的超时等待时间时,如果邮箱依然没有邮件,那么等待的线程将被唤醒并返回"-RT_ETIMEOUT"。

7.1.2 RT-Thread 邮箱的相关接口函数

RT-Thread 邮箱的相关接口函数如表 7-1 所列。

表 7-1　RT-Thread 邮箱的相关接口函数

函　数	描　述
rt_mb_create/rt_mb_init()	创建/初始化邮箱
rt_mb_send()	非阻塞发送邮件
rt_mb_send_wait()	阻塞发送邮件
rt_mb_recv()	接收邮件
rt_mb_delete/rt_mb_detach()	删除/脱离邮箱

1. 创建和删除邮箱

动态创建一个邮箱对象可以调用如下的接口函数:

```
rt_mailbox_t rt_mb_create (const char* name,
                           rt_size_t size, rt_uint8_t flag);
```

创建邮箱对象时会先从对象管理器中分配一个邮箱对象，然后给邮箱动态分配一块内存空间用来存放邮件，这块内存的大小等于邮件大小(4 字节)与邮箱容量的乘积，接着初始化接收邮件数目和发送邮件在邮箱中的偏移量。表 7-2 描述了该函数的输入参数与返回值。

表 7-2 rt_mb_create()参数描述

参 数	描 述
name	邮箱名称
size	邮箱容量
flag	邮箱标志，它可以取如下数值：RT_IPC_FLAG_FIFO 或 RT_IPC_FLAG_PRIO
返回	创建失败：RT_NULL； 创建成功：邮箱对象的句柄

注意：RT_IPC_FLAG_FIFO 属于非实时调度方式，除非应用程序非常在意先来后到，并且清楚所有涉及到该邮箱的线程都将会变为非实时线程，方可使用 RT_IPC_FLAG_FIFO，否则建议采用 RT_IPC_FLAG_PRIO，即确保线程的实时性。

当用 rt_mb_create()创建的邮箱不再被使用时，应该删除它以释放相应的系统资源，一旦操作完成，邮箱将被永久性地删除。删除邮箱的接口函数如下：

```
rt_err_t rt_mb_delete (rt_mailbox_t mb);
```

删除邮箱时，如果有线程被挂起在该邮箱对象上，则内核先唤醒挂起在该邮箱上的所有线程(线程返回值是－RT_ERROR)，然后再释放邮箱使用的内存，最后删除邮箱对象。表 7-3 描述了该函数的输入参数与返回值。

表 7-3 rt_mb_delete()参数描述

参 数	描 述
mb	邮箱对象的句柄
返回	RT_EOK：成功

2. 初始化和脱离邮箱

初始化邮箱跟创建邮箱类似，只是初始化邮箱用于静态邮箱对象的初始化。与创建邮箱不同的是，静态邮箱对象的内存是在系统编译时由编译器分配的，一般放于读/写数据段或未初始化数据段中，其余的初始化工作与创建邮箱时相同。接口函数如下：

```
rt_err_t rt_mb_init (rt_mailbox_t mb,
                     const char* name,
                     void* msgpool,
                     rt_size_t size,
                     rt_uint8_t flag)
```

初始化邮箱时，该接口函数需要获得用户已经申请获得的邮箱对象控制块、缓冲区的指针，以及邮箱名称和邮箱容量(能够存储的邮件数)。表 7-4 描述了该函数的输入参数与返回值。

表 7-4 rt_mb_init()函数参数描述

参 数	描 述
mb	邮箱对象的句柄
name	邮箱名称
msgpool	缓冲区指针
size	邮箱容量
flag	邮箱标志,它可以取如下数值: RT_IPC_FLAG_FIFO 或 RT_IPC_FLAG_PRIO
返回	RT_EOK:成功

这里的 size 参数指定的是邮箱的容量,如果 msgpool 指向的缓冲区的字节数是 N,那么邮箱容量应该是 $N/4$。

脱离邮箱将把静态初始化的邮箱对象从内核对象管理器中脱离。脱离邮箱使用下面的接口函数:

```
rt_err_t rt_mb_detach(rt_mailbox_t mb);
```

使用该接口函数后,内核先唤醒所有挂在该邮箱上的线程(线程获得返回值是－RT_ERROR),然后将该邮箱对象从内核对象管理器中脱离。表 7-5 描述了该函数的输入参数与返回值。

表 7-5 rt_mb_detach()参数描述

参 数	描 述
mb	邮箱对象的句柄
返回	成功:RT_EOK

3. 发送邮件

线程或者中断服务程序可以通过邮箱给其他线程发送邮件,发送邮件接口函数如下:

```
rt_err_t rt_mb_send (rt_mailbox_t mb, rt_uint32_t value);
```

发送的邮件可以是 32 位任意格式的数据,一个整型值或者一个指向缓冲区的指针。当邮箱中的邮件已经满时,发送邮件的线程或者中断程序会收到－RT_EFULL 的返回值。表 7-6 描述了该函数的输入参数与返回值。

表 7-6 rt_mb_send()参数描述

参 数	描 述
mb	邮箱对象的句柄
value	邮件内容
返回	RT_EOK:发送成功; －RT_EFULL:邮箱已经满了

如果希望以等待方式发送邮件,那么也可以通过如下的接口函数向指定邮箱发送邮件:

```
rt_err_t rt_mb_send_wait (rt_mailbox_t mb,
                          rt_uint32_t value,
                          rt_int32_t timeout);
```

rt_mb_send_wait()与 rt_mb_send()的区别在于有等待时间，如果邮箱已经满了，那么发送线程将根据设定的 timeout 参数等待邮箱空出空间。如果设置的超时时间到达依然没有空出空间，那么这时发送线程将被唤醒并返回错误码。表 7 - 7 描述了该函数的输入参数与返回值。

表 7 - 7　rt_mb_send_wait()参数描述

参　数	描　述
mb	邮箱对象的句柄
value	邮件内容
timeout	超时时间
返回	RT_EOK：发送成功； －RT_ETIMEOUT：超时； －RT_ERROR：失败，返回错误

4. 发送紧急邮件

发送紧急邮件的过程与发送邮件几乎一样，唯一的不同是，当发送紧急邮件时，邮件被直接插队放入了邮件队首，这样，接收者就能够优先接收到紧急邮件，从而及时进行处理。发送紧急邮件的接口函数如下：

```
rt_err_t rt_mb_urgent (rt_mailbox_t mb, rt_ubase_t value);
```

表 7 - 8 描述了该函数的输入参数与返回值。

表 7 - 8　rt_mb_urgent()参数描述

参　数	描　述
mb	邮箱对象的句柄
value	邮件内容
返回	RT_EOK：发送成功； －RT_EFULL：邮箱已满

5. 接收邮件

只有当接收者接收的邮箱中有邮件时，接收者才能立即取到邮件并返回 RT_EOK 的返回值，否则接收线程会根据超时时间设置，或挂起在邮箱的等待线程队列上，或直接返回。接收邮件接口函数如下：

```
rt_err_t rt_mb_recv (rt_mailbox_t mb, rt_uint32_t * value,
                     rt_int32_t, timeout);
```

接收邮件时，接收者需指定接收邮件的邮箱句柄，并指定接收到的邮件存放位置以及最多能够等待的超时时间。如果接收时设定了超时，那么当指定的时间内依然未收到邮件时，将返回－RT_ETIMEOUT。表 7 - 9 描述了该函数的输入参数与返回值。

表 7-9 rt_mb_recv()参数描述

参　数	描　述
mb	邮箱对象的句柄
value	邮件内容
timeout	超时时间
返回	RT_EOK:接收成功; －RT_ETIMEOUT:超时; －RT_ERROR:失败,返回错误

7.2 任务7-1 独立按键控制蜂鸣器开关(使用邮箱)

任务描述:本任务使用两个按键(KEY1 和 KEY 2)控制一个蜂鸣器(BEEP),其中 KEY1 控制蜂鸣器开,当此按键被触发时,蜂鸣器开;KEY2 控制蜂鸣器关,当此按键被触发时,蜂鸣器关。

任务 7-1
实战演示

7.2.1 硬件设计

硬件设计同任务 3-2。PA5 引脚连接蜂鸣器,PA0 引脚连接 KEY1,PA1 引脚连接 KEY2。

7.2.2 软件设计

设计两个线程:一个按键扫描线程,另一个蜂鸣器状态控制线程。按键扫描线程循环扫描 KEY1 和 KEY2 的按键状态,当任意一个按键被按下时,向邮箱发送一封邮件,邮件的内容为蜂鸣器开关命令,KEY1 按键被按下时,发送开蜂鸣器命令;KEY2 按键被按下时,发送关蜂鸣器命令。蜂鸣器状态控制线程从邮箱接收邮件,根据邮件内容控制蜂鸣器的开关。

新建项目,项目名称为 key_mail,在 main.c 文件中进行以下程序设计。

(1) 头文件、宏定义及相关变量设计

本任务中,为了复用代码,我们采用兼容设计,使用预编译宏 USE_MB_SEND_STRING,使不同版本编译不同代码。(本任务不会执行黑体部分的代码,此部分代码与本任务无关,放在这里主要是为下一个任务做准备。)

```
#include <rtthread.h>
#include <rtdevice.h>
#include "drv_common.h"
#define DBG_TAG "main"
#define DBG_LVL DBG_LOG
#include <rtdbg.h>

/* 如果使用邮箱发送字符串,则打开以下宏定义 */
/* #define USE_MB_SEND_STRING */
```

```
#ifdef USE_MB_SEND_STRING
#include "string.h"   //调用 C 库的 strstr()函数
#endif

/*定义蜂鸣器的控制引脚*/
#define BEEP_PIN GET_PIN(A, 5)
/*定义按键的控制引脚*/
#define KEY1_PIN GET_PIN(A, 0)
#define KEY2_PIN GET_PIN(A, 1)
#ifdef USE_MB_SEND_STRING
/*定义邮箱消息*/
static char mb_key1[] = "key1 is down, please open the beep!";
static char mb_key2[] = "key2 is down, please close the beep!";

/*定义消息体的结构*/
struct msg_head{
    int buffLen;
    char *buff;
};
static struct msg_head msg1 = {
        .buffLen = sizeof(mb_key1),
        .buff = mb_key1
};
static struct msg_head msg2 = {
        .buffLen = sizeof(mb_key2),
        .buff = mb_key2
};
#else
/*定义按键命令值*/
enum beep_cmd{
    BEEP_CMD_OPEN = 0,
    BEEP_CMD_CLOSE
};
#endif

/*线程优先级和时间片*/
#define THREAD_PRIORITY       20
#define THREAD_TIMESLICE      5

/*邮箱控制块*/
static struct rt_mailbox mb;
/*用于放邮件的内存池,由于每封邮件大小为 4 字节,此处 32 字节只能存 8 封邮件*/
static char mb_pool[32];
```

(2) 按键扫描线程设计

其主要设计线程的入口函数,程序先进行引脚初始化,然后采用扫描法轮询扫描两个按键的状态，当某个按键被按下时，使用邮件发送相应的命令。

```
ALIGN(RT_ALIGN_SIZE)//线程栈必须系统对齐
static char keyscan_stack[1024];
static struct rt_thread t_keyscan;//线程控制块

/*按键扫描线程入口函数,此处的入口参数没有使用,放在这里是为了消除编译告警*/
static void keyscan_entry(void * parameter)
{
    /*把 LED 灯引脚设置为输出模式*/
    rt_pin_mode(KEY1_PIN, PIN_MODE_INPUT_PULLUP);
    rt_pin_mode(KEY2_PIN, PIN_MODE_INPUT_PULLUP);

    while(1)
    {
        if(PIN_LOW == rt_pin_read(KEY1_PIN)){
            rt_thread_mdelay(30);
            if(PIN_LOW == rt_pin_read(KEY1_PIN)){
                LOG_D("keyscan, key1 down");
                /*发送 mb_key1 地址到邮箱中*/
#ifdef USE_MB_SEND_STRING
                /*发送 mb_key1 地址到邮箱中*/
                rt_mb_send(&mb, (rt_ubase_t)&msg1);
#else
                /*发送命令值到邮箱中*/
                rt_mb_send(&mb, BEEP_CMD_OPEN);
#endif

            }
        }
        if(PIN_LOW == rt_pin_read(KEY2_PIN)){
            rt_thread_mdelay(30);
            if(PIN_LOW == rt_pin_read(KEY2_PIN)){
                LOG_D("keyscan, key2 down");
#ifdef USE_MB_SEND_STRING
                /*发送 mb_key2 地址到邮箱中*/
rt_mb_send(&mb, (rt_ubase_t)&msg2);
#else
                /*发送命令值到邮箱中*/
                rt_mb_send(&mb, BEEP_CMD_CLOSE);
#endif

            }
        }
        rt_thread_mdelay(100); //0.1 s 扫描一次按键
    }
```

```
}
```

(3) 蜂鸣器控制线程设计

其主要设计线程的入口函数,程序先进行引脚初始化,然后从指定邮箱中接收邮件,当收到邮件时,检查邮件内容并根据邮件内容控制蜂鸣器。

```
ALIGN(RT_ALIGN_SIZE)
static char beepctl_stack[1024];
static struct rt_thread t_beepctl;

/* 蜂鸣器控制线程入口函数 */
static void beepctl_entry(void * parameter)
{
    rt_ubase_t value;
#ifdef USE_MB_SEND_STRING
    struct msg_head * msg;
#endif
    rt_pin_mode(BEEP_PIN, PIN_MODE_OUTPUT);//模式设置
    rt_pin_write(BEEP_PIN, PIN_HIGH);//默认关闭蜂鸣器

    while(1){
        /* 从邮箱接收邮件,如果没有邮件,则线程会被挂起,直到有新邮件到达 */
        rt_mb_recv(&mb, &value, RT_WAITING_FOREVER);
#ifdef USE_MB_SEND_STRING
        msg = (struct msg_head *)value;
        LOG_D("beepctl,receive mail %s",msg->buff);
        if(strstr(msg->buff,"open"))//收到打开消息
            rt_pin_write(BEEP_PIN, PIN_LOW);
        if(strstr(msg->buff,"close"))//收到关闭消息
            rt_pin_write(BEEP_PIN, PIN_HIGH);
#else
        LOG_D("beepctl,receive cmd %s",value? "CLOSE":"OPEN");
        switch(value)//判断邮件内容
        {
        case BEEP_CMD_OPEN://收到打开蜂鸣器的命令
            rt_pin_write(BEEP_PIN, PIN_LOW);
            break;
        case BEEP_CMD_CLOSE: //收到关闭蜂鸣器的命令
            rt_pin_write(BEEP_PIN, PIN_HIGH);
            break;
        default:
            break;
        }
```

```
#endif
    }
}
```

(4) main 函数设计

main 函数中，我们先初始化邮箱，再分别创建按键扫描线程和蜂鸣器控制线程。

```
int main(void)
{
    rt_err_t result;

    /* 初始化一个邮箱 */
    result = rt_mb_init(&mb,
                        "mbt",                  /* 名称是 mbt */
                        &mb_pool[0],            /* 邮箱用到的内存池是 mb_pool */
                        sizeof(mb_pool)/4,      /* 邮箱中的邮件数目，一封邮件 4 字节 */
                        RT_IPC_FLAG_FIFO);      /* 采用 FIFO 方式进行线程等待 */
    if (result != RT_EOK)
    {
        rt_kprintf("init mailbox failed.\n");
        return -1;
}

    /* 以下为创建和启动线程 */
    rt_thread_init(&t_keyscan,
                   "keyscan",
                   keyscan_entry,
                   RT_NULL,
                   &keyscan_stack[0],
                   sizeof(keyscan_stack),
                   THREAD_PRIORITY, THREAD_TIMESLICE);
    rt_thread_startup(&t_keyscan);

    rt_thread_init(&t_beepctl,
                   "beepctl",
                   beepctl_entry,
                   RT_NULL,
                   &beepctl_stack[0],
                   sizeof(beepctl_stack),
                   THREAD_PRIORITY, THREAD_TIMESLICE);
    rt_thread_startup(&t_beepctl);
    return 0;
}
```

7.2.3 程序测试

① 按下 KEY1 按键后，蜂鸣器开。

② 按下 KEY2 按键后，蜂鸣器关。

终端输出如图 7－3 所示。

```
 \ | /
- RT -     Thread Operating System
 / | \     4.0.3 build Apr 16 2022
 2006 - 2020 Copyright by rt-thread team
msh >[D/main] keyscan, key1 down
[D/main] beepctl,receive cmd OPEN
[D/main] keyscan, key2 down
[D/main] beepctl,receive cmd  CLOSE
[D/main] keyscan, key2 down
[D/main] beepctl,receive cmd  CLOSE
[D/main] keyscan, key1 down
[D/main] beepctl,receive cmd OPEN
[D/main] keyscan, key2 down
[D/main] beepctl,receive cmd  CLOSE
[D/main] keyscan, key1 down
[D/main] beepctl,receive cmd OPEN
[D/main] keyscan, key2 down
[D/main] beepctl,receive cmd  CLOSE
```

图 7－3 按键测试(1)

7.3 任务 7－2 使用邮箱发送大于 4 字节的消息

任务描述：通过前文讲述我们知道，使用邮箱时，邮件的大小只有 4 字节，那么，如果要发送大于 4 字节的信息应该怎么做？

本任务要实现的功能与任务 7－1 一样，但是我们会使用邮箱发送大于 4 字节的字符串消息。当按键 KEY1 被按下时，发送消息“key1 is down, please open the beep!”；当按键 KEY2 被按下时，发送消息“key2 is down, please close the beep!”

任务 7－2
实战演示

7.3.1 程序编写

在任务 7－1 代码的基础上，打开预编译宏定义 USE_MB_SEND_STRING，如下：

```
/* 如果使用邮箱发送字符串，则打开以下宏定义 */
#define USE_MB_SEND_STRING
```

7.3.2 程序测试

测试结果如图 7－4 所示。

思考：代码中消息体 msg1 和 msg1 定义为全局变量，读者可以思考一下这两个变量可否定义为局部变量，为什么？

```
 \ | /
- RT -     Thread Operating System
 / | \     4.0.3 build Apr 16 2022
 2006 - 2020 Copyright by rt-thread team
msh >[D/main] keyscan, key1 down
[D/main] beepctl,receive mail key1 is down, please open the beep!
[D/main] keyscan, key2 down
[D/main] beepctl,receive mail key2 is down, please close the beep!
[D/main] keyscan, key2 down
[D/main] beepctl,receive mail key2 is down, please close the beep!
[D/main] keyscan, key1 down
[D/main] beepctl,receive mail key1 is down, please open the beep!
[D/main] keyscan, key2 down
[D/main] beepctl,receive mail key2 is down, please close the beep!
```

图 7-4 按键测试(2)

7.4 消息队列

消息队列是另一种常用的线程间通信方式,是邮箱的扩展。可以应用在多种场合:线程间的消息交换、使用串口接收不定长数据等。

7.4.1 消息队列的工作机制

消息队列能够接收来自线程或中断服务例程中不固定长度的消息,并把消息缓存在自己的内存空间中。其他线程也能够从消息队列中读取相应的消息,而当消息队列为空时,可以挂起读取线程。当有新的消息到达时,挂起的线程将被唤醒以接收并处理消息。消息队列是一种异步的通信方式。

如图 7-5 所示,线程或中断服务例程可以将一条或多条消息放入消息队列中。同样,一个或多个线程也可以从消息队列中获得消息。当有多个消息发送到消息队列时,通常将先进入消息队列的消息先传给线程,也就是说,线程先得到的是最先进入消息队列的消息,即先进先出原则(FIFO)。

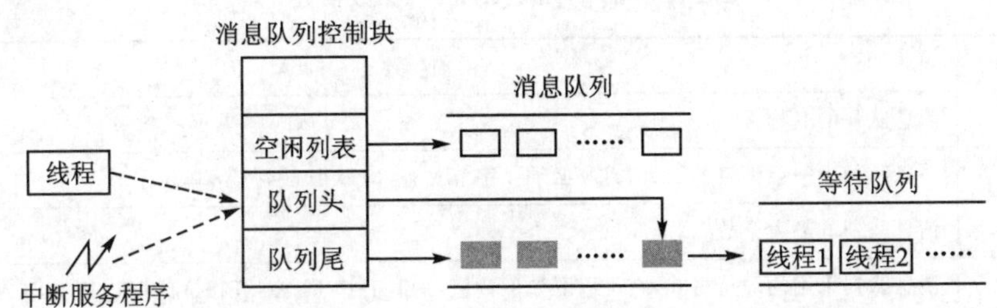

图 7-5 消息队列通信方式

RT-Thread 操作系统的消息队列对象由多个元素组成,当消息队列被创建时,它就被分配了消息队列控制块:消息队列名称、内存缓冲区、消息大小以及队列长度等。同时,每个消息队列对象中包含着多个消息框,每个消息框可以存放一条消息;消息队列中的第一个和最后一个消息框分别称为消息队列头和消息队列尾,对应于消息队列控制块中的 msg_queue_head 和 msg_queue_tail;有些消息框可能是空的,它们通过 msg_queue_free 形成一个空闲消息框链表。所有消息队列中的消息框总数即是消息队列的长度,这个长度可在消息队列创建时指定。

7.4.2 消息队列相关接口函数

RT-Thread消息队列的相关接口函数如表7-10所列，对一个消息队列的操作包含：创建消息队列、发送消息、接收消息、删除消息队列。

表7-10 消息队列相关接口函数

函 数	描 述
rt_mq_create/ rt_mq_init()	创建/初始化消息队列
rt_mq_send/ rt_mq_urgent()	非阻塞发送消息
rt_mq_send_wait()	阻塞发送消息
rt_mq_recv()	接收消息
rt_mb_delete/rt_mb_detach()	删除/脱离消息队列

1. 创建和删除消息队列

消息队列在使用前，应该被创建出来，或对已有的静态消息队列对象进行初始化，创建消息队列的接口函数如下：

```
rt_mq_t rt_mq_create(const char * name, rt_size_t msg_size,
           rt_size_t max_msgs, rt_uint8_t flag);
```

创建消息队列时先从对象管理器中分配一个消息队列对象，然后给消息队列对象分配一块内存空间，组织成空闲消息链表，内存大小的计算公式如下：

内存大小=[消息头(用于链表连接)的大小+消息大小]×消息队列长度

接着再初始化消息队列，此时消息队列为空。表7-11描述了该函数的输入参数与返回值。

表7-11 rt_mq_create()参数描述

参 数	描 述
name	消息队列的名称
msg_size	消息队列中一条消息的最大长度(必须4字节对齐，即最小4字节)，单位字节
max_msgs	消息队列的最大个数
flag	消息队列采用的等待方式，它可以取如下数值：RT_IPC_FLAG_FIFO或RT_IPC_FLAG_PRIO
返回	消息队列对象的句柄：成功； RT_NULL：失败

注意： RT_IPC_FLAG_FIFO属于非实时调度方式，除非应用程序非常在意先来后到，并且明白所有涉及到该消息队列的线程都将会变为非实时线程，方可使用RT_IPC_FLAG_FIFO，否则建议采用RT_IPC_FLAG_PRIO，即确保线程的实时性。

当消息队列不再被使用时，应该删除它以释放系统资源，一旦操作完成，消息队列将被永久性地删除。删除消息队列的接口函数如下：

```
rt_err_t rt_mq_delete(rt_mq_t mq);
```

删除消息队列时，如果有线程被挂起在该消息队列等待队列上，则内核先唤醒挂起在该消息等待队列上的所有线程(线程返回值是－RT_ERROR)，然后再释放消息队列使用的内存，最后删除消息队列对象。表 7－12 描述了该函数的输入参数与返回值。

表 7－12　rt_mq_delete()参数描述

参　数	描　述
mq	消息队列对象的句柄
返回	RT_EOK:成功

2. 初始化和脱离消息队列

初始化静态消息队列对象跟创建消息队列对象类似，只是静态消息队列对象的内存是在系统编译时由编译器分配的，一般放于读/写数据段或未初始化数据段中。在使用这类静态消息队列对象前，需要进行初始化。初始化消息队列对象的接口函数如下：

```
rt_err_t rt_mq_init(rt_mq_t mq, const char * name,
                    void * msgpool, rt_size_t msg_size,
                    rt_size_t pool_size, rt_uint8_t flag);
```

初始化消息队列时，该接口需要用户提供消息队列对象的句柄(即指向消息队列对象控制块的指针)、消息队列名、消息缓冲区指针、消息大小以及消息队列缓冲区大小。消息队列初始化后，所有消息都挂在空闲消息链表上，消息队列为空。表 7－13 描述了该函数的输入参数与返回值。

表 7－13　rt_mq_init()参数描述

参　数	描　述
mq	消息队列对象的句柄
name	消息队列的名称
msgpool	指向存放消息的缓冲区的指针
msg_size	消息队列中一条消息的最大长度，单位字节
pool_size	存放消息的缓冲区大小
flag	消息队列采用的等待方式，它可以取如下数值：RT_IPC_FLAG_FIFO 或 RT_IPC_FLAG_PRIO
返回	RT_EOK:成功

脱离消息队列将使消息队列对象从内核对象管理器中脱离。脱离消息队列使用下面的接口函数：

```
rt_err_t rt_mq_detach(rt_mq_t mq);
```

使用该接口函数后，内核先唤醒所有挂在该消息等待队列对象上的线程(线程返回值是－RT_ERROR)，然后将该消息队列对象从内核对象管理器中脱离。表 7－14 描述了该函数的输入参数与返回值。

表 7-14　rt_mq_detach()参数描述

参　数	描　述
mq	消息队列对象的句柄
返回	RT_EOK:成功

3. 非阻塞发送消息

线程或者中断服务程序都可以给消息队列发送消息。当发送消息时，消息队列对象先从空闲消息链表上取下一个空闲消息块，把线程或者中断服务程序发送的消息内容复制到消息块上，然后把该消息块挂到消息队列的尾部。当且仅当空闲消息链表上有可用的空闲消息块时，发送者才能成功发送消息；当空闲消息链表上无可用消息块时，说明消息队列已满，此时，发送消息的线程或者中断程序会收到一个错误码(-RT_EFULL)。发送消息的接口函数如下：

```
rt_err_t rt_mq_send (rt_mq_t mq, void * buffer, rt_size_t size);
```

发送消息时，发送者需指定发送的消息队列的对象句柄(即指向消息队列控制块的指针)，并且指定发送的消息内容以及消息大小。在发送一个普通消息之后，空闲消息链表上的队首消息被转移到了消息队列尾。表 7-15 描述了该函数的输入参数与返回值。

表 7-15　rt_mq_send()参数描述

参　数	描　述
mq	消息队列对象的句柄
buffer	消息内容
size	消息大小
返回	RT_EOK:成功； -RT_EFULL:消息队列已满； -RT_ERROR:失败，表示发送的消息长度大于消息队列中消息的最大长度

4. 阻塞发送消息

用户也可以通过如下的接口函数向指定的消息队列中发送消息：

```
rt_err_t rt_mq_send_wait(rt_mq_t        mq,
                         const void     * buffer,
                         rt_size_t      size,
                         rt_int32_t     timeout);
```

rt_mq_send_wait()与 rt_mq_send()的区别在于有等待时间，如果消息队列已经满了，那么发送线程将根据设定的 timeout 参数进行等待。如果设置的超时时间到达依然没有空出空间，那么这时发送线程将被唤醒并返回错误码。表 7-16 描述了该函数的输入参数与返回值。

表 7-16　rt_mq_send_wait()参数描述

参　数	描　述
mq	消息队列对象的句柄

续表 7-16

参　数	描　述
buffer	消息内容
size	消息大小
timeout	超时时间
返回	RT_EOK:成功; -RT_EFULL:消息队列已满; -RT_ERROR:失败,表示发送的消息长度大于消息队列中消息的最大长度

5. 发送紧急消息

发送紧急消息的过程与发送消息几乎一样,唯一不同的是,当发送紧急消息时,从空闲消息链表上取下来的消息块不是挂到消息队列的队尾,而是挂到队首,这样,接收者就能够优先接收到紧急消息,从而及时进行消息处理。发送紧急消息的接口函数如下:

```
rt_err_t rt_mq_urgent(rt_mq_t mq, void * buffer, rt_size_t size);
```

表 7-17 描述了该函数的输入参数与返回值。

表 7-17　rt_mq_urgent()参数描述

参　数	描　述
mq	消息队列对象的句柄
buffer	消息内容
size	消息大小
返回	RT_EOK:成功; -RT_EFULL:消息队列已满; -RT_ERROR:失败

6. 接收消息

当消息队列中有消息时,接收者才能接收消息,否则接收者会根据超时时间设置,或挂起在消息队列的等待线程队列上,或直接返回。接收消息接口函数如下:

```
rt_err_t rt_mq_recv (rt_mq_t mq, void * buffer,
                    rt_size_t size, rt_int32_t timeout);
```

接收消息时,接收者需指定存储消息的消息队列对象句柄,并且指定一个内存缓冲区,接收到的消息内容将被复制到该缓冲区里。此外,还需指定未能及时取到消息时的超时时间。如图 7-5 所示,接收一个消息后消息队列上的队首消息被转移到了空闲消息链表的尾部。表 7-18 描述了该函数的输入参数与返回值。

表 7-18　rt_mq_recv()参数描述

参　数	描　述
mq	消息队列对象的句柄
buffer	消息内容

续表 7 - 18

参　数	描　述
size	消息大小
timeout	指定的超时时间
返回	RT_EOK:成功收到; －RT_ETIMEOUT:超时; －RT_ERROR:失败,返回错误

7.5　任务 7 - 3　独立按键控制蜂鸣器开关(使用消息队列)

任务描述:本任务创建按键扫描线程和蜂鸣器控制线程,使用消息队列进行线程通信。当按键扫描线程识别到按键被按下时,通过消息队列方式向蜂鸣器控制线程发送字符串消息,字符串消息同任务 7 - 2。本任务的目的在于对比消息队列和邮箱的使用方法,以及它们的本质区别。

任务 7 - 3
实战演示

7.5.1　硬件设计

硬件电路图同任务 3 - 2。

7.5.2　程序设计

新建项目,在项目的 main.c 文件中进行如下程序设计。

(1) 包含头文件、相关结构体和变量定义

```
#include <rtthread.h>
#include <rtdevice.h>
#include "drv_common.h"
#define DBG_TAG "main"
#define DBG_LVL DBG_LOG
#include <rtdbg.h>
#include "string.h"    //调用 C 库的 strstr()函数

/*定义蜂鸣器的控制引脚*/
#define BEEP_PIN GET_PIN(A, 5)
/*定义按键的控制引脚*/
#define KEY1_PIN GET_PIN(A, 0)
#define KEY2_PIN GET_PIN(A, 1)

/*定义消息内容*/
static char msg_key1[] = "key1 is down, please open the beep!";
static char msg_key2[] = "key2 is down, please close the beep!";
```

```
/*线程优先级和时间片*/
#define THREAD_PRIORITY         20
#define THREAD_TIMESLICE        5


/*定义消息体的结构*/
struct msg_head{
    int buffLen;
    char * buff;
};
/*消息队列控制块*/
static struct rt_messagequeue mq;

/*消息队列长度,以字节为单位,注意,一个消息最小为4字节*/
#define MSG_POOL_SIZE 128
/*存放消息的内存。注意,消息队列的长度会比这个内存池小,因为每个消息至少占4字节*/
static char msg_pool[MSG_POOL_SIZE];
```

(2) 按键扫描线程入口函数设计

使用轮询扫描方式扫描按键状态,当有按键被按下时,发送相应消息到消息队列。

```
ALIGN(RT_ALIGN_SIZE)//线程栈必须系统对齐
static char keyscan_stack[1024];
static struct rt_thread t_keyscan;//线程控制块
/*按键扫描线程入口函数,此处的入口参数 parameter 没有使用,放在这里是为了消除编译告警*/
static void keyscan_entry(void * parameter)
{
    struct msg_head msg;
    /*把LED灯引脚设置为输出模式*/
    rt_pin_mode(KEY1_PIN, PIN_MODE_INPUT_PULLUP);
    rt_pin_mode(KEY2_PIN, PIN_MODE_INPUT_PULLUP);

    while(1)
    {
        if(PIN_LOW == rt_pin_read(KEY1_PIN)){
            rt_thread_mdelay(30);
            if(PIN_LOW == rt_pin_read(KEY1_PIN)){
                LOG_D("keyscan, key1 down");
                msg.buff = msg_key1;
                msg.buffLen = sizeof(msg_key1);
                /*发送按键消息到消息队列中*/
                rt_mq_send(&mq, &msg, sizeof(msg));
            }
        }
        if(PIN_LOW == rt_pin_read(KEY2_PIN)){
            rt_thread_mdelay(30);
```

```
                if(PIN_LOW == rt_pin_read(KEY2_PIN)){
                    LOG_D("keyscan, key2 down");
                    msg.buff = msg_key2;
                    msg.buffLen = sizeof(msg_key2);
                    /*发送按键消息到消息队列中*/
                    rt_mq_send(&mq, &msg, sizeof(msg));
                }
            }
            rt_thread_mdelay(100); //0.1 s扫描一次按键
        }

}
```

(3) 蜂鸣器控制线程入口函数设计

先初始化引脚，再循环从消息队列中接收的消息，当接收到消息后，根据消息内容控制蜂鸣器。

```
ALIGN(RT_ALIGN_SIZE)
static char beepctl_stack[1024];
static struct rt_thread t_beepctl;

/*蜂鸣器控制线程入口函数*/
static void beepctl_entry(void * parameter)
{
    struct msg_head msg;
    int i;

    rt_pin_mode(BEEP_PIN, PIN_MODE_OUTPUT);//模式设置
    rt_pin_write(BEEP_PIN, PIN_HIGH);//默认关闭蜂鸣器

    while(1){
        /*从消息队列中接收消息，如果没有消息，那么线程会被挂起，直到队列有新消息到达*/
        rt_mq_recv(&mq, &msg, sizeof(msg), RT_WAITING_FOREVER);
        for(i = 0;i < msg.buffLen;i++)
            rt_kprintf("%c",msg.buff[i]);
        rt_kprintf("\n");
        if(strstr(msg.buff,"open"))//收到打开消息
            rt_pin_write(BEEP_PIN, PIN_LOW);
        if(strstr(msg.buff,"close"))//收到关闭消息
            rt_pin_write(BEEP_PIN, PIN_HIGH);
    }
}
```

(4) main 函数设计

首先初始化一个消息队列，然后分别创建两个线程并启动线程。

```
int main(void)
{
    rt_err_t result;

    /* 初始化一个消息队列 */
    result = rt_mq_init(&mq,
                "mqt",
                &msg_pool[0],                /* 队列使用的内存池指向 msg_pool */
                sizeof(struct msg_head),     /* 每个消息的长度 */
                sizeof(msg_pool),            /* 内存池的大小是 msg_pool 的大小 */
                RT_IPC_FLAG_PRIO);           /* 优先级大小的方法分配消息 */
    if (result != RT_EOK)
    {
        rt_kprintf("init message queue failed.\n");
        return -1;
    }

    /* 以下为创建和启动线程 */
    rt_thread_init(&t_keyscan,
                   "keyscan",
                   keyscan_entry,
                   RT_NULL,
                   &keyscan_stack[0],
                   sizeof(keyscan_stack),
                   THREAD_PRIORITY, THREAD_TIMESLICE);
    rt_thread_startup(&t_keyscan);

    rt_thread_init(&t_beepctl,
                   "beepctl",
                   beepctl_entry,
                   RT_NULL,
                   &beepctl_stack[0],
                   sizeof(beepctl_stack),
                   THREAD_PRIORITY, THREAD_TIMESLICE);
    rt_thread_startup(&t_beepctl);
    return 0;
}
```

7.5.3 测　试

如图 7-6 所示，从测试结果上看，当 KEY1 按下时，蜂鸣器线程在收到开启蜂鸣器信息的同时开启蜂鸣器；当 KEY2 被按下时，蜂鸣器线程在收到关闭蜂鸣器信息的同时关闭蜂鸣器。

注意：与任务 7-2 不同，本任务中，发送的消息体 msg 是以局部变量的方式定义的。

```
 \ | /
- RT -     Thread Operating System
 / | \     4.0.3 build Apr 16 2022
 2006 - 2020 Copyright by rt-thread team
msh >[D/main] keyscan, key1 down
key1 is down, please open the beep!
[D/main] keyscan, key2 down
key2 is down, please close the beep!
[D/main] keyscan, key1 down
key1 is down, please open the beep!
[D/main] keyscan, key2 down
key2 is down, please close the beep!
[D/main] keyscan, key1 down
key1 is down, please open the beep!
[D/main] keyscan, key2 down
key2 is down, please close the beep!
```

图 7-6 键盘程序测试结果

7.6 信 号

前面我们介绍的邮箱和消息队列两种异步通信机制，都需要接收线程在程序中主动等待接收邮件或者消息。本节我们介绍另外一种线程通信机制——信号，它是线程的异步通知机制，用来通知线程发生了异步事件，用做线程之间的异常通知、应急处理。一个线程不必通过任何操作来等待信号的到达，但当有信号到达时，线程能够马上处理与信号相对应的事件。

操作系统中有多种信号，绝大部分信号都有默认的处理接口，应用程序可以对各种信号设定不同的处理方法，处理方法主要分为以下 3 类：

➢ 保留系统的默认处理；

➢ 指定处理函数，由该函数来处理；

➢ 忽略信号，对该信号不做任何处理。

当线程收到信号且信号没被忽略时，如果它正处于挂起状态，则会马上进入就绪状态去处理对应的信号；如果它正处于运行状态，则会停下当前正在处理的事件，转去处理对应的信号。

信号相关接口函数

信号的操作接口函数包括：安装信号、屏蔽信号、解除屏蔽、信号发送、信号等待，如表 7-19 所列。

表 7-19 信号相关接口函数

函 数	描 述
rt_signal_install()	安装信号对应的处理函数
rt_signal_mask/unmask()	屏蔽信号量/解除屏蔽信号
rt_thread_kill()	向某个线程发送信号
rt_signal_wait()	等待信号

1. 安装信号

如果线程要处理某一信号，就要在线程中安装该信号。安装信号主要用来确定信号值及线程针对该信号值动作之间的映射关系，即线程将要处理哪个信号，该信号被传递给线程时将执行何种操作。详细定义代码如下：

```
rt_sighandler_t rt_signal_install(int signo, rt_sighandler_t[] handler);
```

其中，rt_sighandler_t 是定义信号处理函数的函数指针类型。表 7 - 20 描述了该函数的输入参数与返回值。

表 7 - 20　rt_signal_install()参数描述

参　数	描　述
signo	信号值(只有 SIGUSR1 和 SIGUSR2 是开放给用户使用的，下同)
handler	设置对信号值的处理方式
返回	SIG_ERR：错误的信号； 安装信号前的 handler 值：成功

在信号安装时设定 handler 参数，决定了该信号的不同的处理方法，可以分为 3 种：

① 类似中断的处理方式，参数指向当信号发生时用户自定义的处理函数，由该函数来处理。

② 参数设为 SIG_IGN，忽略某个信号，对该信号不做任何处理，就像未发生过一样。

③ 参数设为 SIG_DFL，系统会调用默认的处理函数_signal_default_handler()。

2. 屏蔽信号

信号阻塞，也可以理解为屏蔽信号。如果该信号被阻塞，则该信号将不会传递给安装此信号的线程，也不会引发软中断处理。调用 rt_signal_mask() 可以使信号阻塞，如下：

```
void rt_signal_mask(int signo);
```

3. 解除信号屏蔽

线程中可以安装好几个信号，使用此函数可以对其中一些信号给予"关注"，那么发送这些信号都会引发该线程的软中断。调用 rt_signal_unmask()可以用来解除信号阻塞，如下：

```
void rt_signal_unmask(int signo);
```

4. 发送信号

当需要进行异常处理时，可以给设定了处理异常的线程发送信号，调用 rt_thread_kill()可以用来向任何线程发送信号，如下：

```
int rt_thread_kill(rt_thread_t tid, int sig);
```

表 7 - 21 描述了该函数的输入参数与返回值。

表 7 - 21　rt_thread_kill()参数描述

参　数	描　述
tid	接收信号的线程

续表 7 - 21

参 数	描 述
sig	信号值
返回	RT_EOK:发送成功; －RT_EINVAL:参数错误

练习 7

1. 判断题

(1) 邮件的内容长度是可变的。(　　)

(2) 消息的内容长度是可变的。(　　)

2. 填空题

(1) 在 RT - Thread 操作系统中,________是开销较低、效率较高的一种线程间通信方式。

(2) 当一个线程向邮箱发送邮件时,如果邮箱没满,则邮件内容会________。

(3) 当发送________时,邮件被直接插队放入了邮件队首。

(4) 每一份邮件的内容长度为________字节。

(5) 如果要发送紧急消息,可以使用的接口函数是:________。

(6) 在 RT - Thread 操作系统中,线程间的通信方法有 3 种,分别是________、________、________。

3. 编程题

(1) 进行多线程开发,编写两个线程,一个线程进行超声波测距,另一个线程进行串口数据发送,把超声波测距线程测得的距离通过邮箱发送给串口发送线程,由串口发送线程把距离输出到串口。

(2) 使用线程通信的方法实现任务 5 - 2,该任务中,使用通知回调函数的方法发送按键键值,现要求使用线程通信的方法发送按键键值。

第 8 章

RT - Thread 板级驱动(BSP)的配置

本章概述

RT - Thread 使用设备驱动时，通常都要进行 BSP 的配置，通过 BSP 的配置，把相应的硬件设备激活(初始化)并注册到操作系统中，这样应用程序才可使用相应的硬件设备。

本章我们先介绍 RT - Thread 的设备 I/O 模型，了解 RT - Thread 如何对 I/O 设备进行管理。接着介绍 RT - Thread Studio 如何进行相应的设备初始化和驱动配置，使 RT - Thread 系统可使用相应的设备。

由于后面章节主要介绍各种设备驱动的应用，在使用设备前，都要进行项目配置使系统可以使用相关硬件，所以本章主要为后面章节做准备。通过本章的学习，读者可以掌握在 RT - Thread Studio 进行硬件平台配置(BSP 配置)的方法。

知识目标

- 理解 RT - Thread 的 I/O 设备模型；
- 掌握 RT - Thread 目录结构；
- 掌握 RT - Thread 项目配置方法。

技能目标

- 能够使用 RT - Thread Settings 进行项目配置；
- 能够使用 STM32CubeMX 配置 STM32 外设；
- 能够在 board. h 中进行外设相关的宏定义。

8.1 I/O 设备模型

RT - Thread 提供了一套简单的 I/O 设备模型框架，如图 8 - 1 所示，它位于硬件和应用程序之间，共分为 3 层，从上到下分别是 I/O 设备管理层、设备驱动框架层、设备驱动层。

应用程序通过“I/O 设备管理层”接口获得正确的“设备驱动层”接口，然后通过这个“设备驱动层”接口与底层 I/O 硬件设备进行数据(或控制)交互。

“I/O 设备管理层”实现了对设备驱动程序的封装，使得对不同设备的访问有了标准的接口(统一的接口)。应用程序通过 “I/O 设备管理层”提供的标准接口访问不同的具体设备，这样设备驱动程序的升级、更替就不会对上层应用程序产生影响。这种方式使得设备的硬件操作相关的代码能够独立于应用程序而存在，双方只需关注各自的功能实现，从而降低了代码的耦合性、复杂性，提高了系统的可靠性。此层代码在 rt - thread/src/device. c 中实现。

“设备驱动框架层”是对同类硬件设备驱动的抽象，将不同厂家的同类硬件设备驱动中相同的部分抽取出来，将不同部分留出接口，由“设备驱动层”的驱动程序实现。此层代码在 rt -

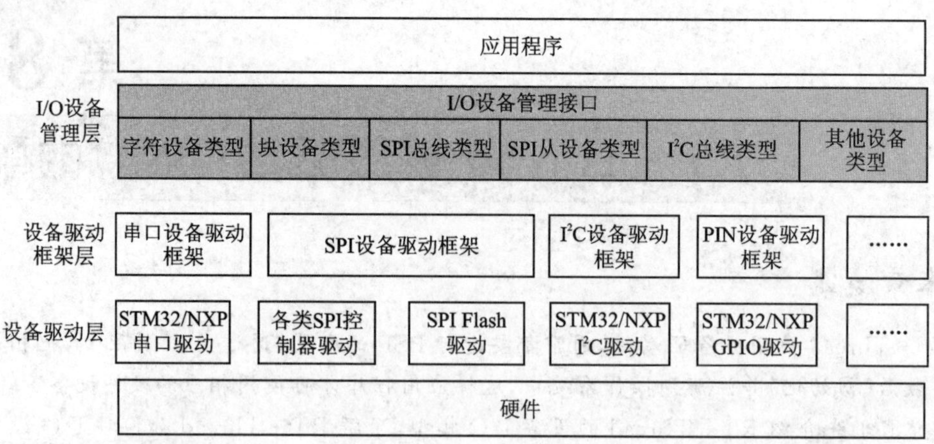

图 8-1　I/O 设备模型

thread/components/drivers 中实现。

"设备驱动层"是一组驱使硬件设备工作的程序，它通过直接操作硬件寄存器，从而实现访问硬件设备的功能。它负责创建和注册 I/O 设备。此层代码在 drivers 中实现。

综上所述，I/O 设备模型把设备驱动分成了三部分来实现，在内核核心代码（rt-thread/src）中实现"I/O 设备管理层"来统一管理所有类型的 I/O 设备；在组件代码（rt-thread/components）中实现"设备驱动框架层"来抽象出相同类型设备的共性部分；最后在具体硬件驱动代码（drivers）中实现"设备驱动层"，此层代码和硬件关系极高，通常不同硬件平台此部分代码完全不同。

以上 3 层与 RT-Thread 目录结构的对应关系如图 8-2 所示。

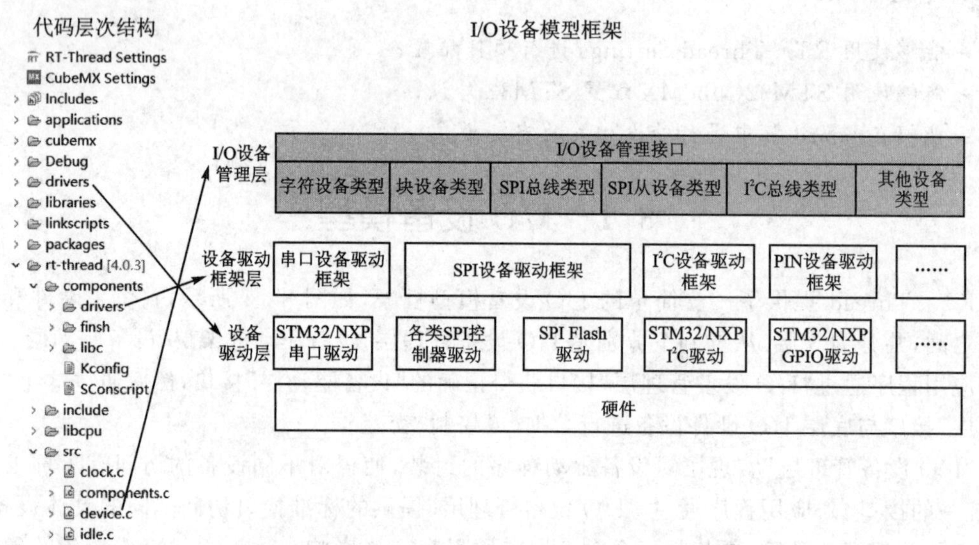

图 8-2　RT-Thread 项目结构与 I/O 设备模型的关系

相同类型的 I/O 设备在不同的芯片上，其"设备驱动层"的代码实现是不相同的，这就导致操作系统移植时"设备驱动层"的代码经常需要修改，所以 RT-thread 把这一层代码从内核层抽调出来,放到了单独的目录来管理,这样有利于代码的维护。这部分代码一般由设备驱动开发工程师进行开发和维护。

8.2 RT - Thread 中设备驱动相关配置

RT - Thread 是一个可定制的操作系统,为了使系统尽可能小,它默认只包含必要的设备和设备驱动。在项目开发中,我们必须根据项目需求进行一些设备和设备驱动程序的使能,我们称为板级驱动配置,主要包括有 3 个步骤,下面分别介绍。

板级驱动配置演示

8.2.1 使用 CubeMX 使能硬件设备,生成设备初始化代码

在 RT - Thread Studio 集成开发环境中,STM32 系统芯片的硬件驱动使用了芯片官方提供的 HAL 驱动接口库,并且可以方便地结合 STM32CubMX 图形配置工具进行外设接口使能等初始化配置。方法如下:

1. 打开 STM32CubeMX

双击项目资源管理器中相关项目的 CubeMX Settings 文件,如果项目是第一次打开 CubeMX Settings,且芯片型号有多个,一般会出现如图 8 - 3 所示的选择窗口,在窗口中选择项目具体芯片型号然后单击 OK 按钮,此时会打开如图 8 - 4 所示的 STM32CubeMX 软件界面。

图 8 - 3 芯片型号选择

2. 在 STM32CubeMX 软件中进行硬件配置

通常通过图 8 - 4 中的❷配置时钟、通过图 8 - 4 中的❶开启某个硬件接口。这里需要做的硬件配置通常有:开启外部高速晶振、配置时钟树、开启串口 1,方法如下:

(1) 开启外部高速晶振

STM32 芯片默认使用内部高速时钟,如果项目需要使用外部高速时钟,则可以把时钟改成外部高速时钟,即使用外部晶振给芯片提供时钟,方法如图 8 - 5 所示。

(2) 配置时钟树

根据需要对 STM32 的时钟树进行配置,主要配置各分频参数,方法如图 8 - 6 所示。

(3) 配置调试接口

如果要使用调试接口下载程序,需要配置调试接口,如图 8 - 7 所示为使用 ST - Link

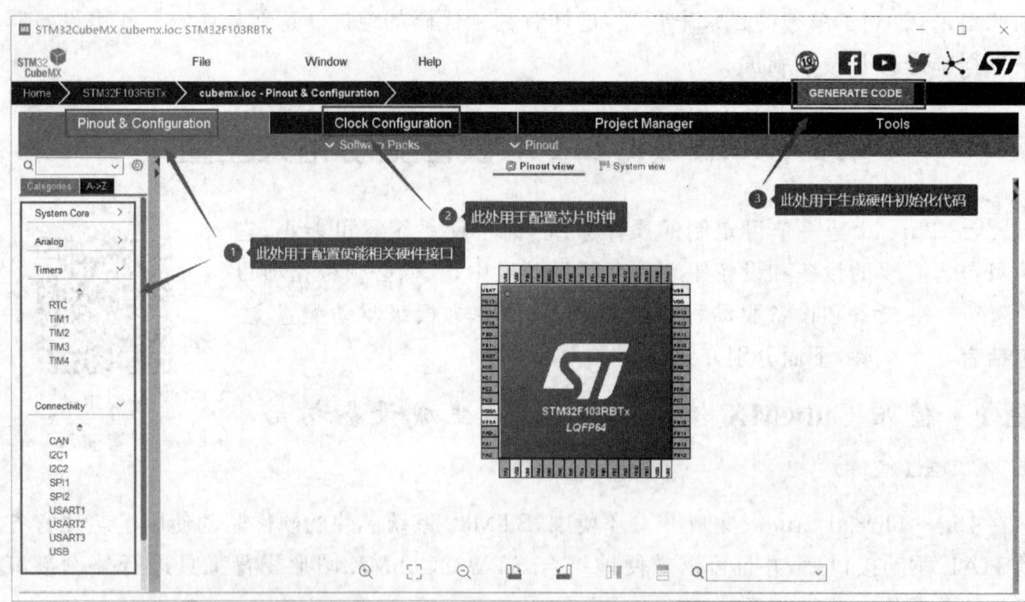

图 8 - 4　STM32CubeMX 软件界面

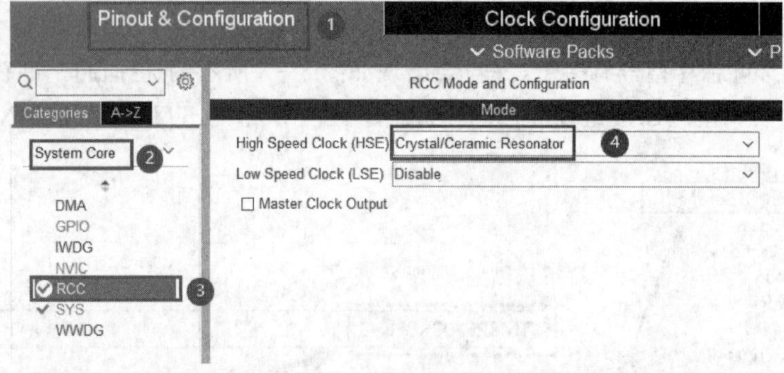

图 8 - 5　启动外部高速

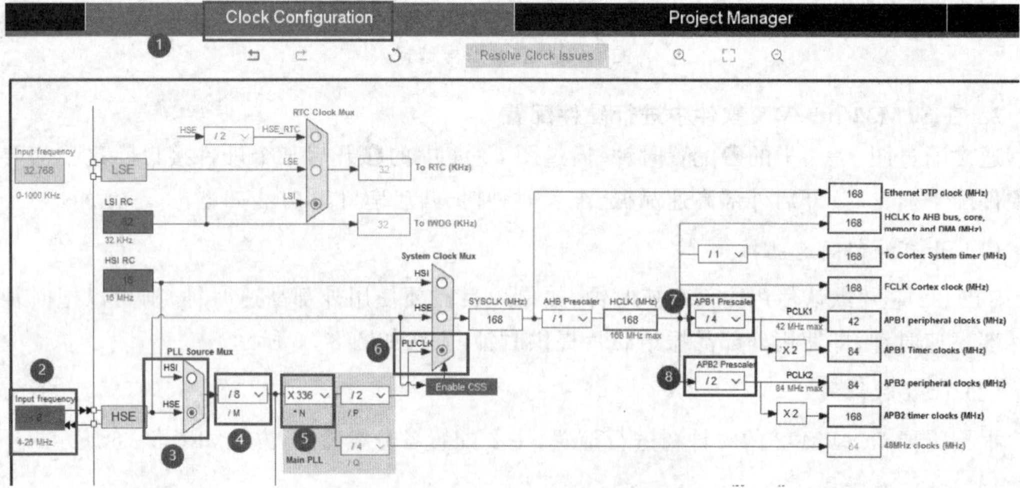

图 8 - 6　STM32F4 时钟树参数配置

SWD 模式下载程序。

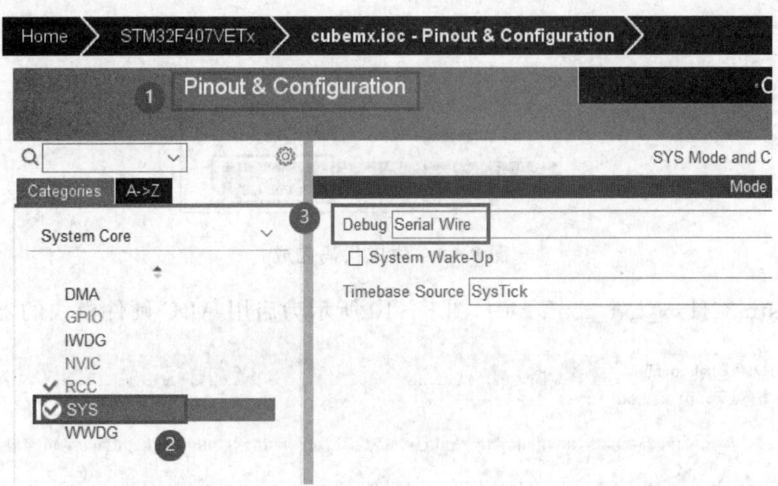

图 8-7　配置调试接口

(4) 开启串口 1

RT-Thread 系统默认使用串口 1 作为终端控制台输出，如果使用 STM32CubeMX 配置并生成代码，一定要同时使能串口 1，如图 8-8 所示。

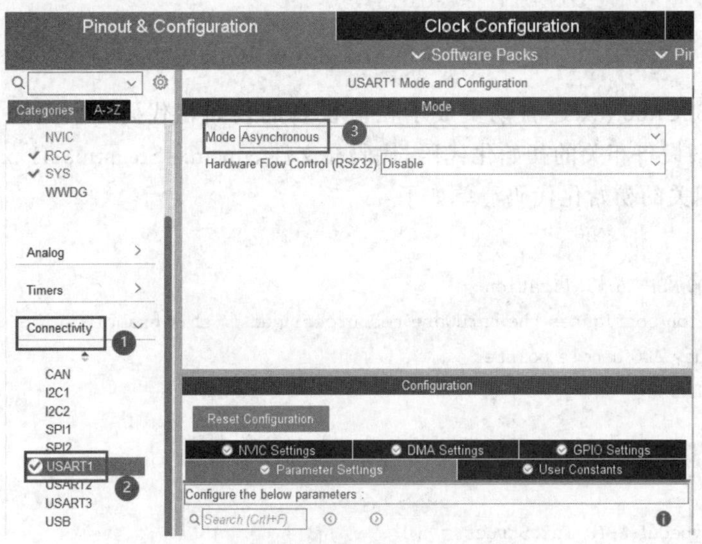

图 8-8　开启串口 1

其他硬件接口的具体配置和开启方法与接口相关，我们将在后面章节使用，到时再进行详述。

3. 生成硬件初始化代码

单击图 8-4 中❸所指按钮生成硬件初始化代码。代码生成后弹出如图 8-9 所示的对话框，单击 Close 按钮即可。

STM32CubeMX 主要帮我们自动生成了一些启用相关外设的宏定义，宏定义在文件

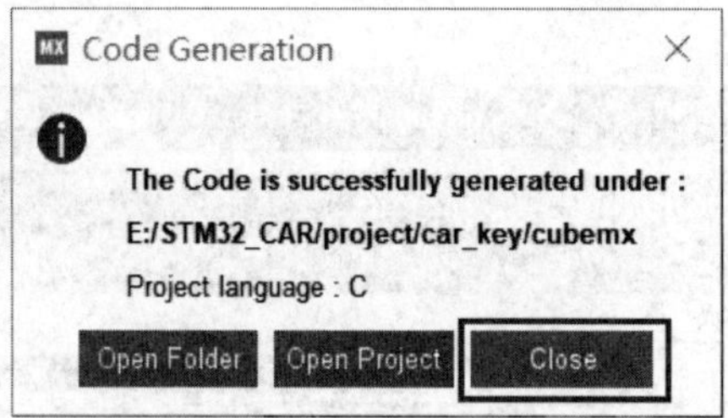

图 8-9　生成代码完成

cubemx/Inc/stm32f1xx_hal_conf.h 中，图 8-10 所示为启用 ADC 硬件模块的宏定义。

```
stm32f1xx_hal_conf.h
/* Exported constants --------------------------------------------------------*/

/* ########################## Module Selection ############################## */
/**
  * @brief This is the list of modules to be used in the HAL driver
  */

#define HAL_MODULE_ENABLED
  #define HAL_ADC_MODULE_ENABLED
/*#define HAL_CRYP_MODULE_ENABLED   */
/*#define HAL_CAN_MODULE_ENABLED   */
/*#define HAL_CAN_LEGACY_MODULE_ENABLED   */
/*#define HAL_CEC_MODULE_ENABLED   */
/*#define HAL_CORTEX_MODULE_ENABLED   */
/*#define HAL_CRC_MODULE_ENABLED   */
```

图 8-10　启用 ADC 硬件模块的宏定义

同时，STM32CubeMX 还自动生成了相应设备的初始化代码。下面为 STM32CubeMX 自动生成的 ADC 设备相关的初始化代码，代码在文件 cubemx/Src/stm32f1xx_hal_msp.c 中。

ADC 设备相关的初始化代码清单如下：

```
/* *
 * @brief ADC MSP Initialization
 * This function configures the hardware resources used in this example
 * @paramhadc: ADC handle pointer
 * @retval None
 */
void HAL_ADC_MspInit(ADC_HandleTypeDef * hadc)
{
  GPIO_InitTypeDef GPIO_InitStruct = {0};
  if(hadc ->Instance == ADC2)
  {
  /* USER CODE BEGIN ADC2_MspInit 0 */

  /* USER CODE END ADC2_MspInit 0 */
    /* Peripheral clock enable */
    __HAL_RCC_ADC2_CLK_ENABLE();

    __HAL_RCC_GPIOB_CLK_ENABLE();
```

```
    /** ADC2 GPIO Configuration
    PB1     ------>ADC2_IN9
     */
    GPIO_InitStruct.Pin = GPIO_PIN_1;
    GPIO_InitStruct.Mode = GPIO_MODE_ANALOG;
    HAL_GPIO_Init(GPIOB, &GPIO_InitStruct);

  /* USER CODE BEGIN ADC2_MspInit 1 */

  /* USER CODE END ADC2_MspInit 1 */
  }

}

/**
 * @brief ADC MSP De - Initialization
 * This function freeze the hardware resources used in this example
 * @paramhadc: ADC handle pointer
 * @retval None
 */
void HAL_ADC_MspDeInit(ADC_HandleTypeDef * hadc)
{
  if(hadc->Instance == ADC2)
  {
  /* USER CODE BEGIN ADC2_MspDeInit 0 */

  /* USER CODE END ADC2_MspDeInit 0 */
    /* Peripheral clock disable */
    __HAL_RCC_ADC2_CLK_DISABLE();

    /**ADC2 GPIO Configuration
    PB1     ------>ADC2_IN9
     */
    HAL_GPIO_DeInit(GPIOB, GPIO_PIN_1);

  /* USER CODE BEGIN ADC2_MspDeInit 1 */

  /* USER CODE END ADC2_MspDeInit 1 */
  }

}
```

4. 关闭 STM32CubeMX 软件

关闭 STM32CubeMX 软件,回到 RT - Thread Studio 开发界面,会有如图 8 - 11 所示的提示框,从提示框我们知道,STM32 HAL 库的配置文件被修改了,直接单击"确定"按钮即可。

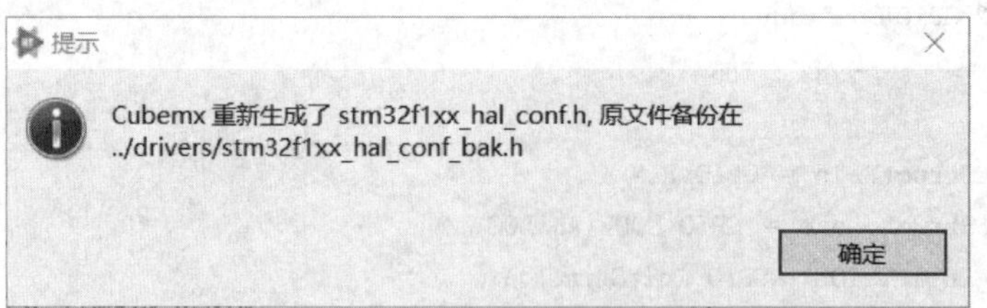

图 8 - 11　配置文件修改提示

8.2.2　RT - Thread Settings 开启设备驱动程序

在 RT - Thread 中，I/O 设备模型在默认情况下不开启所有设备，如果应用中需要使用到某个设备，则需要先使能该设备对应的设备驱动程序。

开启设备驱动程序的方法如下：

① 如图 8 - 12 所示，双击项目资源管理器中相关项目的 RT - Thread Settings 文件，出现如图 8 - 13 所示的“RT - Thread Settings”配置窗口。

RT-Thread Settings
CubeMX Settings
Includes
applications
Debug
drivers
libraries
linkscripts
packages
rt-thread [4.0.3]
rtconfig.h

图 8 - 12　打开 RT - Thread Settings 配置窗口

② 在图 8 - 13 中的❶处单击“《”按钮，转到图 8 - 14 所示界面进行组件配置。

③ 在图 8 - 14 中选择“组件”→“设备驱动程序”，最后在图中❸处，选择要开启的设备驱动程序进行开启。可以看到，图 8 - 14 中开启了 4 个设备驱动

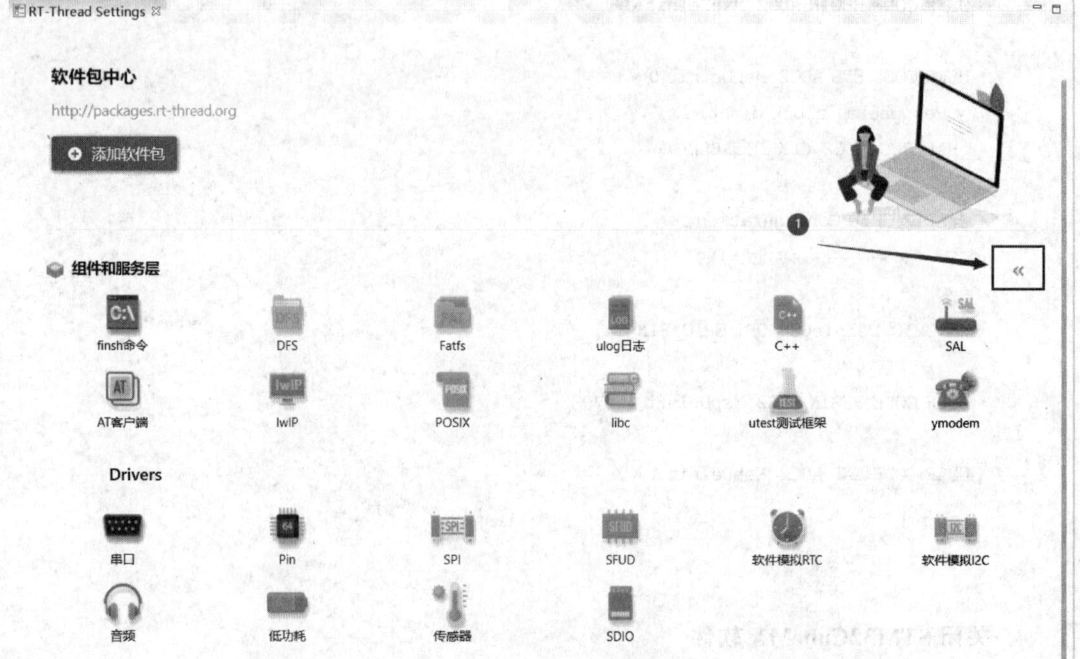

图 8 - 13　RT - Thread Settings 配置窗口

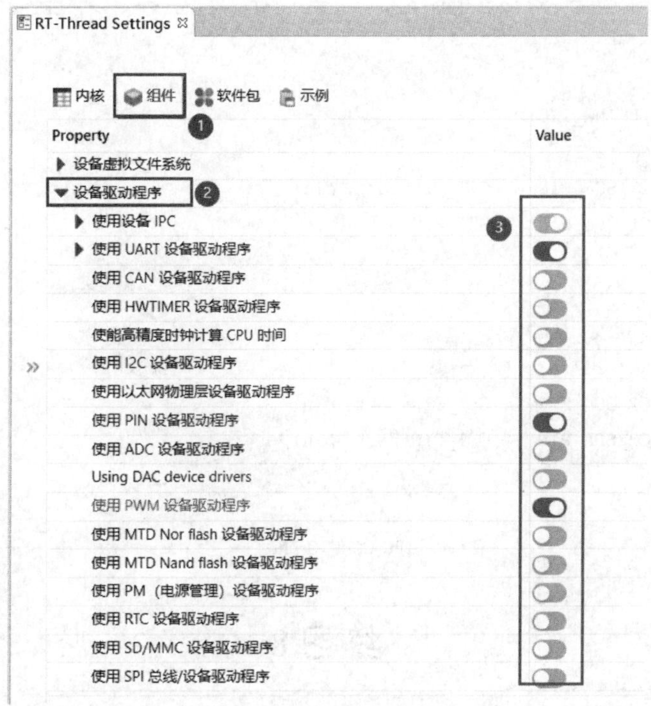

图 8-14　组件配置

程序，分别是设备 IPC、UART 设备、PIN 设备、PWM 设备。

④ 在键盘上按 Ctrl+S 键进行配置保存，最后单击 RT - Thread Settings 配置窗口左上角的☒，关闭 RT - Thread Settings 配置窗口。

8.2.3　在 drivers/board.h 中定义接口相关的宏

在 8.2.1 小节中配置开启了相关硬件接口，并生成了硬件接口的一部分初始化代码。但硬件接口是否有被注册到 RT - Thread I/O 设备模型中，取决于相应硬件的宏是否有被定义。

RT - Thread 通过 drivers/board.h 来定义所有硬件设备相关的宏，如果某个硬件设备的宏在此文件中被定义了，则操作系统在启动时，就会把该硬件设备注册到 RT - Thread I/O 设备模型中。

drivers/board.h 文件中对于每个硬件设备都有相应的宏定义，以下是 I^2C 设备宏定义配置的代码举例，代码中讲述了如何进行 I^2C 设备宏定义。每个硬件设备要配置的宏定义都不尽相同，我们会在本书后面具体使用到相关硬件设备时进行详细讲述。

```
/*------------------------ I2C CONFIG BEGIN ------------------------*/

/** if you want to use i2c bus(soft simulate) you can use the following instructions.
 * STEP 1, open i2c driver framework(soft simulate) support in the RT-Thread Settings file
 * STEP 2, define macro related to the i2c bus such as     #define BSP_USING_I2C1
 * STEP 3, according to the corresponding pin of i2c port, modify the related i2c port and
 * pin information such as
 *         #define BSP_I2C1_SCL_PIN     GET_PIN(port, pin)   ->  GET_PIN(C, 11)
```

```
 *            #define BSP_I2C1_SDA_PIN     GET_PIN(port, pin)   ->  GET_PIN(C, 12)
 */

/* #define BSP_USING_I2C1 */
#ifdef BSP_USING_I2C1
#define BSP_I2C1_SCL_PIN     GET_PIN(port, pin)
#define BSP_I2C1_SDA_PIN     GET_PIN(port, pin)
#endif

/* #define BSP_USING_I2C2 */
#ifdef BSP_USING_I2C2
#define BSP_I2C2_SCL_PIN     GET_PIN(port, pin)
#define BSP_I2C2_SDA_PIN     GET_PIN(port, pin)
#endif

/*----------------------- I2C CONFIG END -----------------------*/
```

练习 8

1. 填空题

(1) RT - ThreadI/O 设备模型框架分为 3 层,分别是:________、________、________。

(2) 应用程序通过________接口获得正确的"设备驱动层"接口。

(3) 与底层 I/O 硬件设备进行数据(或控制)交互的是________。

(4) ________实现了对设备驱动程序的封装,使得对不同设备的访问有了标准的接口(统一的接口)。

(5) RT - Thread 项目结构树中,rt - thread/component 目录存放的是________。

(6) 应用程序代码文件一般存放在 RT - Thread 项目结构树的________目录中。

(7) 在 RT - Thread Studio 集成开发环境中,通常结合________软件进行 STM32 芯片外设的配置。

(8) RT - Thread 通过________文件来定义所有硬件设备相关的宏。

第 9 章

使用 PWM 设备控制小车行驶速度

本章概述

脉宽调制信号(PWM)是嵌入式应用中常用的一种信号,在 RT - Thread 中,把能产生 PWM 信号的设备称为 PWM 设备。本章首先介绍 RT - Thread 操作系统中 PWM 设备的使用方法;然后基于小车速度控制实例来介绍在 STM32 平台上如何使用 PWM 设备。通过本章的学习,读者可以了解 RT - Thread 中 PWM 设备的操作方法和小车速度控制方法。

知识目标

- 理解 PWM 的意义、PWM 的周期和脉冲宽度;
- 掌握 RT - Thread 中 PWM 设备的使用方法;
- 理解电机转速控制方法。

技能目标

- 能够使用命令行操作 PWM 设备;
- 能够设置 PWM 信号的周期和占宽比;
- 能够使用 PWM 信号控制电机的转速。

9.1 RT - Thread 的 PWM 设备编程介绍

PWM(Pulse Width Modulation,脉冲宽度调制)是一种对模拟信号电平进行数字编码的方法,它通过脉冲的占空比对一个具体模拟信号的电平进行编码,使输出端得到一系列幅值相等、宽度可变的脉冲。

一个比较常用的 PWM 控制情景就是用来调节灯或者屏幕的亮度,根据占空比的不同,就可以完成亮度的调节。如图 9 - 1 所示,PWM 调节亮度并不是持续发光的,而是在不停地点亮、熄灭屏幕。当亮、灭交替足够快时,肉眼就会认为一直在亮。在亮、灭的过程中,灭的状态持续时间越长,屏幕给肉眼的观感就是亮度越低。亮的时间越长,灭的时间就相应缩短,屏幕就会变亮。

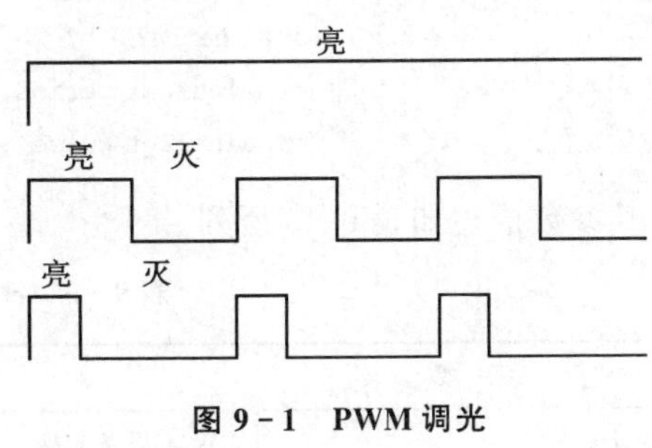

图 9 - 1 PWM 调光

RT - Thread 把具有 PWM 输出功能的硬件单元用 PWM 设备表示,应用程序可以通过其提供的一组 PWM 设备管理接口函数来访问 PWM 设备硬件,如设置 PWM 波形的频率和占空比等。PWM 设备管理接口函数如表 9-1 所列。

表 9-1　PWM 设备管理接口函数

函　数	描　述
rt_device_find()	根据 PWM 设备名称查找设备获取设备句柄
rt_pwm_set()	设置 PWM 周期和脉冲宽度
rt_pwm_enable()	使能 PWM 设备
rt_pwm_disable()	关闭 PWM 设备

9.1.1　查找 PWM 设备

应用程序根据 PWM 设备名称获取设备句柄，进而可以操作 PWM 设备，查找设备函数如下所示：

```
rt_device_t rt_device_find(const char * name);
```

其参数描述如表 9-2 所列。

表 9-2　rt_device_find()参数描述

参　数	描　述
name	设备名称
返回	查找到对应设备将返回相应的设备句柄，没有找到设备返回 RT_NULL

一般情况下，注册到系统的 PWM 设备名称为 pwm0、pwm1 等。STM32 系列芯片的 PWM 设备其实就是硬件定时器设备，设备 pwm0 对应硬件 timer0，设备 pwm1 对应硬件 timer1，其他以此类推。

9.1.2　设置 PWM 周期和脉冲宽度

通过如下函数可以设置 PWM 波形的周期和占空比：

```
rt_err_t rt_pwm_set(struct rt_device_pwm * device,
                    int channel,
                    rt_uint32_t period,
                    rt_uint32_t pulse);
```

其参数描述如表 9-3 所列。

表 9-3　rt_pwm_set()参数描述

参　数	描　述
device	PWM 设备句柄
channel	PWM 通道
period	PWM 周期时间（单位：ns）
pulse	PWM 脉冲宽度时间（单位：ns）

续表 9-3

参 数	描 述
返回	RT_EOK:成功; -RT_EIO:device 为空; -RT_ENOSYS:设备操作方法为空; 其他错误码:执行失败

每个 PWM 设备有多个输出通道,每个通道可以输出一个方波,使用该函数设置时需要指定具体操作哪个通道,对于 STM32 系列芯片,PWM 通道就是对应硬件定时器的 PWM 输出通道,用数字表示通道。例如,设置 STM32F407VET6 芯片的定时器 4 的通道 3 输出 PWM 方波时,此函数传入的 channel 参数就应该是 3。

PWM 的输出频率由周期时间 period 决定,例如,周期时间为 0.5 ms(毫秒),则 period 的值为 500 000 ns(纳秒),输出频率为 2 kHz;占空比为 pulse/period,pulse 的值不能超过 period。

9.1.3 使能和关闭 PWM 设备通道

当 PWM 通道的方波参数设置完成后,硬件并不会马上有 PWM 方波产生,可以使用以下接口函数开启或关闭 PWM 设备通道。

```
/* 开启 PWM 设备通道 */
rt_err_t rt_pwm_enable(struct rt_device_pwm * device, int channel);
/* 关闭 PWM 设备通道 */
rt_err_t rt_pwm_disable(struct rt_device_pwm * device,
int channel);
```

其参数描述如表 9-4 所列。

表 9-4 rt_pwm_enable/disable()参数描述

参 数	描 述
device	PWM 设备句柄
channel	PWM 通道
返回	RT_EOK:操作成功; -RT_EIO:设备句柄为空; 其他错误码:操作失败

9.2 任务 9-1 使用 PWM 驱动小车车轮转动

功能描述:本任务通过串口终端命令,控制小车车轮的转动速度。

任务 9-1 实战演示

9.2.1 硬件设计

STM32F407 芯片的 PD14 和 PD15 对应 TIM4 的 channel3 和 channel4,我们使用 STM32F407 芯片的 PD14 和 PD15 输出 PWM 信号分别驱动小车的左右车轮;用 PB14 和 PB15 分别控制电机的转动方

向，硬件连接图如图 9-2 所示。

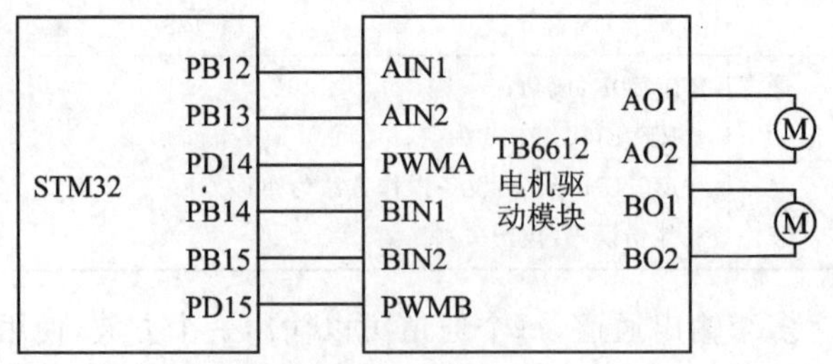

图 9-2 硬件连接图

9.2.2 工程建立和 BSP 配置

新建项目工程，项目名称命名为 car_motor，通过以下步骤对项目进行配置。

1. 用 STM32CubMX 配置相关硬件

因为需要使用 PWM 设备，这里除了第 8 章的常规配置（开启外部高速晶振、配置时钟树、开启串口）外，还需要配置使能 PWM 设备。

在 RT-Thread 中，对于 STM32 硬件平台，PWM 设备实际上是 STM32 硬件定时器的 PWM 输出通道，所以，需要配置好 STM32 芯片的硬件定时器 4（PWM4 对应 TIM4），把相关通道配置为 PWM 输出模式，如图 9-3 所示。

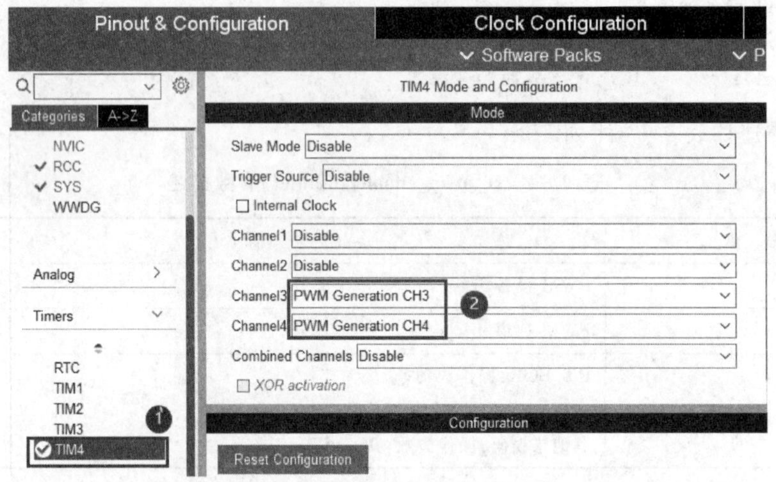

图 9-3 用 CubeMX 配置 PWM 设备

2. 在 drivers/board.h 中定义 PWM 设备相关的宏

只有定义了以下宏，PWM 设备才会被注册到操作系统中。

```
#define BSP_USING_PWM4              //使用 PWM4 设备
#ifdef BSP_USING_PWM4
#define BSP_USING_PWM4_CH3          //使用 PWM4 设备的通道 3
#define BSP_USING_PWM4_CH4          //使用 PWM4 设备的通道 4
#endif
```

3. 使用 PWM 设备驱动程序

如图 9－4 所示，在组件中选中“使用 PWM 设备驱动程序”。

图 9－4　使用 PWM 设备驱动程序

9.2.3　程序设计

本任务我们只要在代码中设置好车轮的转动方向就可以了，至于转动的速度控制，可以通过 PWM 设备命令进行设置，在 main.c 文件中编写代码如下：

```
#include <rtthread.h>
#include <rtdevice.h>
#include "drv_common.h"
#define AIN1 GET_PIN(B, 12)
#define AIN2 GET_PIN(B, 13)
int main(void)
{
    rt_pin_mode(AIN1, PIN_MODE_OUTPUT);//设置引脚模式
    rt_pin_mode(AIN2, PIN_MODE_OUTPUT);
    rt_pin_write(AIN1, PIN_LOW);//设置车轮转动方向
    rt_pin_write(AIN2, PIN_HIGH);

    return RT_EOK;
}
```

9.2.4　编译测试

本任务只是让车轮转动，不需要编写代码，可以直接使用 FinSH 命令来操作 PWM 设备。RT－Thread 当使能 PWM 设备驱动程序时，FinSH 命令行会内置操作 PWM 设备的命令，如图 9－5 所示。

表 9－5 对 3 个内置的 PWM 命令的使用进行了描述。

```
RT-Thread shell commands:
clear            - clear the terminal screen
version          - show RT-Thread version information
list_thread      - list thread
list_sem         - list semaphore in system
list_event       - list event in system
list_mutex       - list mutex in system
list_mailbox     - list mail box in system
list_msgqueue    - list message queue in system
list_mempool     - list memory pool in system
list_timer       - list timer in system
list_device      - list device in system
help             - RT-Thread shell help.
ps               - List threads in the system.
free             - Show the memory usage in the system.
pwm_enable       - pwm_enable pwm1 1
pwm_disable      - pwm_disable pwm1 1
pwm_set          - pwm_set pwm1 1 100 50
reboot           - Reboot System
```

图 9-5　PWM 设备命令

表 9-5　PWM 命令使用描述

命　令	描　述
pwm_set	用于设置 PWM 设备相应输出通道输出 PWM 信号的周期和脉宽。需要 4 个参数,分别为:PWM 设备名字、PWM 通道号、周期、脉宽
pwm_enable	用于使能 PWM 设备相应输出通道,即让相应 PWM 通道开始输出 PWM 信号。需要 2 个参数,分别为:PWM 设备名字、PWM 通道号
pwm_disable	用于关闭 PWM 设备相应输出通道,即让相应 PWM 通道停止输出 PWM 信号,此时通道对应引脚输出为低电平。需要 2 个参数,分别为:PWM 设备名字、PWM 通道号

① 在终端输入以下命令,观察小车车轮转动情况。

```
pwm_set pwm4 3 1000000 0
pwm_enable pwm4 3
```

② 在终端输入以下命令,观察小车车轮转动情况。

```
pwm_set pwm4 3 1000000 100000
```

③ 在终端输入以下命令,观察小车车轮转动情况。

```
pwm_set pwm4 3 1000000 500000
```

④ 在终端输入以下命令,观察小车车轮转动情况。

```
pwm_disable pwm4 3
```

通过观察得出以下结论:随着 PWM 信号脉宽的增大,车轮转动速度变快,关闭 PWM 输出信号,车轮停止转动。

9.3　任务 9-2　小车前进和后退

任务描述:本任务在任务 9-1 的基础上,编写代码实现小车的前进和后退功能,需要完成的功能是:先前进 10 s,然后停 5 s,再后退 10 s,最后停止。

9.3.1 程序设计与代码编写

任务 9-2
实战演示

1. 电机驱动代码

电机驱动代码主要是实现电机的正转和反转，我们用单独的模块来实现，同时支持多电机操作。在项目树中的 applications 目录中新建名字为 motor.h 和 motor.c 的文件。

(1) motor.h 文件程序设计

本文件主要定义电机的 ID，用于区分不同电机，同时声明电机初始化函数和电机转速设置函数。另外，本文件设计了一个电机类的结构体，用于表示一类电机。

```
#ifndef APPLICATIONS_MOTOR_H_
#define APPLICATIONS_MOTOR_H_
/* 电机 ID 定义 */
enum motor_id{
    MOTOR_ID_LEFT = 0,
    MOTOR_ID_RIGHT,
    MOTOR_ID_NUM
};
#define DEVICE_NAME_LEN 16                    //PWM 设备名字的长度
struct car_motor{
    rt_base_t dirPin1;                        //电机方向控制引脚
    rt_base_t dirPin2;                        //电机方向控制引脚
    char deviceName[DEVICE_NAME_LEN];         //驱动电机的 PWM 设备名称
    char pwmChanel;                           //驱动电机的 PWM 通道
    struct rt_device_pwm *pwmDev;             //PWM 设备句柄，初始化后才得到句柄
};

/* 电机初始化接口，操作电机前必须先初始化 */
int motor_init(void);
/* 设置电机的方向和速度 */
int motor_speed(enum motor_id id, int speed);
#endif /* APPLICATIONS_MOTOR_H_ */
```

(2) motor.c 文件程序设计

本文件主要是根据硬件设计定义电机类结构体变量（电机对象），同时实现电机的初始化函数和转速设置函数。

```
#include <rtthread.h>
#include <rtdevice.h>
#include "drv_common.h"
#include <stdlib.h>                //取绝对值的函数需包含此头文件
#define DBG_TAG "motor"            //日志 TAG
#define DBG_LVL DBG_LOG            //日志级别
#include <rtdbg.h>
```

```
#include "motor.h"

/*左右电机硬件定义*/
struct car_motor carMotor[MOTOR_ID_NUM] = {
        {GET_PIN(B,12), GET_PIN(B, 13),"pwm4",3,RT_NULL},          /*左电机*/
        {GET_PIN(B,14), GET_PIN(B, 15),"pwm4",4,RT_NULL}           /*右电机*/
};

/*电机初始化接口,操作电机前必须先初始化*/
int motor_init(void)
{
    int i;
    for(i = 0;i < MOTOR_ID_NUM;i++){
        /*查找设备 */
        carMotor[i].pwmDev =
            (struct rt_device_pwm *)rt_device_find(carMotor[i].deviceName);
        if (carMotor[i].pwmDev == RT_NULL)
        {
            LOG_E("can't find %s !\n", carMotor[i].deviceName);
            return -1;
        }
        rt_pin_mode(carMotor[i].dirPin1, PIN_MODE_OUTPUT);
        rt_pin_mode(carMotor[i].dirPin2, PIN_MODE_OUTPUT);
    }
    return RT_EOK;
}

/*设置电机的方向和速度
 * id:电机的ID
 * speed:电机转速,正负表示转动方向,最大值为100
 */
int motor_speed(enum motor_id id, int speed)
{
    rt_uint32_t period = 500000; //周期为0.5 ms(单位为ns)
    rt_uint32_t pulse = 0; //PWM脉冲宽度值,单位为ns

    if(id >= MOTOR_ID_NUM)
        id = 0;//id错误,默认设置为id=0
    if(speed > 100 || speed < -100)
        speed = 100;//转速大于最大值,默认设置为最大值
    pulse = (period/100) * abs(speed);

    /*设置电机的转动方向 */
    if(speed < 0){
        rt_pin_write(carMotor[id].dirPin1, PIN_LOW);
```

```
        rt_pin_write(carMotor[id].dirPin2, PIN_HIGH);
    }
    else{
        rt_pin_write(carMotor[id].dirPin1, PIN_HIGH);
        rt_pin_write(carMotor[id].dirPin2, PIN_LOW);
    }
    /* 设置 PWM 周期和脉冲宽度默认值,并启动电机 */
    if(carMotor[id].pwmDev){
        rt_pwm_set(carMotor[id].pwmDev,
                    carMotor[id].pwmChanel, period, pulse);
        /* 使能设备 */
        rt_pwm_enable(carMotor[id].pwmDev, carMotor[id].pwmChanel);
        return RT_EOK;
    }else {
        LOG_E("motor must init first");
        return RT_ERROR;
    }

}
```

2. 业务代码编写

在 main.c 中实现业务代码,主要实现小车的前进、后退、停止接口,最后在 main()函数中调用相关接口实现前进 10 s、停止 5 s、后退 10 s,最后停止。

main.c 文件清单如下:

```
#include <rtthread.h>
#include <rtdevice.h>
#include "drv_common.h"
#define DBG_TAG "main"
#define DBG_LVL DBG_LOG
#include <rtdbg.h>
#include "motor.h"
void stop()//小车停止
{
    motor_speed(MOTOR_ID_LEFT, 0);
    motor_speed(MOTOR_ID_RIGHT, 0);
}
void forward()//小车前进
{
    motor_speed(MOTOR_ID_LEFT, 100);
    motor_speed(MOTOR_ID_RIGHT, 100);
}
void backward()//小车后退
{
    motor_speed(MOTOR_ID_LEFT, -100);
    motor_speed(MOTOR_ID_RIGHT, -100);
```

```
}

int main(void)
{
    motor_init();
    forward();
    rt_thread_mdelay(10000);
    stop();
    rt_thread_mdelay(5000);
    backward();
    rt_thread_mdelay(10000);
    stop();
    return RT_EOK;
}
```

9.3.2 测 试

启动系统,观察小车是否按设计要求行驶。

练习 9

1. 填空题

(1) RT - Thread 把具有 PWM 输出功能的硬件单元用________设备表示。

(2) PWM 控制中,主要是控制信号的________和________。

(3) 对于 STM32 系列芯片,PWM 设备的编号与芯片的________编号相同。

(4) 如果要使用 PWM 设备,必须在 drivers/board. h 文件中使用________宏定义。

(5) 在 RT - Thread 操作系统中,如果要设置 PWM 信号的周期和脉冲宽度,可以使用命令________。

2. 编程题

(1) 使用 PWM 设备控制 LED 灯,实现呼吸灯效果。

(2) 编程实现小车循迹控制,创建两个线程,一个线程用于实时获取路线状态(如左偏右偏等),同时把路线状态保存在共享变量中;另一个线程用于根据路线状态控制小车的行驶方向(如偏右转和偏左转等)。

第 10 章

使用 ADC 设备测量电池电量

本章概述

本章首先介绍 A/D 转换的原理和相关计算公式；然后介绍 RT-Thread 中 ADC 设备接口的使用；最后通过实例，讲解 RT-Thread 的 ADC 设备接口在电池电量测量中的运用。通过本章的学习，读者可以掌握 RT-Thread ADC 设备接口的使用。

知识目标

- 了解 A/D 转换器的原理；
- 掌握 A/D 转换器的计算公式；
- 掌握 RT-Thread ADC 设备接口；
- 掌握电压测量原理。

技能目标

- 能够使用 RT-Thread ADC 设备接口；
- 能够根据 ADC 转换输出的数字量计算输入的模拟量。

10.1 A/D 转换介绍

ADC(Analog-to-Digital Converter，模/数转换器)，是指将模拟量转换为数字量的器件。真实世界的温度、压力、声音等的数值，通常是一个模拟量，其取值是无限的。而计算机系统本身是数字电路，只能对数字量进行处理，所以，在计算机系统中，需要把模拟量转换成数字量才能进行后续的处理。

10.1.1 A/D 转换的原理

下面以图 10-1 所示的模/数转换器为例来简单介绍模/数转换的原理。该器件是一个最简单的模/数转换电路，其输入只有一个通道，用于输入要转换的模拟量；该器件有 12 个输出端，这 12 个输出端用于输出转换后的 12 位数字量。通常我们用 A/D 转换器输出数字量的位数多少来描述一个 A/D 转换器的分辨率，因此图 10-1 所示的模/数转换器的分辨率为 12 位。

图 10-1 中各引脚的功能如下：

① VCC 和 GND 为 A/D 转换电路的供电端。A/D 转换电路相当于一个电子元器件，只有给这个元件加电，该元件才能工作。

② ST 为 A/D 转换电路的启动端，只有在 ST 上加有效信号，A/D 转换电路才启动转换工作。

③ CLK 为 A/D 转换电路的时钟信号输入端,用来同步及控制内部的转换动作,**注意**:由于 A/D 转换需要一定的时间,所以该时钟信号频率不能太高,否则容易导致转换的准确率下降。

④ EOF 为转换完成输出信号端。当 A/D 转换完成后,该引脚会输出一个有效信号,所以在启动转换后可以通过持续监视该引脚的输出电平来确定转换是否完成。

⑤ D0～D11 为转换得到的数字量的输出端。

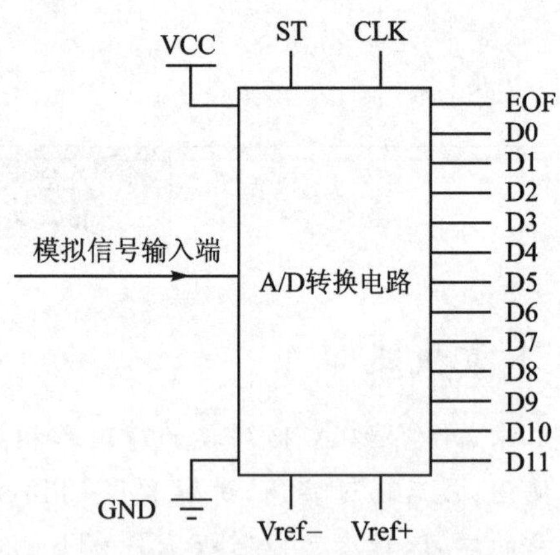

图 10 - 1　模/数转换器示意图

⑥ Vref－和 Vref＋为参考电压信号的负极性端和正极性端。这两个引脚的电平与 VCC、GND 等不同,它们用于与输入的模拟信号进行比较以确定输出的数字信号,而 VCC 和 GND 则用于给 A/D 转换电路供电。由于 Vref－和 Vref＋直接用于与模拟信号进行比较,所以其精度和稳定性至关重要。

10.1.2　A/D 转换的计算

在 A/D 转换器中,数字量输出值与输入模拟量大小、A/D 转换器的分辨率、参考电压(V_{ref-} 和 V_{ref+} 的差值)有关,其关系如下:

$$\text{模拟量}=\frac{\text{数字量}}{2^{\text{分辨率}}-1}\times(V_{ref+}-V_{ref-}) \tag{10-1}$$

对于 STM32 内部的 ADC 模块,V_{ref-} 一般为 0 V,V_{ref+} 一般为 3.3 V,在如图 10 - 1 所示的分辨率为 12 位时,输入的模拟量与输出的数字量的关系如下:

$$\text{模拟量}=\frac{\text{数字量}}{2^{12}-1}\times 3.3 \tag{10-2}$$

由式(10 - 2)可见:

① 当测得的输出数字量为 0b0000 0000 0000 时,可以计算得到输入的模拟电压为 0 V;

② 当数字量为 0b0111 0100 0110 时,可以计算得到对应的输入模拟电压为 1.5 V;

③ 数字量为 0b1111 1111 1111 时,可以计算得到对应的模拟电压为 3.3 V。

其余类推。

对于 STM32,A/D 转换电路位于芯片内部,转换完成后的数据量保存在 DR(数据寄存器)中,一般要及时将转换所得的数据读取保存到存储器中,整个过程如图 10 - 2 所示。

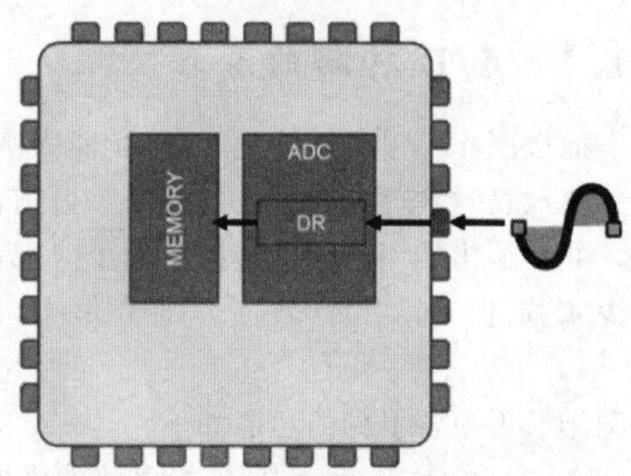

图 10 - 2　STM32 的 A/D 转换过程

10.2 RT-Thread ADC 设备接口介绍

应用程序通过 RT-Thread 提供的 ADC 设备管理接口来访问 ADC 硬件，相关接口函数如表 10-1 所列。

表 10-1 RT-Thread ADC 设备接口函数

函 数	描 述
rt_device_find()	根据 ADC 设备名称查找设备获取设备句柄
rt_adc_enable()	使能 ADC 设备
rt_adc_read()	读取 ADC 设备数据
rt_adc_disable()	关闭 ADC 设备

10.2.1 查找 ADC 设备

应用程序根据 ADC 设备名称获取设备句柄，进而可以操作 ADC 设备，查找设备函数如下所示：

```
rt_device_t rt_device_find(const char * name);
```

其参数描述如表 10-2 所列。

表 10-2 rt_device_find()参数描述

参 数	描 述
name	ADC 设备名称，一般情况下，注册到系统的 ADC 设备名称为 adc0、adc1 等
返回	设备句柄：查找到对应设备将返回相应的设备句柄； RT_NULL：没有找到设备

10.2.2 使能 ADC 通道

在读取 ADC 设备数据前需要先使能设备，使能设备函数如下所示：

```
rt_err_t rt_adc_enable(rt_adc_device_t dev, rt_uint32_t channel);
```

其参数描述如表 10-3 所列。

表 10-3 rt_adc_enable()参数描述

参 数	描 述
dev	ADC 设备句柄
channel	ADC 通道
返回	RT_EOK：成功； -RT_ENOSYS：失败，设备操作方法为空； 其他错误码：失败

10.2.3 读取 ADC 通道采样值

读取 ADC 通道采样值可通过如下函数完成：

```
rt_uint32_t rt_adc_read(rt_adc_device_t dev,rt_uint32_t channel);
```

其参数描述如表 10-4 所列。

表 10-4 rt_adc_read()参数描述

参 数	描 述
dev	ADC 设备句柄
channel	ADC 通道
返回	读取的数值

10.2.4 关闭 ADC 通道

关闭 ADC 通道可通过如下函数完成：

```
rt_err_t rt_adc_disable(rt_adc_device_t dev, rt_uint32_t channel);
```

其参数描述如表 10-5 所列。

表 10-5 rt_adc_disable()参数描述

参 数	描 述
dev	ADC 设备句柄
channel	ADC 通道
返回	RT_EOK：成功； -RT_ENOSYS：失败，设备操作方法为空； 其他错误码：失败

10.3 任务 10-1 使用终端命令读取 ADC 设备采样值

任务描述：本任务通过 STM32 芯片的模/数转换器 ADC1 的通道 6 对引脚上的电压进行采样，并使用终端命令读取 ADC 设备采样值。

任务 10-1
实战演示

10.3.1 硬件设计

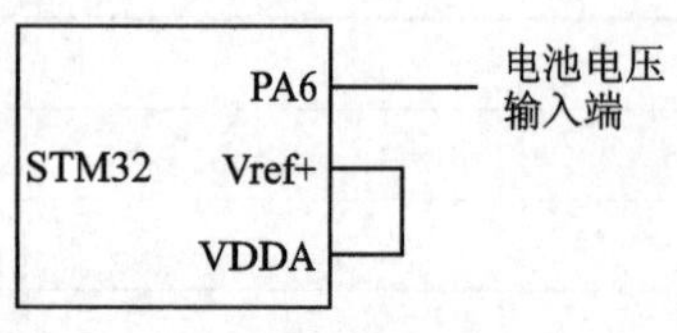

图 10-3 硬件设计

硬件连接如图 10-3 所示，使用 PA6 引脚作为电压测量引脚，PA6 引脚正是 STM32F407VE 芯片模/数转换器 ADC1 的第 6 个通道。另外把 Vref+引脚与 VDDA 相连接，即 ADC 的参考电压为 3.3 V。

10.3.2 RT-Thread 工程建立和 BSP 配置

在 RT-Thread Studio 中，新建项目名称为 car_adc 的工程项目，并进行如下 BSP 配置：

① 使用 STM32CubeMX 配置时钟参数、串口设备和 ADC 设备，其中，根据硬件设计，本任务把 ADC 设备配置为使能 ADC1 的通道 6。ADC 设备配置如图 10-4 所示。

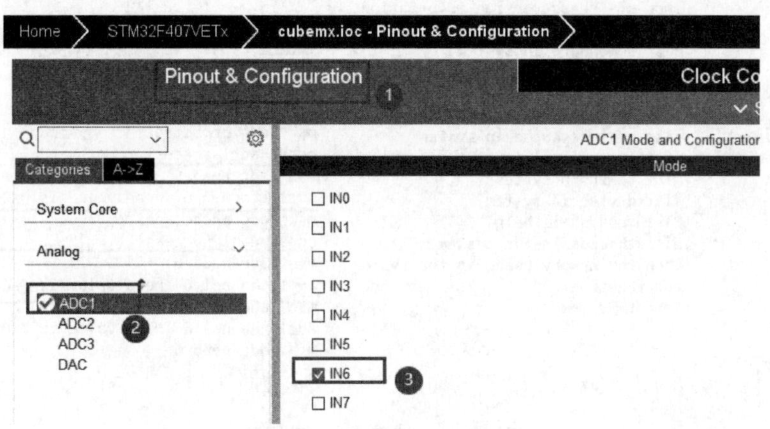

图 10-4 ADC 设备配置

②在 drivers/board.h 文件中，定义使用 ADC1 设备的宏，如下所示：

```
/* ------------------------- ADC CONFIG BEGIN ------------------------- */
#define BSP_USING_ADC1
/* ------------------------- ADC CONFIG END ------------------------- */
```

③ RT-Thread 组件配置，如图 10-5 所示，选中"使用 ADC 设备驱动程序"，最后按 Ctrl+S 键保存设置。

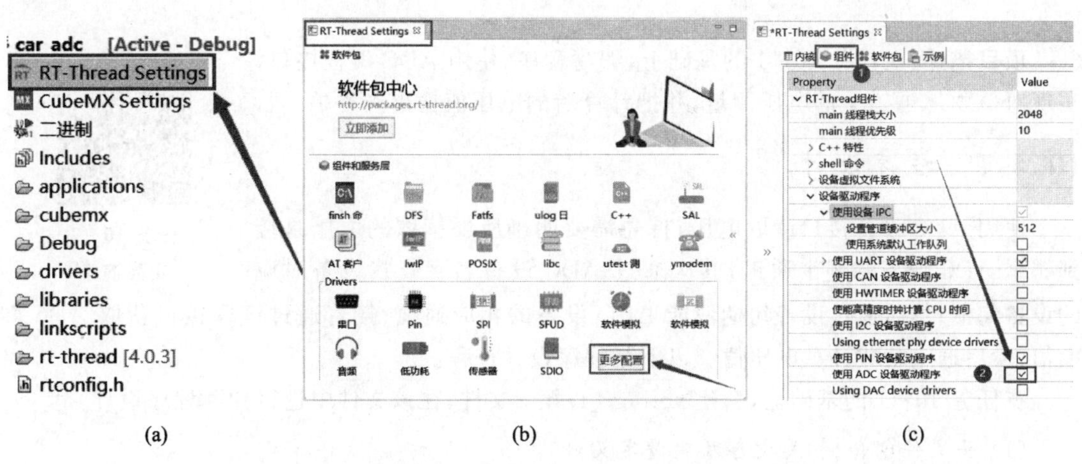

(a) (b) (c)

图 10-5 RT-Thread 组件配置

10.3.3 编译及测试

① 查看支持命令。如图 10-6(a)所示，输入 help 可以看到系统支持的命令，其中命令

adc 是对 ADC 设备进行操作的命令。

② 读取 ADC 采样值。如图 10－6(b)所示，输入 adc probe adc1 命令后，再输入 adc read 6 命令对 ADC1 的通道 6 进行电压采样。

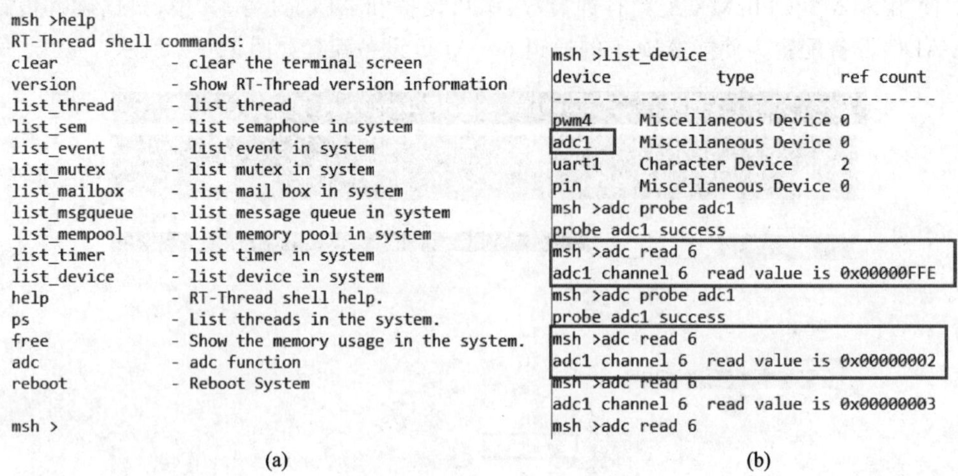

图 10－6　读取 ADC 采样值

③ 改变引脚所接的电平，重新输入 adc probe adc1 命令后，再输入 adc read 6 命令对 ADC1 的通道 6 进行电压采样。

④ 比较两次读取值的不同。

注意：这里读取到的值，是 ADC 采样结果寄存器的值，不是电压值，如果要得到电压值，需要进行转换计算。

10.4　任务 10－2　编写程序，实现电压测量并打印电压值

项目描述：在任务 10－1 的基础上，编写程序，使用 ADC 编程接口，实现对 ADC1 通道 6 的电压测量，并把计算后的电压值输出到终端。

任务 10－2 实战演示

10.4.1　程序设计

使用 ADC 设备接口读取电压，首先需要明确所要读取的电压是接到哪个 ADC 设备的哪个通道；其次通过 ADC 设备名字查找设备对应的设备句柄；然后通过设备句柄使能 ADC 设备的相应通道；接着通过读取接口获取 ADC 转换值；最后通过公式计算电压值。以下是程序设计过程。

在任务 10－1 的基础上，新建 voltage_test.c 文件，在该文件中进行如下程序设计：

(1) 头文件包含、相关设备及变量定义

我们定义 value 用于存储 ADC 转换结果，vol 用于存储电压计算结果。

```
#include <rtthread.h>
#include <rtdevice.h>
#include <drv_common.h>
```

```
#define ADC_DEV_NAME          "adc1"   //ADC 设备名称
#define ADC_DEV_CHANNEL        6       //ADC 通道
#define REFER_VOLTAGE 330              //参考电压 3.3 V,数据精度乘以 100 保留 2 位小数
#define CONVERT_BITS 12                //转换位数为 12 位
rt_adc_device_t adc_dev;               //ADC 设备句柄
rt_uint32_t value;                     //用于存放读取结果
rt_uint32_t vol;                       //用于存放计算结果
```

(2) 读取 ADC 转换结果并计算电压值

实际电压值的计算公式如下：

$$\frac{\text{采样值} \times \text{参考电压}}{(1 \ll \text{分辨率位数}) - 1}$$

以下代码把参考电压乘以 100 将数据扩大,最后通过“vol/100”获得电压的整数位值,通过“vol%100”获得电压的小数位值,避免浮点操作。

```
void voltage_get_value()
{
    /*查找设备*/
    adc_dev = (rt_adc_device_t)rt_device_find(ADC_DEV_NAME);
    if(RT_NULL == adc_dev)
    {
        rt_kprintf("can not find device %s\n",ADC_DEV_NAME);
        return;
    }
    /*使能设备*/
    if(RT_EOK != rt_adc_enable(adc_dev, ADC_DEV_CHANNEL))
        return;
    /*读取采样值*/
    value = rt_adc_read(adc_dev, ADC_DEV_CHANNEL);
    /*把采样值转换为对应的电压值*/
    vol = value * REFER_VOLTAGE/((1UL << CONVERT_BITS) - 1);
    rt_kprintf("the voltage is :%d.%02d \n", vol/100, vol%100);
    /*关闭通道*/
    rt_adc_disable(adc_dev, ADC_DEV_CHANNEL);

    return;
}

/*导出到 msh 命令列表中*/
MSH_CMD_EXPORT(voltage_get_value, get voltage);
```

10.4.2 编译、下载、测试

在终端输入命令 voltage_get_value,测试结果如图 10-7 所示,旋转变位器改变测量电

压，测量到不同的电压值。

```
 \ | /
- RT -     Thread Operating System
 / | \     4.0.3 build Feb  7 2022
 2006 - 2020 Copyright by rt-thread team
msh >voltage_get_value
the voltage is :1.92
msh >voltage_get_value
the voltage is :3.25
msh >voltage_get_value
the voltage is :3.25
msh >voltage_get_value
the voltage is :0.00
msh >voltage_get_value
the voltage is :2.07
```

图 10－7　ADC 测量结果

练习 10

1．填空题

(1)通常用 A/D 转换器输出数字量的________来描述一个 A/D 转换器的分辨率。

(2) 参考电压为 3.3 V 的 A/D 转换电路，其精度为 12 位，当 A/D 转换结果为 0b0111 0100 0110 时，对应的模拟电压为________ V。

(3) 在计算机系统中，需要把模拟量转换成更容易储存和处理的________。

(4) 对于 STM32 芯片，如果要使用 ADC2 设备，需要在 drivers/board.h 文件中定义的宏是________。

第11章 使用 I^2C 设备驱动 OLED 显示屏

本章概述

本章我们学习 I^2C 总线。I^2C 总线是 CPU 与外设之间常用的一种通信接口。本章首先介绍 I^2C 总线以及 RT-Thread 的 I^2C 总线设备接口；然后通过实验，举例如何通过 RT-Thread 的 I^2C 总线设备接口进行总线读/写操作；最后，也是本章的难点，通过 I^2C 总线驱动 OLED 显示屏进行显示。

通过本章的学习，读者可以掌握 RT-Thread 的 I^2C 总线设备接口的使用方法，此外，还可以根据实际需求，在 OLED 屏幕上显示相应图文信息。

知识目标

- ➢ 了解 I^2C 总线的构成和工作原理；
- ➢ 掌握 RT-Thread 中 I^2C 总线设备接口的使用；
- ➢ 了解 OLED 显示原理；
- ➢ 了解 OLED 相关显示命令。

技能目标

- ➢ 能够使用 RT-Thread 的 I^2C 总线设备接口与 I^2C 从机进行通信；
- ➢ 能够编写代码实现 I^2C 设备的读/写操作；
- ➢ 能够使用取模软件获取相关图文的编码；
- ➢ 能够根据项目需求，在 OLED 上显示所需的图像或文字信息。

11.1 I^2C 总线介绍

I^2C (Inter-Integrated Circuit)总线是由 Philips 公司开发的两线式串行总线，它使用两条线在主控制器和外围设备之间进行数据通信。在 I^2C 总线标准模式下速度可以达到 100 kbps，快速模式下可以达到 400 kbps，高速模式下可达 3.4 Mbps。I^2C 总线由于其引脚少，硬件实现简单，可扩展性强，已被广泛地使用在系统内多个集成电路(IC)间的通信。

11.1.1 I^2C 总线构成

I^2C 总线由两条信号线构成，一条是 SCL(串行时钟线)，另一条是 SDA(串行数据线)，这两条线都可以双向通信，总线空闲时 SCL 和 SDA 处于高电平。I^2C 是支持多从机的，也就是一个 I^2C 控制器下可以挂多个 I^2C 从设备，这些不同的 I^2C 从设备有不同的器件地址，这样 I^2C 主控制器就可以通过 I^2C 设备的器件地址访问指定的 I^2C 设备了，一个 I^2C 总线连接多个

I^{2}C 设备，如图 11 - 1 所示。

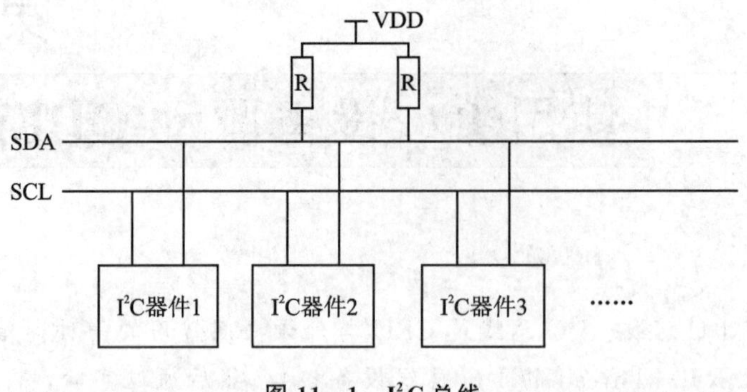

图 11 - 1　I^{2}C 总线

图 11 - 1 中，由于设备的输出端设计为集电极开路或漏极开路，所以 SDA 和 SCL 这两根线必须要接一个上拉电阻，一般是 4.7 kΩ。其余的 I^{2}C 从器件都挂接到 SDA 和 SCL 这两根线上，这样就可以通过 SDA 和 SCL 这两根线来访问多个 I^{2}C 设备了。

所有 I^{2}C 器件都具有一个 7 位的地址码，其中高 4 位为器件类型，由生产厂家制定，低3 位为器件引脚定义地址，由使用者定义。主控器件通过地址码建立多机通信的机制，因此 I^{2}C 总线省去了外围器件的片选线，这样无论总线上挂接多少个器件，其系统仍然为简约的二线结构。总线可挂接的 I^{2}C 器件个数，由地址空间和总线的最大电容 400 pF 限制。

11.1.2　I^{2}C 总线的信号类型和数据传输时序

连接到 I^{2}C 总线上的设备分为主设备和从设备，在同一时刻，总线上只能有一个主设备。总线必须由主设备控制，主设备产生串行时钟(SCL)控制总线上数据的传输方向，并负责产生起始信号和停止信号。I^{2}C 总线可以双向通信，主设备和从设备都可以进行数据的发送和接收。发送数据到总线上的设备称为发送设备；从总线上接收数据的设备称为接收设备。接收设备每次接收完成，都要发出应答信号。

1. 起始信号

顾名思义，此信号是 I^{2}C 通信的起始标志，主机通过这个起始信号通知从机 I^{2}C 通信开始了。I^{2}C 通信协议规定，在 SCL 为高电平时，SDA 出现下降沿表示 I^{2}C 通信的起始信号，如图 11 - 2 所示。

2. 停止信号

停止信号就是用于停止 I^{2}C 通信的信号。和起始信号的规定相反，I^{2}C 通信协议规定，在 SCL 为高电平时，SDA 出现上升沿来表示 I^{2}C 通信的停止信号，如图 11 - 3 所示。

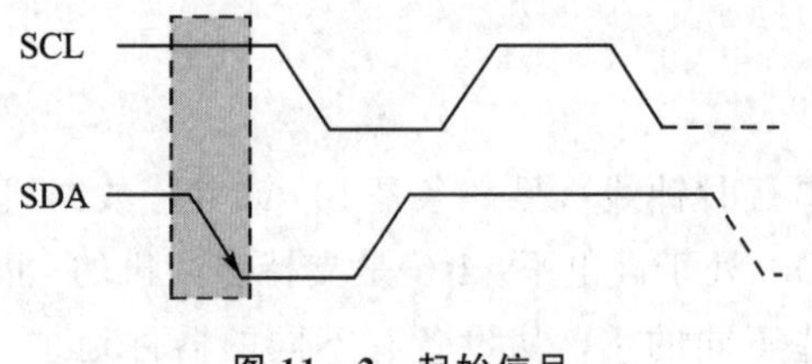

图 11 - 2　起始信号

SCL
SDA

图 11 - 3　停止信号

3. 数据传输

数据传输可以由主机向从机传输，也可以由从机向主机传输。SCL 每个周期通过 SDA 线传输一位数据。由于起始信号和停止信号都是 SDA 线在 SCL 线高电平期间发生电平变化，所以数据传输时，SDA 不应该在 SCL 高电平期间发生电平变化。所以 I²C 通信协议规定，SDA 上的数据变化只能在 SCL 低电平期间发生，如图 11-4 所示。

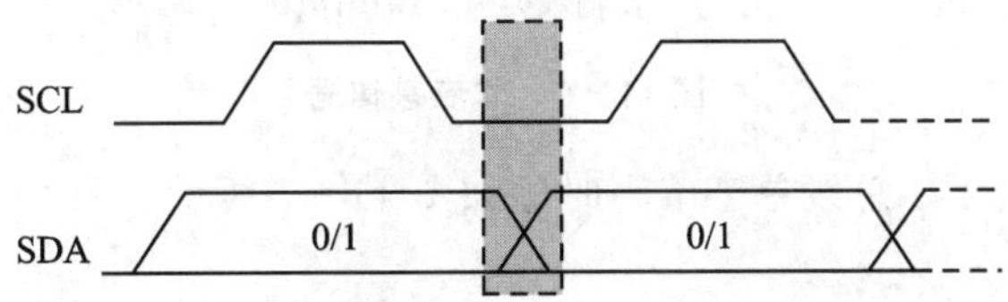

图 11-4 数据变化在 SCL 的低电平时发生

4. 应答信号

主机每次发送完 8 位数据后，都要将 SDA 设置为输入状态，等待从机应答信号。也就说，应答信号由从机发出，用于通知主机数据已成功接收了。主机发送完 8 位数据后，还需要提供应答信号所需的时钟，在主机发送完 8 位数据以后紧跟着的一个时钟信号就是给应答信号使用的。I²C 通信协议规定，从机通过将 SDA 拉低来表示发出应答信号，如果主机在一个时钟内没有收到应答，则表示此次传输可能失败，主机可以用起始信号重新启动发送流程或者用停止信号停止本次通信。应答信号如图 11-5 所示。

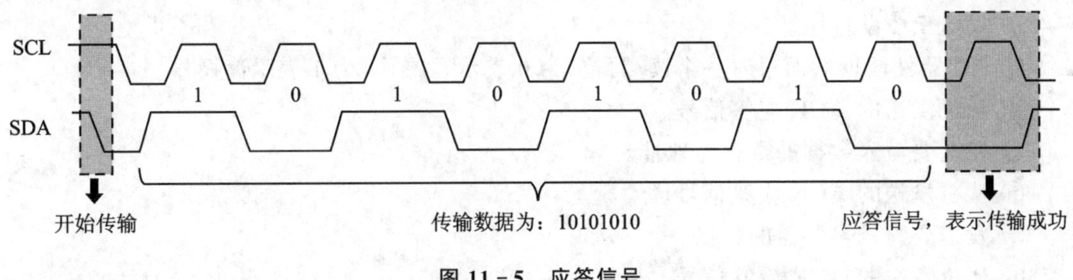

图 11-5 应答信号

如图 11-5 所示，应答信号为低电平，在 SCL 的上升沿到来之前拉低 SDA，然后一直保持到 SCL 的下降沿结束后使 SDA 变为高电平。

非应答信号(NACK)如图 11-6 所示，有几个原因会导致 NACK：

- 通信方无法接收或发送，因为它正在执行某些实时功能，并且尚未准备好开始与主机通信；
- 在传输期间，接收方获取它不理解的数据或命令；
- 在传输期间，接收方不能再接收任何数据字节。

注意： 当主机接收数据时，它收到最后一个数据字节后，必须向从机发出一个结束传送的信号，这个信号是由主机发出的“非应答信号”来实现的，这种情况，不表示传输失败，而是通知从机不再发送数据。

5. I²C 写时序

主机通过 I²C 总线写操作时序向从机发送数据，发送数据时，需要先发出通信对端的设备

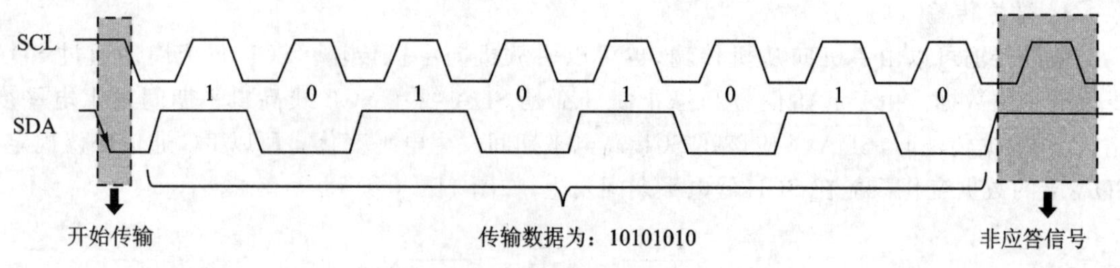

图 11－6　非应答信号

地址，再发出通信数据。I²C 总线单字节写时序如图 11－7 所示。

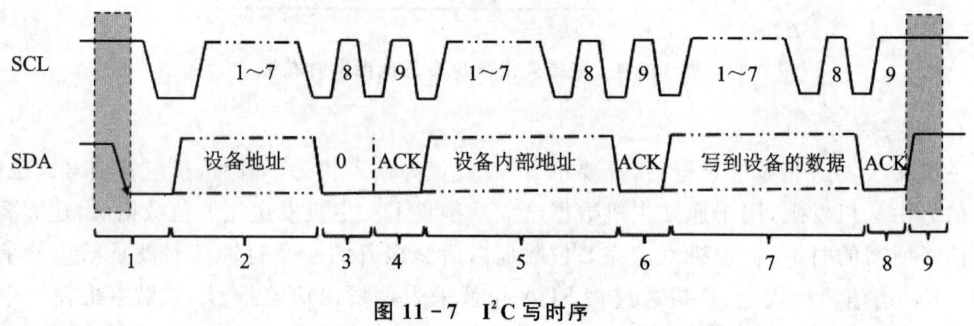

图 11－7　I²C 写时序

图 11－7 所示为 I²C 单字写时序，下面来看一下写时序的具体步骤：

① 开始信号。

② 发送 I²C 设备地址。

③ I²C 器件地址后面跟着一个读/写位，为 0 表示写操作，为 1 表示读操作。

④ 从机发送的 ACK 应答信号。

⑤ 发送要写入数据的寄存器地址。

⑥ 从机发送的 ACK 应答信号。

⑦ 发送要写入寄存器的数据。

⑧ 从机发送的 ACK 应答信号。

⑨ 停止信号。

6. I²C 读时序

I²C 总线单字节读时序如图 11－8 所示。

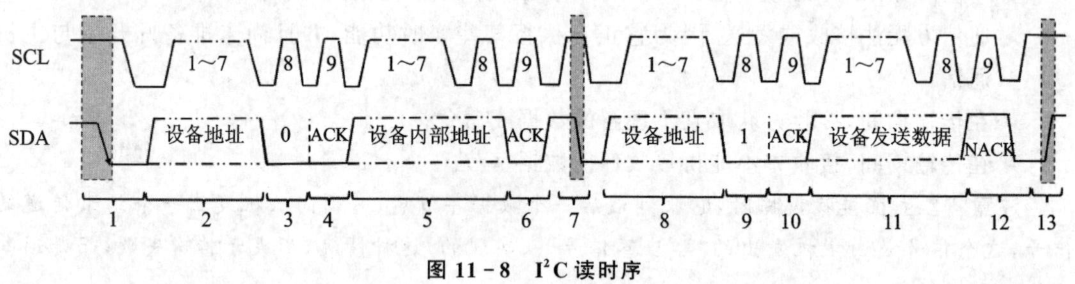

图 11－8　I²C 读时序

I²C 单字节读时序比写时序要复杂一些，读时序分为 4 大步：第一步是发送设备地址；第二步是发送要读取的设备内部地址；第三步重新发送设备地址；第四步就是 I²C 从器件输出要

读取的寄存器值,以下是具体的过程:

① 主机发送起始信号。

② 主机发送要读取的 I^2C 从设备地址。

③ 读/写控制位,后面紧跟着的设备内部地址是主机发给从机的,所以是写操作。

④ 从机发送的 ACK 应答信号。

⑤ 主机发送要读取的设备内部地址。

⑥ 从机发送的 ACK 应答信号。

⑦ 重新发送 START 信号。

⑧ 重新发送要读取的 I^2C 从设备地址。

⑨ 读/写控制位,因为紧跟着的数据是从机发给主机的,所以这里是读操作。

⑩ 从机发送的 ACK 应答信号。

⑪ I^2C 从设备发出数据。

⑫ 主机发出 NACK 信号,表示读取完成,不需要从机再发送数据了。

⑬ 主机发出停止信号,结束 I^2C 通信。

11.2 RT-Thread I^2C 总线接口

一般情况下,MCU 的 I^2C 器件都是作为主机的角色存在,在 RT-Thread 中将 I^2C 主机虚拟为 I^2C 总线设备,I^2C 从机通过 I^2C 设备接口和 I^2C 总线设备通信,其操作接口比较简单,主要有表 11-1 所列的两个接口函数。

表 11-1 I^2C 总线接口函数

函　数	描　述
rt_device_find()	根据 I^2C 总线设备名称查找设备,获取设备句柄
rt_i2c_transfer()	用于传输数据,包括读和写操作

11.2.1 查找 I^2C 总线设备

在使用 I^2C 总线设备前需要根据 I^2C 总线设备名称获取设备句柄,进而才可以操作 I^2C 总线设备,查找设备函数如下:

```
rt_device_t rt_device_find(const char * name);
```

其参数描述如表 11-2 所列。

表 11-2 rt_device_find()参数描述

参　数	描　述
name	I^2C 总线设备名称
返回	设备句柄:查找到对应设备将返回相应的设备句柄; RT_NULL:没有找到相应的设备对象

一般情况下,注册到系统的 I^2C 总线设备名称为 i2c0、i2c1 等。

11.2.2 数据传输

获取到 I^2C 总线设备句柄就可以使用 rt_i2c_transfer()进行数据传输。函数原型如下：

```
rt_size_t rt_i2c_transfer(struct rt_i2c_bus_device * bus,
                          struct rt_i2c_msg        msgs[],
                          rt_uint32_t              num);
```

其参数描述如表 11-3 所列。

表 11-3　rt_i2c_transfer()参数描述

参　数	描　述
bus	I^2C 总线设备句柄
msgs[]	待传输的消息数组指针
num	消息数组的元素个数
返回	消息数组的元素个数,等于 num 参数:成功; 错误码(负数):失败

I^2C 总线传输接口传输的数据是以一个消息为单位的。参数 msgs[]指向待传输的消息数组,用户可以自定义每条消息的内容,实现 I^2C 总线所支持的两种不同的数据传输模式。如果主设备需要发送重复开始条件,则需要发送 2 个消息,即数组 msgs[]长度为 2。

注意:此函数会调用 rt_mutex_take(),但不能在中断服务程序中调用,否则会导致 assertion 报错。

I^2C 消息数据结构原型如下:

```
struct rt_i2c_msg
{
    rt_uint16_t addr;    /* 从机地址,此地址不包含读/写标志位,读/写控制需修改标志 flags */
    rt_uint16_t flags;   /* 读/写标志以及其他标志 */
    rt_uint16_t len;     /* 读/写数据字节数,即以下 buf 的长度 */
    rt_uint8_t *buf;     /* 读/写数据缓冲区指针 */
}
```

其中,从机地址 addr 支持 7 位和 10 位二进制地址,需查看不同设备的数据手册 。标志 flags 可取值为以下宏定义,根据需要可以与其他宏使用位运算“|”组合起来使用。

```
#define RT_I2C_WR              0x0000       /* 写标志 */
#define RT_I2C_RD              (1u << 0)    /* 读标志 */
#define RT_I2C_ADDR_10BIT      (1u << 2)    /* 10 位地址模式 */
#define RT_I2C_NO_START        (1u << 4)    /* 无开始条件 */
#define RT_I2C_IGNORE_NACK     (1u << 5)    /* 忽视 NACK */
#define RT_I2C_NO_READ_ACK     (1u << 6)    /* 读的时候不发送 ACK */
#define RT_I2C_NO_STOP         (1u << 7)    /* 不发送 STOP 信号 */
```

某 I^2C 从设备读时序如图 11-9 所示。

从这个时序图可以看出,主设备读取从设备的数据,需要先发出从机地址和读标志位,从

图 11-9　读时序

机收到正确的地址和读标志位后，从机向主机发送 ACK，然后从机连续发送数据，主机每收到 8 位数据就发送一个 ACK 进行确认，如果主机不想接收数据了，在收到最后一个数据后，会发送一个 NACK，通知从机不要再发数据了，最后主机结束通信过程。编写的读操作代码如下：

```
#define I2C_BUS_NAME        "i2c1"       /* 使用的 I²C 总线设备名称 */
#define S_ADDR              0x38         /* 从机地址 */
struct rt_i2c_bus_device * i2c_bus;      /* I²C 总线设备句柄 */

/* 查找 I²C 总线设备,获取 I²C 总线设备句柄 */
i2c_bus = (struct rt_i2c_bus_device *)rt_device_find(I2C_BUS_NAME);

/* 读传感器寄存器数据 */
static rt_err_t read_regs(struct rt_i2c_bus_device * bus, rt_uint8_t * buf, rt_uint8_t len)
{
    struct rt_i2c_msg msgs;

    msgs.addr = S_ADDR;          /* 从机地址 */
    msgs.flags = RT_I2C_RD;      /* 读标志 */
    msgs.buf = buf;              /* 数据缓冲区指针,读取到的数据保存在这里 */
    msgs.len = len;              /* 想要读取的数据字节数 */

    /* 调用 I²C 设备接口传输数据 */
    if (rt_i2c_transfer(bus, &msgs, 1) == 1)
    {
        return RT_EOK;
    }
    else
    {
        return -RT_ERROR;
    }
}
```

11.3　OLED 操作介绍

本节介绍内置 SSD1306 控制芯片的 0.96 英寸 OLED 显示屏的操作，该 OLED 显示屏通信方式设置为 I²C 总线通信。

11.3.1　从机地址

在 I²C 接口模式下，OLED 作为从机角色，其地址格式为 0b011110x，其中最低位 x 可变，由硬件设计决定。

11.3.2 数据格式

I^2C 接口模式下其数据传输格式如图 11-12 所示，主机发出的数据有从机地址字节、控制字节、数据字节 3 种。

(1) 地址字节

主机先发起开始(START)信号，然后发送 1 byte 首字节，此字节包含 7 位从机地址和 1 位读/写控制位，用于指明此操作是写操作还是读操作，0 表示写操作，1 表示读操作。OLED 识别从机地址为本机地址之后，将会发出应答信号(ACK)。首字节格式如图 11-10 所示。

(2) 控制字节

主机收到 OLED 的应答信号之后，传输 1 byte 控制字节。一个控制字节主要由 Co 和 D/C 位后面再加上 6 个 0 组成。控制字节组成如图 11-11 所示。

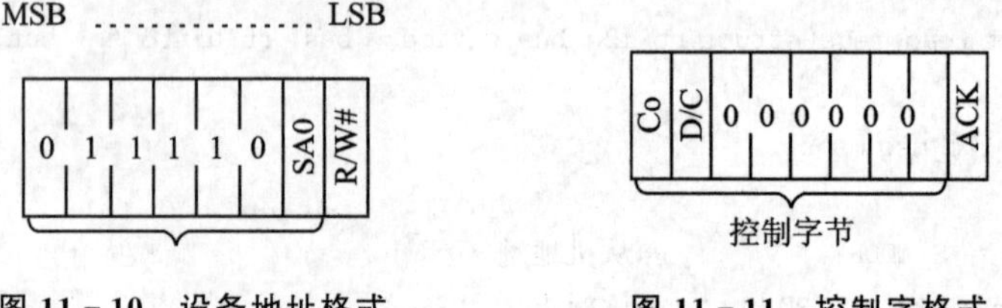

图 11-10 设备地址格式　　图 11-11 控制字格式

其中，Co 为 0 时，表示本次传输中，在此控制字节以后的数据只有数据字节，不会再有控制字节。

D/C 位表示下个数据字节是作为命令还是数据。D/C 为 0 时，表示下一个数据字节是命令字(控制 OLED 的显示)；DC 为 1 时，表示下一个数据字节是要显示的数据(显示在屏幕上的数据)，会被存储到 OLED 的 GDDRAM 中。GDDRAM 地址指针在每次写入/读出数据后会自动加 1。

(3) 数字节字

数字节字可以是命令，也可以是要显示的内容。主机收到控制字节的 ACK 信号之后，主机传输要写入的数据字节。传输完毕之后主机发出结束(STOP)信号。

综上所述，OLED 的 I^2C 接口类型数据格式如图 11-12 所示，通过 I^2C 接口数据格式中首字节的 R/W 位和控制字节的 D/C 位组合，可以对 OLED 进行读/写操作，总共有 4 种组合分别为：写命令、读状态、写数据、读数据，如表 11-4 所列。

表 11-4 R/W 位和 D/C 位组合实现 OLED 不同读/写操作

R/W 位	D/C 位	操　作
0	0	写命令
0	1	写数据
1	0	读状态
1	1	读数据

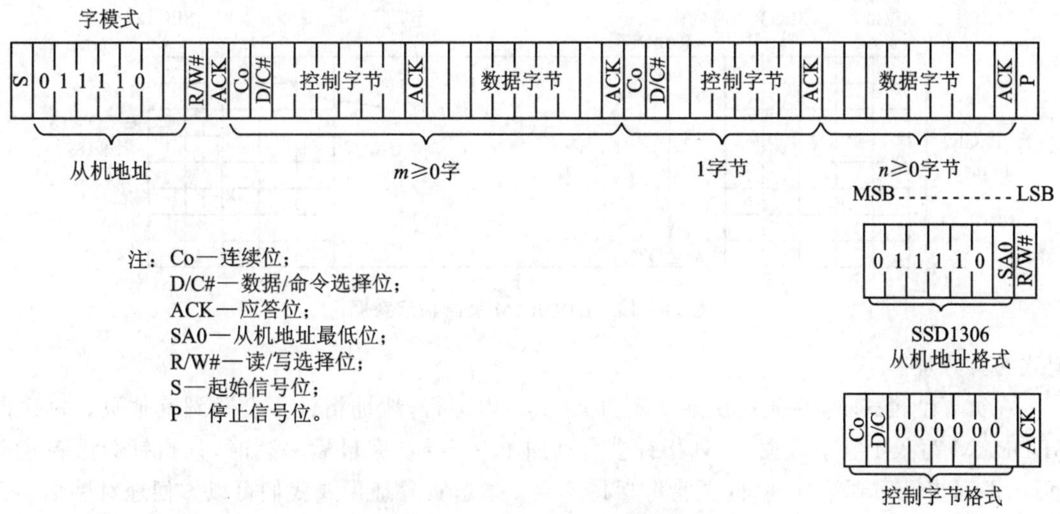

图 11-12　I²C 接口类型数据格式

11.3.3　GDDRAM 结构

OLED 屏的大小为 128×64 位，意思是横向有 128 个像素点，纵向有 64 个相素点。所有相素点的都由 GDDRAM 来控制，一个像素点对应 GDDRAM 的一个位，所以，OLED 屏的 GDDRAM 有 128×64 位。如图 11-13 所示，整个 GDDRAM 被分为 8 页，每页有 128 列，每列 8 行(COM0～COM7)，一行和一列的交点就是一个位，可以计算得到每页有 128 字节，一帧数据有 1 024 字节。

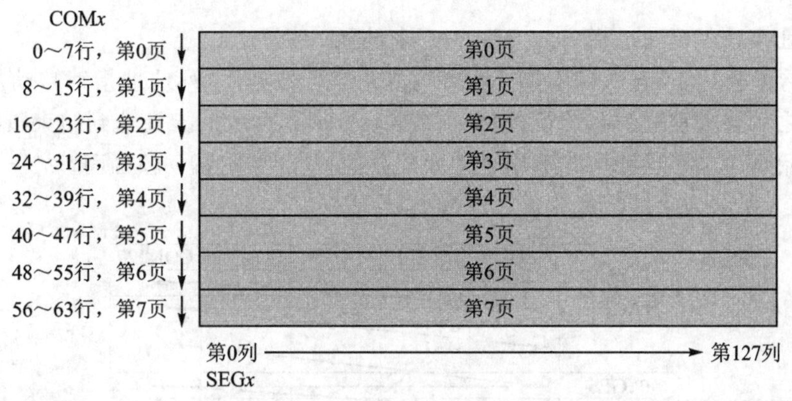

图 11-13　GDDRAM 结构示意图

每向 GDDRAM 中写入一字节，当前页的当前列的所有像素点会被填充，如图 11-14 所示，第 2 页的第 3 列所有点都被填充。一个字节的低位 D0 控制顶行，高位 D7 控制底行。

11.3.4　三种 GDDRAM 寻址模式

(1) 页内寻址

页寻址模式是器件默认选择的 GDDRAM 寻址模式，通过“20H，02H”命令可以设置寻址

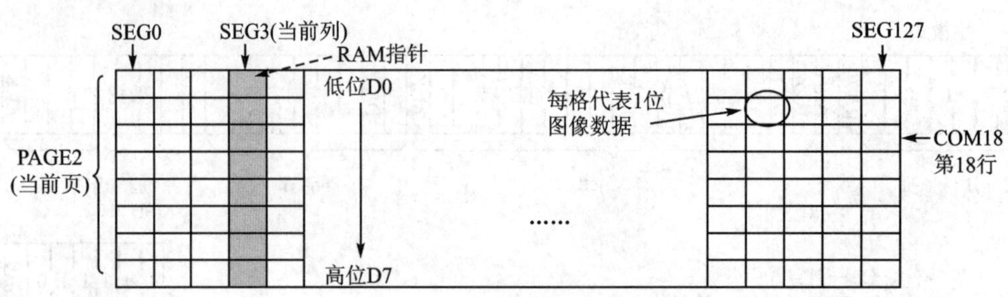

图 11－14　GDDRAM 页结构示意图

模式为页寻址。

在页寻址模式下，寻址只在某一页（PAGEn）内进行，地址指针不会跳到其他页。每次向 GDDRAM 写入 1 字节数据后，列指针会自动加 1。当寻址完最后一列时，列指针会重新指向页首，即列指针回到第 0 列，而页指针保持不变。通过页寻址模式我们可以方便地对一个小区域内数据进行修改。

图 11－15 所示为页内指针变化顺序。

	COL 0	COL 1	......	COL 126	COL 127
PAGE0					
PAGE1					
⋮	⋮	⋮	⋮	⋮	⋮
PAGE6					
PAGE7					

图 11－15　页寻址模式

（2）水平寻址

水平寻址模式可以通过指令“20H，00H”来设置。

在水平寻址模式下，每次向 GDDRAM 写入 1 字节数据后，列地址指针自动加 1。列指针到达结束列之后会被重置到起始行，而页指针将会加 1。页地址指针达到结束页之后，将会自动重置到起始页。水平寻址模式适用于大面积数据写入，如刷新一帧画面。

图 11－16 所示为水平指针变化顺序。

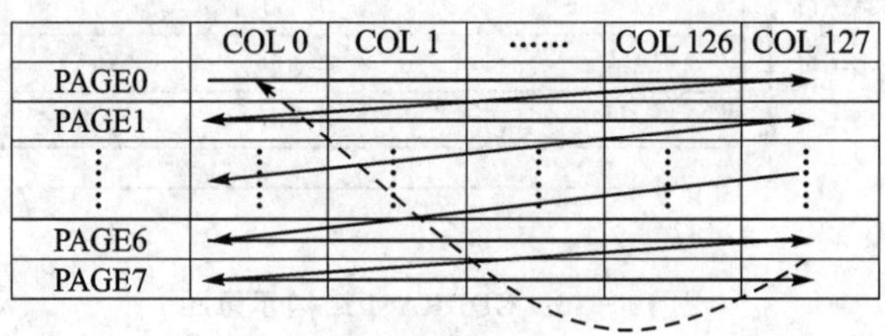

图 11－16　水平寻址

（3）垂直寻址

垂直寻址模式可以通过指令“20H，01H”来设置。

在垂直寻址模式下，每次向 GDDRAM 写入 1 字节数据之后，页地址指针将会自动加 1。页指针到达结束页之后会被重置到 0，而列指针将会加 1。列地址指针达到结束页之后，将会自动重置到起始列。

图 11－17 所示为垂直指针变化顺序。

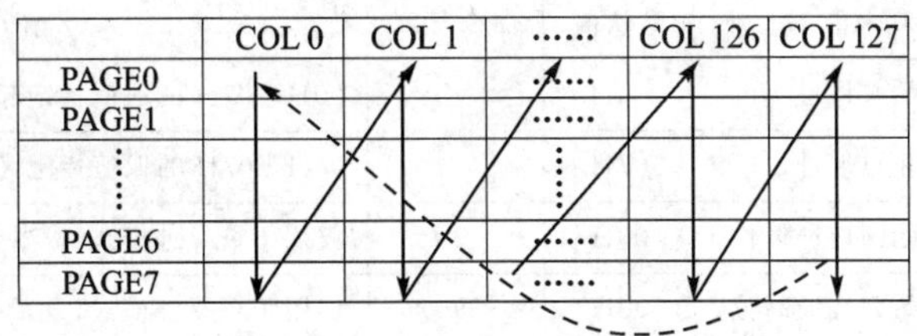

图 11－17　垂直寻址

11.3.5　OLED 指令

OLED 指令用于控制 OLED 屏的显示格式，其指令比较多，这里简要列出其中的基础指令和寻址指令，如表 11－5 和表 11－6 所列。

表 11－5　基础指令

命令		功能	默认值	命令长度	描述
81H		设置对比度	无	2	一共 256 级对比度，对比度值由第 2 字节确定
*	A[7:0]	对比度值	7FH		设置 1～256 级对比度
A4H/A5H		开屏亮/灭	A4H	1	A4H：屏幕输出 GDDRAM 中的显示数据； A5H：屏幕忽略 GDDRAM 中的数据，并点亮全屏
6AH/7AH		设置正常/反转显示	6A	1	A6H：设置显示模式为 1 亮 0 灭； A7H：设置显示模式为 0 亮 1 灭
AEH/AFH		屏幕开/关	AE	1	AEH：关闭屏幕；　AFH：开启屏幕。 屏幕关闭时，所有 SEG 和 COM 引脚的输出被分别置为 Vss 和高阻态

表 11－6　寻址指令

命令		功能	默认值	命令长度	描述
20H		设置 GDDRAM 寻址模式	无	2	设置 GDDRAM 寻址模式，模式在下一条命令指定
*	A[1:0]	寻址模式	02H		00b：水平寻址模式；01：垂直寻址模式；10：页寻址模式；11：无效指令
21H		水平寻址模式下，设置起始/终止列地址	无	3	水平寻址模式下，由 A[6:0]指定起始列地址，B[6:0]指定终止列地址
*	A[6:0]	设置起始列地址	00H		A[6:0] 00H～7FH 的取值指定起始列地址为 0～127
*	B[6:0]	设置终止列地址	7FH		B[6:0] 00H～7FH 的取值指定终止列地址为 0～127
22H		水平寻址模式下，设置起始/终止页地址	无	3	水平寻址模式下，由 A[6:0]指定起始列地址，B[6:0]指定终止列地址

续表 11-6

命令		功能	默认值	命令长度	描述
*	A[2:0]	设置起始页地址	00H		00H～07H 的取值指定起始页地址为 0～7
*	B[2:0]	设置终止页地址	07H		00H～07H 的取值指定终止页地址为 0～7
00H～0FH		设置起始列地址低位	00H	1	仅用于页寻址模式，设置起始列地址低 4 位
10H～1FH		设置起始列地址高位	00H	1	仅用于页寻址模式，设置起始列地址高 4 位
B0H～B7H		设置起始页地址	无	1	仅用于页寻址模式，设置起始页地址

11.4 任务 11-1 OLED 显示实现中英文

任务描述：本任要求在 OLED 显示屏上的第 2 页显示大小为 16×16 的宋体中文："欢迎使用"；在第 3 页显示大小为 8×16 的英文："RT-Thread"和大小为 14×16 的宋体中文"智能小车"，具体图样如图 11-18 所示。

欢 迎 使 用
RT-Thread智能小车

图 11-18 屏幕显示图样

任务 11-1
实战演示

11.4.1 硬件设计

RT-Thread 的 I^2C 设备驱动是使用 PIN 引脚模拟 I^2C 设备的，只要用两根普通的 I/O 引脚就可以，不需要使用专门的 I^2C 外设引脚，本任务我们使用 PB6 和 PB7 作为 I^2C 通信引脚，具体连接如图 11-19 所示。

需要注意的是，如果使用杜邦线连接，连接线不宜太长，否则会因为信号不稳定而出现通信错误。

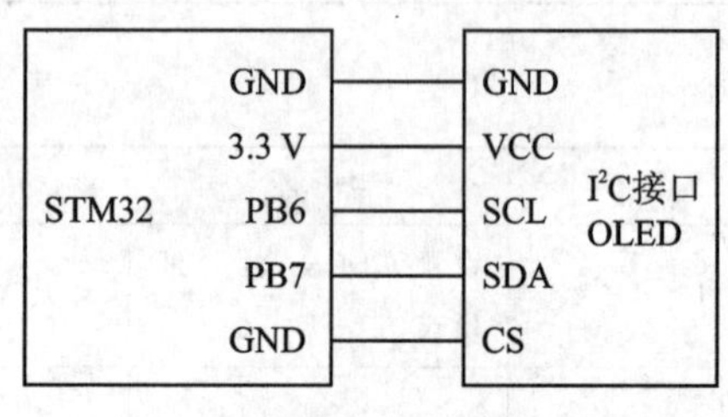

图 11-19 硬件连接

11.4.2 工程建立与配置

创建项目名称为 car_oled 的 RT-Thread 项目，如图 11-20(a)所示，开启"使用 I^2C 设备驱动程序"。在 drivers/board.h 文件中定义 I^2C 引脚相关的宏定义，如图 11-20(b)所示。**注意**：因为 RT-Thread 的 I^2C 使用软件模块 I^2C 协议，所以我们不需要使用 STM32CubeMX 配置 I^2C 外设。

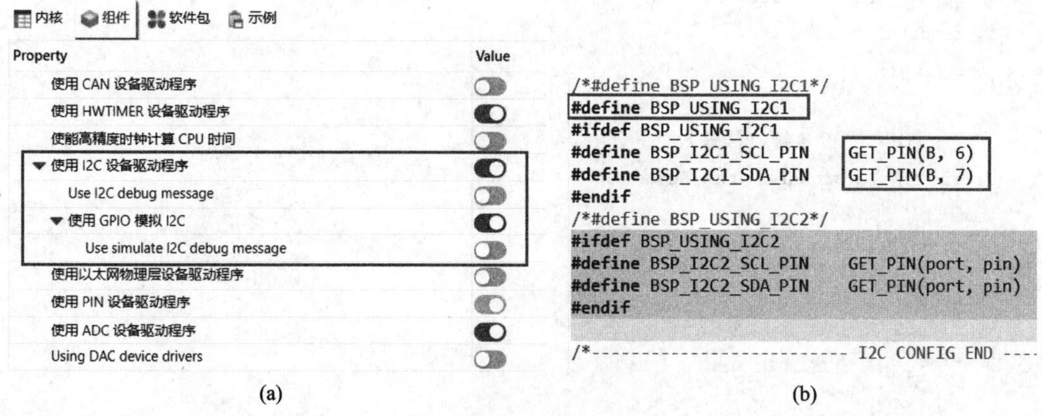

图 11-20 工程配置

11.4.3 程序编写

本任务我们采用模块化编程的思想，把不同功能的程序分别用不同的文件来存放。总共分为 3 个模块，分别为 I²C 总线读/写模块、编码库模块、OLED 显示模块。

1. I²C 总线读/写模块设计

新建源文件 i2c.c 和 i2c.h 用于编写 I²C 总线读/写模块代码。I²C 总线读/写模块主要实现总线的读/写函数。其中 i2c.c 为函数实现，i2c.h 为供其他模块调用时使用的头文件。

(1) i2c.c 文件程序设计

本文件主要实现 I²C 总线的读/写操作接口，代码清单如下：

```
#include <rtthread.h>
#include <rtdevice.h>
#include <rtdbg.h>
/*功能:I²C 总线写操作
 *参数:
 * bus:I²C 总线句柄
 * s_addr:从机地址
 * reg:要写入哪个地址
 * data:写入什么数据
 */
rt_err_t I2C_write(struct rt_i2c_bus_device *bus, rt_uint8_t s_addr, rt_uint8_t reg,
rt_uint8_t data)
{
    rt_uint8_t buf[2];
    struct rt_i2c_msg msgs;

    buf[0] = reg;
    buf[1] = data;

    msgs.addr = s_addr;
```

```
    msgs.flags = RT_I2C_WR;
    msgs.buf = buf;
    msgs.len = 2;

    /* 调用 I2C 设备接口传输数据 */
    if (rt_i2c_transfer(bus, &msgs, 1) == 1)
    {
        return RT_EOK;
    }
    else
    {
        LOG_E("I2C_write error!");
        return -RT_ERROR;
    }
}
/* 功能:I2C 总线读操作
 * 参数:
 * bus:I2C 总线句柄
 * s_addr:从机地址
 * reg:要从哪个地址读出
 * data:保存数据的地址指针
 */
rt_err_t I2C_read(struct rt_i2c_bus_device *bus, rt_uint8_t s_addr, rt_int8_t reg,
rt_uint8_t *data)
{
    struct rt_i2c_msg msgs[2];
    rt_uint8_t buf[2][2];

    /* 写寄存器地址 */
    buf[0][0] = reg; //cmd
    msgs[0].addr = s_addr;
    msgs[0].flags = RT_I2C_WR;
    msgs[0].buf = buf[0];
    msgs[0].len = 1;

    /* 读数据 */
    msgs[1].addr = s_addr;
    msgs[1].flags = RT_I2C_RD;
    msgs[1].buf = buf[1];
    msgs[1].len = 1;

    /* 调用 I2C 设备接口传输数据 */
    if (rt_i2c_transfer(bus, msgs, 2) == 2)
```

```
    {
        * data = buf[1][0];
        return RT_EOK;
    }
    else
    {
        LOG_E("I2C_read error!");
        return - RT_ERROR;
    }
}
```

(2) i2c.h 文件程序设计

本文件主要是读/写接口的明声,代码清单如下:

```
#ifndef APPLICATIONS_I2C_H_
#define APPLICATIONS_I2C_H_
rt_err_t I2C_write(struct rt_i2c_bus_device * bus, rt_uint8_t s_addr, rt_uint8_t reg, rt_uint8_t data);
rt_err_t I2C_read(struct rt_i2c_bus_device * bus, rt_uint8_t s_addr, rt_int8_t reg, rt_uint8_t * data);
#endif / * APPLICATIONS_I2C_H_ * /
```

2. 编码库模块设计

编码库是指用于存储汉字、字符或图形编码的文件。我们创建 code_lib.h 文件用于存储不同文字或符号的编码。编码可以使用取模软件得到。下面以取模软件 PCtoLCD2002 为例讲解如何获取文字编码及编写编码库文件 code_lib.h。

(1) 设置显示格式

打开软件如图 11-21(a)所示,单击图中箭头所指图标。在"字模选项"对话筐中选择阴码、列行式、逆向、C51 格式、点阵、索引等,如图 11-21(b)所示。

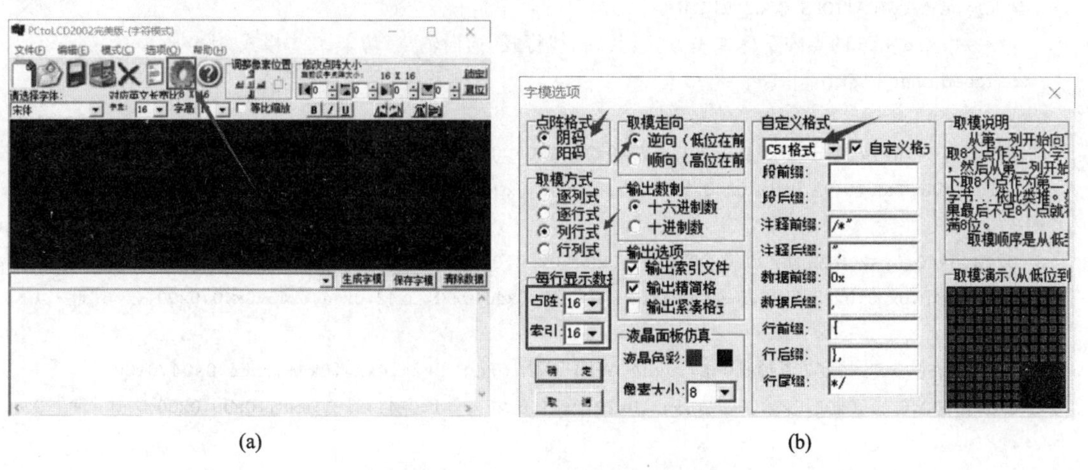

(a) (b)

图 11-21 设置显示格式(1)

(2) 设置字体并输入字符

回到主界面，如图 11－22 所示，把❶处把字体选择为“仿宋”，在❷处设置字体大小为 16×16(其他大小可在此处修改)，在❸处输入要取模的汉字“欢迎使用”，单击❹处的“生成字模”按钮，可以看到在图中的❺处，自动生成了汉字编码。

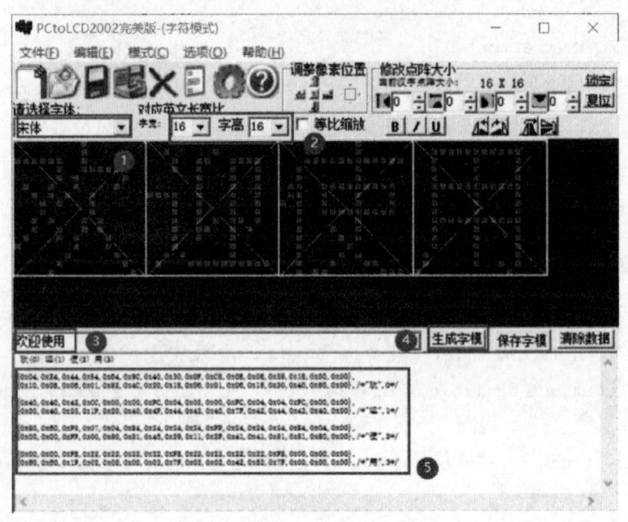

图 11－22 设置显示格式(2)

(3) 复制编码到 code_lib.h 头文件

在 code_lib.h 头文件中定义字体数组，把上一步自动生成的编码赋值给相应的字体数组，本任务定义了 3 种数组，分别是 16×16 的中文编码组数 F16x16[][16]、14×16 的中文编码组数 F14x16[][14]、8×16 的英文/特殊附号数组 F8x16[][6]。

其具体代码清单如下：

```
#ifndef APPLICATIONS_CODE_LIB_H_
#define APPLICATIONS_CODE_LIB_H_
/********16×16 的点阵字体取模方式:共阴、列行式、逆向输出、仿宋、C51 格式 ******/
unsigned char F16x16[][16] =
{
{0x04,0x24,0x44,0x84,0x64,0x9C,0x40,0x30,0x0F,0xC8,0x08,0x08,0x28,0x18,0x00,0x00},
{0x10,0x08,0x06,0x01,0x82,0x4C,0x20,0x18,0x06,0x01,0x06,0x18,0x20,0x40,0x80,0x00},/*"欢",0*/

{0x40,0x40,0x42,0xCC,0x00,0x00,0xFC,0x04,0x02,0x00,0xFC,0x04,0x04,0xFC,0x00,0x00},
{0x00,0x40,0x20,0x1F,0x20,0x40,0x4F,0x44,0x42,0x40,0x7F,0x42,0x44,0x43,0x40,0x00},/*"迎",1*/

{0x80,0x60,0xF8,0x07,0x04,0xE4,0x24,0x24,0x24,0xFF,0x24,0x24,0x24,0xE4,0x04,0x00},
{0x00,0x00,0xFF,0x00,0x80,0x81,0x45,0x29,0x11,0x2F,0x41,0x41,0x81,0x81,0x80,0x00},/*"使",2*/

{0x00,0x00,0xFE,0x22,0x22,0x22,0x22,0xFE,0x22,0x22,0x22,0x22,0xFE,0x00,0x00,0x00},
{0x80,0x60,0x1F,0x02,0x02,0x02,0x02,0x7F,0x02,0x02,0x42,0x82,0x7F,0x00,0x00,0x00}/*"用",3*/
};
```

```
/********14×16 的点阵字体取模方式:共阴、列行式、逆向输出、仿宋、C51 格式 *****/
unsigned char F14x16[][14] =
{
    /*智*/
    {0x00,0x30,0x2C,0xA6,0x78,0x64,0xA4,0x20,0xFC,0x84,0x84,0x78,0x00,0x00},
    {0x00,0x02,0x02,0x01,0x7E,0x4A,0x4B,0x4A,0x4B,0x4A,0x7E,0x00,0x00,0x00},
    /*能*/
    {0x00,0x30,0xE8,0x54,0x52,0xD8,0x30,0x00,0x7E,0x90,0x88,0x88,0x70,0x00},
    {0x00,0x00,0x7F,0x09,0x49,0x7F,0x00,0x00,0x7E,0x48,0x44,0x42,0x70,0x00},
    /*小*/
    {0x00,0x00,0x00,0x80,0x60,0x00,0x00,0xFE,0x00,0x40,0x80,0x00,0x00,0x00},
    {0x00,0x04,0x02,0x01,0x00,0x40,0x40,0x3F,0x00,0x00,0x00,0x03,0x06,0x00},
    /*车*/
    {0x00,0x00,0x08,0xC8,0x38,0x0C,0x0A,0xE8,0x08,0x08,0x88,0x08,0x00,0x00},
    {0x00,0x08,0x08,0x09,0x09,0x09,0x09,0x7F,0x09,0x09,0x08,0x08,0x08,0x00}
};
const unsigned char F8x16[][16] = {
{0x08,0xF8,0x88,0x88,0x88,0x88,0x70,0x00,0x20,0x3F,0x20,0x00,0x03,0x0C,0x30,0x20},//R
{0x18,0x08,0x08,0xF8,0x08,0x08,0x18,0x00,0x00,0x00,0x20,0x3F,0x20,0x00,0x00,0x00},//T
{0x00,0x00,0x00,0x00,0x00,0x00,0x00,0x00,0x00,0x01,0x01,0x01,0x01,0x01,0x01,0x01},//-
{0x18,0x08,0x08,0xF8,0x08,0x08,0x18,0x00,0x00,0x00,0x20,0x3F,0x20,0x00,0x00,0x00},//T
{0x08,0xF8,0x00,0x80,0x80,0x80,0x00,0x00,0x20,0x3F,0x21,0x00,0x00,0x20,0x3F,0x20},//h
{0x80,0x80,0x80,0x00,0x80,0x80,0x80,0x00,0x20,0x20,0x3F,0x21,0x20,0x00,0x01,0x00},//r
{0x00,0x00,0x80,0x80,0x80,0x80,0x00,0x00,0x00,0x1F,0x22,0x22,0x22,0x22,0x13,0x00},//e
{0x00,0x00,0x80,0x80,0x80,0x80,0x00,0x00,0x00,0x19,0x24,0x22,0x22,0x22,0x3F,0x20},//a
{0x00,0x00,0x00,0x80,0x80,0x88,0xF8,0x00,0x00,0x0E,0x11,0x20,0x20,0x10,0x3F,0x20},//d
};
#endif /* APPLICATIONS_CODE_LIB_H_ */
```

3. OLED 屏幕显示模块设计

本模块主要实现对 OLED 屏幕的初始化,并按任务要求显示相关文字和字符,我们新建 oled.c 文件来实现本模块代码,代码实现过程如下:

① 包含头文件,并定义 I²C 总线名称、从机地址、I²C 总线句柄。

这里要注意,因为显示模块需要调用 I²C 接口模块和字库模块的函数,所以还必须包含这 2 个模块的头文件。代码如下:

```
#include <stdlib.h>
#include <rtthread.h>
#include <rtdevice.h>
#include "code_lib.h"                          /*包含字库模块的头文件*/
#include "i2c.h"                               /*包含 I²C 接口模块的头文件*/
#define OLED_I2C_BUS_NAME          "i2c1"      /*OLED 连接的 I²C 总线设备名称*/
#define OLED_ADDR                  0x3c        /*I²C 总线从设备地址*/

static struct rt_i2c_bus_device *i2c_bus = RT_NULL;
```

② 编写 OLED 写命令和写数据接口，代码如下：

```
void OLED_WriteCmd(rt_int8_t cmd)
{
    I2C_write(i2c_bus, OLED_ADDR, 0x00, cmd);
}


void OLED_WriteDat(rt_int8_t dat)//写数据
{
    I2C_write(i2c_bus, OLED_ADDR, 0x40, dat);
}
```

③ 编写 OLED 初始化代码，OLED 初始化主要是通过 OLED 的写命令对 OLED 控制器进行显示相关的设置，代码如下：

```
void OLED_Init(void)
{
    //rt_thread_mdelay(100);

    OLED_WriteCmd(0xAE); //关闭显示，开启用 AF
    /* 内存寻址模式设置，设置为水平寻址 */
    OLED_WriteCmd(0x20); //内存寻址模式设置命令
    OLED_WriteCmd(0x00); //0x00，水平寻址；0x01，垂直；0x02，页寻址（此为默认模式）；其他值无效

    /* 页起始地址设置 */
    OLED_WriteCmd(0xb0); //设置页起始地址为 0
    /* 设置 COM 扫描方向 */
    OLED_WriteCmd(0xc8);

    /* 设置起始列地址 */
    OLED_WriteCmd(0x00); //低 4 位
    OLED_WriteCmd(0x10); //高 4 位

    /* 设置显示开始行，这里的行，是指一行像素点，不是一页，[5:0]设置行数 */
    OLED_WriteCmd(0x40);//从第 0 行开始显示
    /* 设置亮度 */
    OLED_WriteCmd(0x81); //亮度设置命令
    OLED_WriteCmd(0xff); //亮度值

    OLED_WriteCmd(0xa1); //--set segment re-map 0 to 127
                         //段重定义设置，bit0:0,0->0;1,0->127;
    /* 设置显示方式 */
    OLED_WriteCmd(0xa6); //bit0 决定显示方式，0：正常显示(1 亮 0 灭)，1：反向显示(0 亮 1 灭)
    /* 设置复用率(驱动路数)，复用率就是用多少行来显示 */
    OLED_WriteCmd(0xa8); //复用率设置命令
    OLED_WriteCmd(0x3F); //复用率值，默认为 0X3F(1/64)
```

```
    /*全局显示开启;bit0:1,开启;0,关闭*/
    OLED_WriteCmd(0xa4); //0xa4,按 GDDRAM 的内容显示;0xa5,忽视 GDDRAM 内容,直接点亮屏幕
    /*设置显示偏移*/
    OLED_WriteCmd(0xd3); //设置显示偏移命令
    OLED_WriteCmd(0x00); //不偏移,默认为 0
    /*设置时钟分频因子和振荡频率*/
    OLED_WriteCmd(0xd5); //--set display clock divide ratio/oscillator frequency
    OLED_WriteCmd(0xf0); //--set divide ratio[3:0],分频因子;[7:4],振荡频率

    /*设置预充电周期*/
    OLED_WriteCmd(0xd9); //--set pre-charge period
    OLED_WriteCmd(0x22); //; //[3:0],PHASE 1;[7:4],PHASE 2
    /*设置 COM 扫描方向;bit3:0,普通模式;1,重定义模式 COM[N-1]->COM0;N:复用率(驱动路数)*/
    OLED_WriteCmd(0xda); //设置 COM 硬件引脚配置
    OLED_WriteCmd(0x12); //[5:4]配置值

    OLED_WriteCmd(0xdb); //设置 VCOMH 电压倍率
    OLED_WriteCmd(0x20); //0x20,0.77xVcc

    OLED_WriteCmd(0x8d); //设置电荷泵命令
    OLED_WriteCmd(0x14); //开启 bit2,开启/关闭
    OLED_WriteCmd(0xaf); //开启 OLED 屏幕
}
```

④ 编写光标设置函数,其实主要是设置 x 坐标(列地址)和 y 坐标(页地址),页地址的设置通过 B0 命令设置,代码如下:

```
void OLED_SetPos(unsigned char x, unsigned char y) //设置起始点坐标
{
    OLED_WriteCmd(0xb0 + y);//y 坐标
    OLED_WriteCmd(((x&0xf0) >> 4)|0x10);//x 坐标高 4 位
    OLED_WriteCmd((x&0x0f)|0x01);//x 坐标低 4 位
}
```

⑤ 编写清屏函数,其实就是扫描所有页的所有列,把每一列都填写为 0,代码如下:

```
void OLED_Fill(unsigned char fill_Data)//全屏填充
{
    unsigned char m,n;
    for(m = 0;m < 8;m ++ )
    {
        OLED_WriteCmd(0xb0 + m);        //设置页地址 page0~page1
        OLED_WriteCmd(0x00);            //设置列起始地址低 4 位
        OLED_WriteCmd(0x10);            //设置列起始地址高 4 位
        for(n = 0;n < 128;n ++ )
        {
            OLED_WriteDat(fill_Data);
```

```
        }
    }
}

void OLED_CLS(void)//清屏
{
    OLED_Fill(0x00);
}
```

⑥ 编写屏幕开关函数。

```
void OLED_ON(void)
{
    OLED_WriteCmd(0X8D);  //设置电荷泵命令
    OLED_WriteCmd(0X14);  //开启

    OLED_WriteCmd(0XAF);  //OLED 唤醒
}

void OLED_OFF(void)
{
    OLED_WriteCmd(0X8D);  //设置电荷泵
    OLED_WriteCmd(0X10);  //关闭

    OLED_WriteCmd(0XAE);  //OLED 休眠
}
```

⑦ 编写中文显示函数,代码如下:

```
/*显示一个 16×16 的汉字
 * x:显示起始列
 * y:显示起始页
 * N:显示汉字在字模数组中的编号,即数组中的第几个汉字
 **/
void OLED_ShowCN(unsigned char x, unsigned char y, unsigned char N)
{
    unsigned int  col = 0;
    for(int row = 0; row < 2; row++){//一个汉字有两页(一页 8 行)
        OLED_SetPos(x, y + row);//设置起始行和列
        for(col = 0;col < 16;col++)//每行写 16 字节(一字节一列)
        {
            OLED_WriteDat(F16x16[2 * N + row][col]);
        }
    }
}
/*显示一个 14×16 的汉字*/
void OLED_ShowCN_14(unsigned char x, unsigned char y, unsigned char N)
{
```

```
    unsigned int  col = 0;
    for(int row = 0; row < 2; row++){//一个汉字有两页(一页 8 行)
        OLED_SetPos(x, y + row);//设置起始行和列
        for(col = 0;col < 14;col++)//每行写 16 字节(一字节一列)
        {
            OLED_WriteDat(F14x16[2 * N + row][col]);
        }
    }
}
/* 显示 8×16 大小的英文 */
void OLED_ShowEN(unsigned char x, unsigned char y)
{
    int i,j;
    for(i = 0;i < 9;i++)//9 字节,每字节占 2 页(高度是 16 bit,一页 8 bit)
    {
        OLED_SetPos(x,y);//设置光标
        for(j = 0;j < 8;j++)
            OLED_WriteDat(F8x16[i][j]);//显示字节的上半部分
        OLED_SetPos(x,y + 1);//光标垂直移动 1 页
        for(j = 0;j < 8;j++)
            OLED_WriteDat(F8x16[i][j + 8]);//显示字节的下半部分
        x += 8;//水平移动列
    }
}
/* 显示全部信息 */
void oled_display()
{
    unsigned char i;
    i2c_bus = (struct rt_i2c_bus_device *)rt_device_find(OLED_I2C_BUS_NAME);

    if (i2c_bus == RT_NULL)
    {
        rt_kprintf("can't find %s device! \n", OLED_I2C_BUS_NAME);
    }
    OLED_Init();
    OLED_Fill(0xFF);//全屏点亮
    OLED_Fill(0x00);//全屏灭
    for(i = 0;i < 4;i++)
    {
        OLED_ShowCN(8 + 2 * i * 16,2,i);//显示 16×16 中文:欢迎使用
    }
    OLED_ShowEN(0,4);//显示英文字母:RT-Thread
    for(i = 0;i < 4;i++)
    {
        OLED_ShowCN_14(72 + i * 14,4,i);//显示 14×16 中文:智能小车
    }
```

```
}
```

⑧ 导出到 msh 命令列表中。

本任务希望通过命令来执行屏幕显示，所以需要把显示接口 oled_display 导出到 msh 命令中，代码如下：

```
/ * 导出到 msh 命令列表中 * /
MSH_CMD_EXPORT(oled_display, OLED display);
```

11.4.4 测　试

下载程序并启动系统后，在终端中输入 oled_display 命令，OLED 屏幕的显示如图 11-23 所示。

图 11-23　OLED 屏幕显示

练习 11

1. 判断题

(1) I^2C 总线上可以挂接多个设备。(　　)

(2) 主机每次发送完 1 字节数据后，可以直接发送下 1 字节数据，不用等待。(　　)

(3) rt_i2c_transfer 可以在中断服务程序中使用。(　　)

2. 填空题

(1) I^2C 总线由________根信号线组成，分别是________和________。

(2) I^2C 总线的 SDA 和 SCL 这两根线通常必须接一个________电阻。

(3) 图 11-24 所示时序为 I^2C 总线的________信号。

(4) 图 11-25 所示时序为 I^2C 总线的________信号。

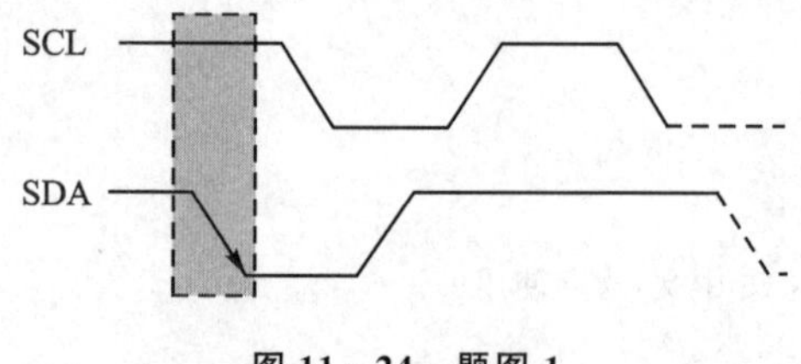

图 11-24　题图 1

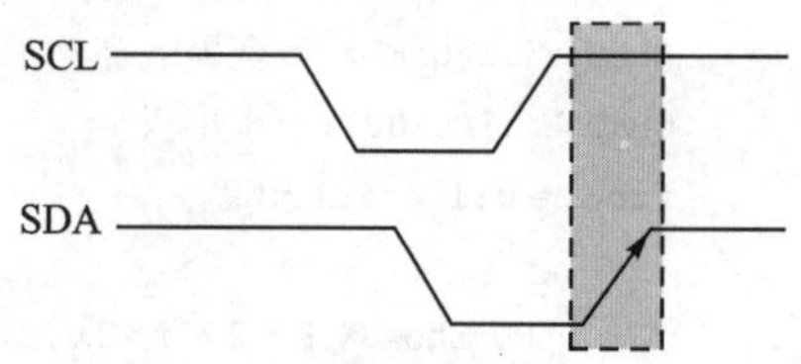

图 11-25　题图 2

(5) RT-Thread 通过________函数向 I^2C 总线发送数据。

(6) OLED 的 3 种 GDDRAM 寻址模式分别为________、________、________。

第12章 使用脉冲码盘设备测量小车行驶速度

 本章概述

脉冲码盘通常用来测量电机转动的角位移。本章首先对编码器进行介绍，使读者了解编码器的结构、分类及使用方法；然后分4个任务学习脉冲码盘在电机转速测量中的应用，任务12-1为电机转动方向测量实例，任务12-2为电机转动速度测量实例，任务12-3为同时测量电机转动方向和速度的实例，任务12-4为RT-Thread的Pulse Encoder设备在电机测速方面的应用实例。通过本章的学习，读者可以全面了解RT-Thread系统中直流电机的测速方法。

 知识目标

- 了解编码器的工作原理；
- 了解电机转速测量原理；
- 掌握PIN引脚回调函数的使用方法；
- 掌握RT-Thread Pulse Encoder设备的使用方法。

 技能目标

- 能够编写PIN引脚回调函数进行脉冲计数；
- 能够使用脉冲码盘进行电机速度测量；
- 能够使用RT-Thread的Pulse Encoder设备读取脉冲计数值。

12.1 编码器及其测速原理

编码器是一种用于测量角位移的传感器。它能够测量机械部件在旋转时的角位移信息，并把测得的角位移转换成为一系列脉冲形式的电信号输出。

12.1.1 编码器的分类

编码器按检测原理可以分为光电编码器和霍尔编码器。

1. 光电编码器

光电编码器是一种通过光电转换将转动轴上的角位移量转换成脉冲信号的传感器。这是目前应用较广泛的编码器，光电编码器通常由光源、光栅码盘和光敏装置组成，如图12-1所示。

光栅码盘在一定直径的圆盘上均匀地开通若干个透光孔。因为光电码盘和电动机同轴，所以电动机转动时，光栅码盘会和电动机同步转动，经发光二极管、光敏器件等电子元件组成的检测装置就可以输出一系列脉冲信号，通过计算输出脉冲的个数，就可以知道电机转动的角

度，这样，通过计算单位时间内脉冲的个数就可以计算得到电机的转动速度。

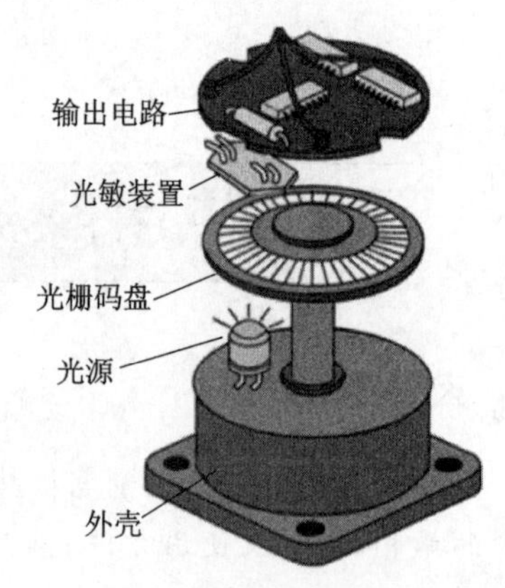

图 12-1 光电码盘结构

此外，光栅码盘可以设置 2 个码道，使两个码道之间的透光孔错开，这样，编码器可以输出相位相差 90°的两路脉冲信号。通过相位的超前和滞后，我们可以判断电机的旋转方向，如图 12-2 所示。

2. 霍尔编码器

霍尔编码器是一种通过磁电转换将转动轴上的角位移量转换成脉冲信号的传感器。霍尔编码器通常由霍尔码盘（也叫磁环）和霍尔元件组成，如图 12-3 所示。

霍尔码盘是在一定直径的圆盘上间隔均匀地布置着不同的磁极。因为霍尔码盘与电动机同轴，所以电动机转动时，霍尔元件通过磁电转换可以检测到转动并输出一系列脉冲信号，与光电编码器一样，霍尔编码器一般输出两组存在 90°相位差的脉冲信号供转向判断。

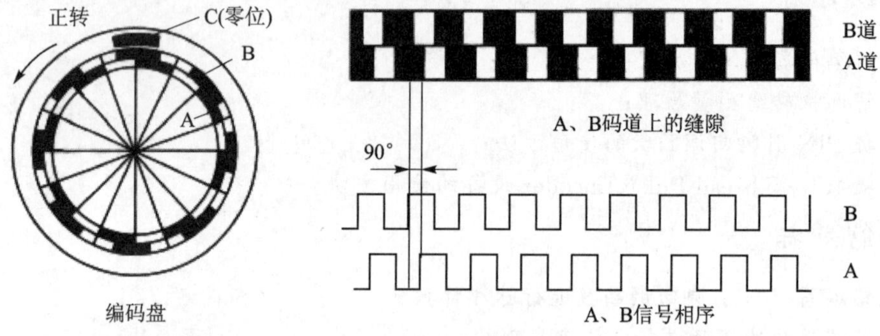

图 12-2 编码盘的 A、B 相

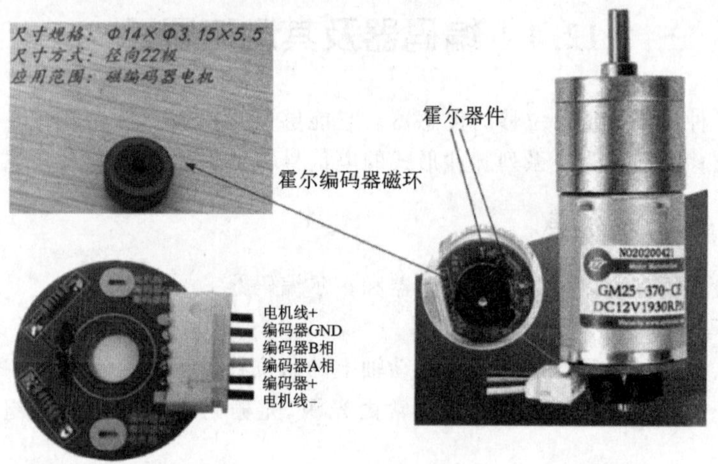

图 12-3 霍尔编码器

12.1.2 编码器的参数

1. 分辨率

编码盘所能分辨的旋转角度称为编码盘的分辨率，对于上述介绍的两种编码器，其分辨率用编码器转轴旋转一圈所产生的脉冲数表示，即脉冲数/转（Pulse Per Revolution 或 PPR）。码盘上透光孔槽的数目其实就是分辨率，通常叫多少线，较为常见的有 5 000～6 000 线。

2. 精　度

精度是指编码器读数与转轴实际位置间的最大误差。它与分辨率是两个不同的概念，精度大小取决于码盘刻线加工精度、转轴同心度、材料的温度特性、电路的响应时间等各方面因素。

精度通常用角度、角分或角秒来表示。例如有些编码器参数表里会写$\pm 40'$，说明编码器输出的角度读数与转轴实际角度之间存在正负 40 角分的误差。

12.1.3 编码器测速原理

电机转动的速度通常采用编码器来测量。由于编码盘与电机同步转动，电机每转过一个透光孔槽就会产生一个脉冲，所以通过测量输出脉冲的频率，就可以知道电机的转动频率，从而知道电机的转动速度。

1. 方向测量

可以把其中某一相（如 B 相）输出接到单片机的外部中断引脚，而另一相（如 A 相）输出接到单片机另个一个输入引脚，在 B 相的上升沿读取 A 相的电平值，如果为 1，则为正转，如图 12－4 所示；如果为 0，则为反转，如图 12－5 所示。

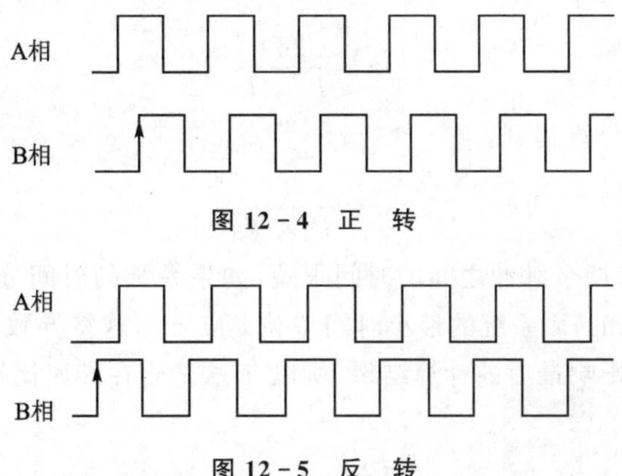

图 12－4　正　转

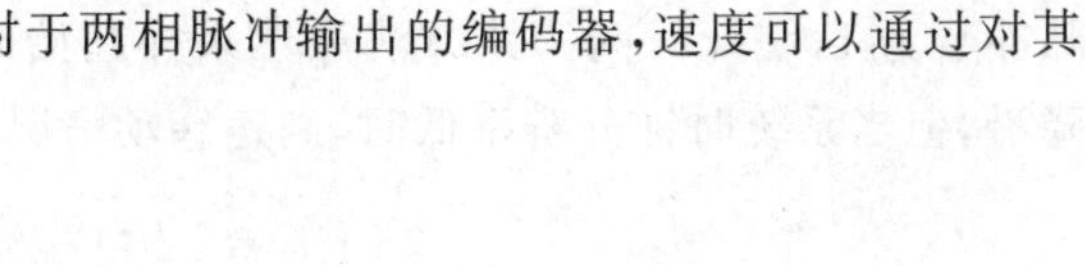

图 12－5　反　转

2. 速度测量

如图 12－6 所示，对于两相脉冲输出的编码器，速度可以通过对其中任何一个相的上升沿或下降沿进行计数。

(1) M 法测量

通过在单位时间内统计编码器输出脉冲数来测量转速的方法称为 M 法，假设 1 s 统计到脉冲数为 M，而编码器的分辨率为 P，则电机的转动角速度 w 可通过下式计算得到：

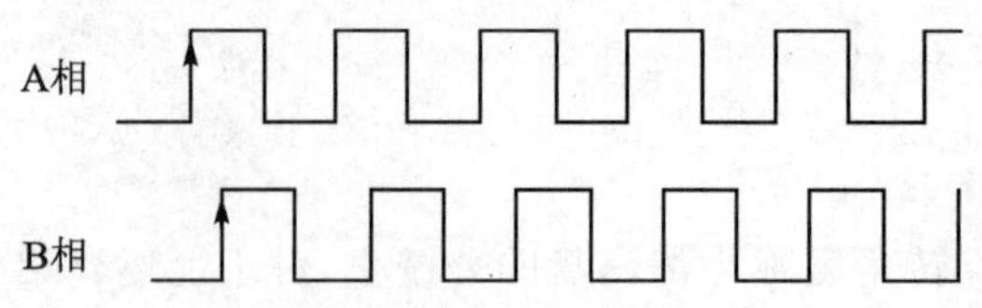

图 12-6　速度测量

$$w = \frac{360 \times M}{P} \tag{12-1}$$

转速 n 可通过下式计算得到：

$$n = \frac{M}{P} \tag{12-2}$$

M 法测量存在一个问题，如图 12-7 所示，不同时刻进行测量，在时刻 a 和时刻 b，同样是进行 1 s 测量，统计得到的脉冲数不同，这种情况，在低速转动时，误差会比较大，所以 M 法适合在转速比较高的情况下使用。

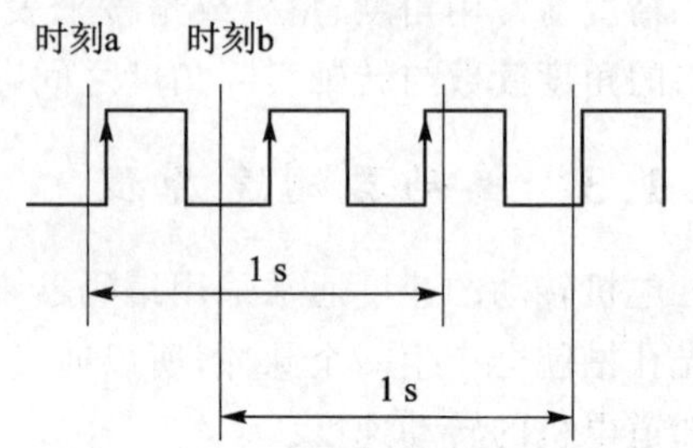

图 12-7　测量起始时间不同，速度不同

(2) T 法测量

通过测量编码器输出脉冲的周期(两个脉冲之间的间隔)来测量转速的方法称为 T 法，T 法又叫做周期测量法。

假设测量到前后两个上升降之间的时间间隔为 T，编码器的分辨率为 P，则电机的转动角速度 w 可通过下式计算得到：

$$w = \frac{360}{P \times T} \tag{12-3}$$

转速 n 可通过下式计算得到：

$$n = \frac{1}{P \times T} \tag{12-4}$$

在高速转动情况下，两个脉冲之间的时间很短，如果系统的时间分辨率跟不上(如 2 个脉冲实际时间间隔为 0.5 ms，而系统的最小时间单位是 1 ms，这将导致测量到的时间为 0)，则会因为时间测量不准而影响最后的计算结果，所以 T 法适合在转速比较低的情况下使用。

(3) M/T 法测量

M 法和 T 法各有优缺点，M 法的特点是固定时间，统计脉冲数。该方法计算误差主要是因为采样起始时刻和结束时刻存在随意性，导致统计脉冲数可能相差 1 个脉冲。

T 法的特点是固定脉冲数为 1，统计时间。该方法虽然采样起始时刻和结束时刻都固定在了脉冲的上升沿或下降沿，但当系统时钟分辨率低时，高速转动情况下也可能因时间分辨率不够而导致计算误差。

可以结合 M 法和 T 法的优点，同时统计脉冲数和时间，具体做法如下：在脉冲的上升沿(或下降沿)开始计时，同时统计脉冲数，每收到一个脉冲查看计时时间，如果计时时间还未达 1 s，则继续计时，继续统计脉冲数；如果计时已超过 1 s，则停止计时，停止统计脉冲，记录此时

的时间 T 和脉冲数 M，通过下式可以计算转速 n，即

$$n=\frac{M}{P\times T} \tag{12-5}$$

式中：P 为编码器的分辨率。

从式(12－5)可以看出，在高速情况下，T 的值比 1 s 大一点(高速情况下，脉冲时间间隔很小)，M 的值很大，T 可以约等于 1，此时公式演变为 M 法的公式；在低速情况下，T 的值比 1 s 大得多(在低速情况下，脉冲时间间隔大)，此时如果相邻脉冲时间间隔大于 1 s，则 M 等于 1，公式演变为 T 法的公式。

综上，M/T 法对于低速和高速都适用。

12.2 任务 12－1 车轮转动方向测量

项目描述：本项目的任务是检测小车车轮的转动方向，并把检测结果通过控制台输出，输出信息为正转、反转或停止。

任务 12－1
实战演示

12.2.1 硬件设计

如图 12－8 所示，小车左车轮编码器的 A 相输出接到 PD12 引脚，B 相输出接到 PD13 引脚。

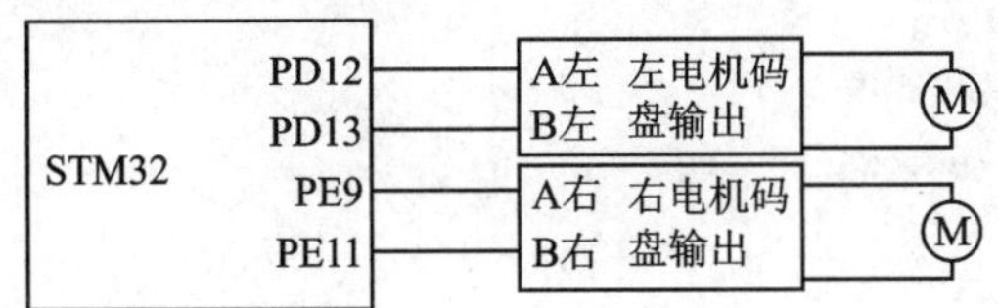

图 12－8 电路连接

12.2.2 程序设计

根据前面编码器知识的介绍，我们可以把 B 相对应的引脚 PD13 设置为输入模式，上升沿触发中断，在中断回调函数中测量 A 相对应引脚 PD12 的电平值，当引脚 PD12 的电平为“1”时，输出“正转”；当引脚 PD12 的电平为“0”时，输出“反转”；当一段时间内一直没有中断时，输出“停止”。

新建名称为 car_speed 的项目，在项目中新建 speed.c 文件，代码清单如下：

```
#include <rtthread.h>
#include <rtdevice.h>
#include "drv_common.h"
#define DBG_TAG "SPEED"
#define DBG_LVL DBG_LOG
#include <rtdbg.h>
/*定义电机方向枚举类型 */
enum motorDir
{
```

```
    MOTOR_DIR_STOP = 0,        //停止
    MOTOR_DIR_FORWORD,         //正转
    MOTOR_DIR_BACKORD          //反转
};

struct motor_encoder{
    char name[16];             //自定义码盘的名字
    rt_base_t phaseA;          //A 相引脚
    rt_base_t phaseB;          //B 相引脚
    enum motorDir dir;         //电机方向变量,用于记录电机方向
    rt_sem_t sem;              //信号量,用于中断与线程之前的通信
};

struct motor_encoder encoder_l = {
        .name = "ecdr_l",
        .phaseA = GET_PIN(D, 12),   /* A 相引脚 */
        .phaseB = GET_PIN(D, 13),   /* B 相引脚 */
        .sem = RT_NULL
};//左编码盘

/* 中断回调函数,如果 B 相引脚有上升沿到达,则此函数会被执行 */
void call_back(void * arg)
{
struct motor_encoder * encoder = arg;
    int value = -1;
    /* 读 A 相电平值 */
    value = rt_pin_read(encoder->phaseA);
    if(PIN_HIGH == value)
        /* 如果电平值为高电平,则方向变量设置为正转 */
        encoder->dir = MOTOR_DIR_FORWORD;
    else {
        /* 否则,方向变量设置为反转 */
        encoder->dir = MOTOR_DIR_BACKORD;
    }
    rt_sem_release(encoder->sem);
}

void motor_encoder_init(struct motor_encoder * encoder)
{

    encoder->sem = rt_sem_create(encoder->name, 0, RT_IPC_FLAG_PRIO);
    /* 设置引脚模式为输入模式 */
    rt_pin_mode(encoder->phaseA,PIN_MODE_INPUT);
    rt_pin_mode(encoder->phaseB,PIN_MODE_INPUT);
    /* 绑定中断回调函数 */
```

```
        rt_pin_attach_irq(encoder->phaseB,PIN_IRQ_MODE_RISING,call_back,encoder);

        /*把方向变量设置为停止,如果有上升沿,则中断回调函数会修改此值,所以后面可以通过此变量
判断是否有上升沿到达*/
        encoder->dir = MOTOR_DIR_STOP;
    }

    /*获取电机方向的函数 */
    void motor_encoder_dir(struct motor_encoder* encoder)
    {

        if(encoder->sem == RT_NULL)
        {
            LOG_E("please init first");
            return;
        }
        encoder->dir = MOTOR_DIR_STOP;//先把方向设置为停止
        rt_pin_irq_enable(encoder->phaseB,PIN_IRQ_ENABLE);//使能中断
        /*等待5 s,如果没有中断,结束等待 */
        rt_sem_take(encoder->sem, 5000);
        /*关闭引脚中断 */
        rt_pin_irq_enable(encoder->phaseB,PIN_IRQ_DISABLE);

        /*判断方向并打印 */
        switch (encoder->dir){
        case MOTOR_DIR_STOP:
            rt_kprintf("STOP\n");
            break;
        case MOTOR_DIR_FORWORD:
            rt_kprintf("FORWORD\n");
            break;
        case MOTOR_DIR_BACKORD:
            rt_kprintf("BACKWORD\n");
            break;
        default:
            rt_kprintf("ERROR\n");
        }
    }

    void motor_get_dir()
    {
        if(!encoder_l.sem)
            motor_encoder_init(&encoder_l);
        motor_encoder_dir(&encoder_l);
    }
```

```
/* 导出到 msh 命令列表中 */
MSH_CMD_EXPORT(motor_get_dir, get motor direction);
```

12.2.3 测　试

下载程序并启动系统后，进行如下测试：

① 保持车轮不动，在控制台输入 motor_get_dir 命令，1 s 超时后会观察到控制台打印出 STOP 字样。

② 向前转动车轮，在控制台输入 motor_get_dir 命令，可以观察到控制台打印出 FORWORD 字样。

③ 向后转动车轮，在控制台输入 motor_get_dir 命令，可以观察到控制台打印出 BACKWORD 字样。

测试结果如图 12-9 所示。

```
 \ | /
- RT -     Thread Operating System
 / | \     4.0.3 build Feb 11 2022
 2006 - 2020 Copyright by rt-thread team
msh >motor_get_dir
STOP
msh >motor_get_dir
STOP
msh >motor_get_dir
FORWORD
msh >motor_get_dir
BACKWORD
msh >
```

图 12-9　转动方向测试结果

12.3　任务 12-2　采用 M 法测量小车车轮转动速度

任务描述：本任务在任务 12-1 的基础上，加上测速函数，函数采用 M 法来测量小车车轮的转速，测量时间周期为 1 s。

任务 12-2
实战演示

12.3.1 硬件设计

硬件设计如任务 12-1。

12.3.2 软件设计

采用 M 法测量，用编码器 B 相所对应用的引脚 PD13 的上升沿触发中断，在中断服务函数中，使脉冲计数值加 1；计时周期为 1 s，使用函数 rt_thread_delay(1000)完成 1 s 计时。

不需要新建工程和文件，直接删除任务 12-1 中文件 speed.c 的内容，重新编写速度测试代码。

speed.c 代码清单如下：

```
#include <rtthread.h>
#include <rtdevice.h>
#include "drv_common.h"
#define DBG_TAG "SPEED"
#define DBG_LVL DBG_LOG
#include <rtdbg.h>

/* B相引脚定义 */
#define MOTOR_PHASE_B GET_PIN(D, 13)
/* 定义编码器分辨率 */
#define CODER_RESOLUTION 16
/* 脉冲计算变量,初始化为0,volatile保证读取变量时,取到最新值 */
static volatile rt_int32_tpulseCount = 0;

/* 测速情况下的中断回调函数,如果B相引脚有上升沿到达,则此函数会被执行 */
void speek_cb()
{
    pulseCount++;
}

/* 采用M法获取电机转速的函数 */
void motor_get_speed(void)
{
    int speed;
    pulseCount = 0;//清0计数
    /* 设置引脚模式为输入模式 */
    rt_pin_mode(MOTOR_PHASE_B,PIN_MODE_INPUT);
    /* 绑定中断回调函数 */
    rt_pin_attach_irq(MOTOR_PHASE_B,PIN_IRQ_MODE_RISING,speek_cb,RT_NULL);

    rt_pin_irq_enable(MOTOR_PHASE_B,PIN_IRQ_ENABLE);//使能中断
    rt_thread_mdelay(1000);
    /* 解绑定回调函数 */
    rt_pin_detach_irq(MOTOR_PHASE_B);
    /* 关闭引脚中断 */
    rt_pin_irq_enable(MOTOR_PHASE_B,PIN_IRQ_DISABLE);
    speed = pulseCount/CODER_RESOLUTION;
    rt_kprintf("motor speed is %d r/s\n",speed);
}
MSH_CMD_EXPORT(motor_get_speed, get motor speed);
```

12.3.3 测　试

下载程序并启动系统后,进行如下测试:

① 保持车轮不动,在控制台输入 motor_get_speed 命令,1 s 超时后会观察到控制台打印

出速度为 0。

② 转动车轮，在控制台输入 motor_get_speed 命令，可以观察到，当转动较慢时，打印的速度值比较小；当快速转动时，打印的速度值比较大。

测试结果如图 12 - 10 所示。

```
msh >
 \ | /
- RT -     Thread Operating System
 / | \     4.0.3 build Feb 11 2022
 2006 - 2020 Copyright by rt-thread team
msh >motor_get_speed
motor speed is 0 r/s
msh >motor_get_speed
motor speed is 71 r/s
msh >motor_get_speed
motor speed is 124 r/s
msh >motor_get_speed
motor speed is 0 r/s
```

图 12 - 10　速度测量结果

12.4　任务 12 - 3　同时测量方向和速度

任务描述：本任务把方向和速度结合在一起，用速度正值表示正转，速度负值表示反转，0 表示停止。

任务 12 - 3
实战演示

12.4.1　程序设计

本任务采用分层设计和面向对象思想，设计一个编码盘结构体，结构体中的元素为编码盘的属性，一个编码盘的属性有 A 相、B 相、当前脉冲计数和当前速度。

任务中使用中断方式捕获码盘输出信号（B 相输出）的上升沿并对上升沿计数，同时创建一个线程专门用于计算速度。

新建项目，在项目中新建文件 speed.h 和 speed.c，整体代码编写如下：

（1）speed.h 代码清单

```
#ifndef APPLICATIONS_SPEED_H_
#define APPLICATIONS_SPEED_H_
struct encoder{
    rt_base_t phaseA;//A 相引脚
    rt_base_t phaseB;//B 相引脚
    rt_uint32_t counter;//脉冲计数
    rt_int32_t speed;//速度
};
void encoder_init(struct encoder * ecd);

#endif /* APPLICATIONS_SPEED_H_ */
```

(2) speed.c 代码清单

```
#include <rtthread.h>
#include <rtdevice.h>
#include "drv_common.h"
#include "speed.h"

/* 中断回调函数,如果 B 相引脚有上升沿到达,则此函数会被执行 */
void call_back(void *args)
{
    struct encoder *ecd = (struct encoder *)args;
    /* 读 A 相电平值 */
    if(PIN_HIGH == rt_pin_read(ecd->phaseA)){
        /* 如果电平值为高电平,则正转,计数加 1 */
        ecd->counter++;
    }
    else {
        /* 否则,反转,计数减 1 */
        ecd->counter--;
    }
}

void encoder_entry(void * arg)
{
    struct encoder * ecd;
    rt_uint32_t s,e;
    ecd = (struct encoder *)arg;
    while(1){
        s = ecd->counter;//起始计数值
        rt_thread_mdelay(200);
        e = ecd->counter;//结束计数值
        if(e > s)//结束大于起始,一般情况下为正转;但也可能是反转时,发生下溢
            ecd->speed = (e - s > 0x7FFFFFFF)? -(0xFFFFFFFF - e + s + 1): (e - s);
        else {//结束小于起始,一般情况下为反转;但也可能是正转时,发生上溢
            ecd->speed = (s - e > 0x7FFFFFFF)? (0xFFFFFFFF - s + e + 1): -(s - e);
        }
        ecd->speed = ecd->speed * 1000/200;
    }
}

#define THREAD_PRIORITY         20
```

```
#define THREAD_STACK_SIZE        512
#define THREAD_TIMESLICE         10
void encoder_init(struct encoder * ecd)
{
    rt_thread_t tid;
    /* 设置引脚模式为输入模式 */
    rt_pin_mode(ecd->phaseA,PIN_MODE_INPUT);
    rt_pin_mode(ecd->phaseB,PIN_MODE_INPUT);
    /* 绑定中断回调函数 */
    rt_pin_attach_irq(ecd->phaseB,PIN_IRQ_MODE_RISING,call_back,ecd);
    rt_pin_irq_enable(ecd->phaseB,PIN_IRQ_ENABLE);//使能中断

    /* 创建线程,名称是 encoder,入口是 encoder_entry */
    tid = rt_thread_create("encoder",
                            encoder_entry, ecd,
                            THREAD_STACK_SIZE,
                            THREAD_PRIORITY, THREAD_TIMESLICE);
    /* 如果获得线程控制块,则启动这个线程 */
    if (tid != RT_NULL)
        rt_thread_startup(tid);
}
```

(3) main.c 代码清单

```
#include <rtthread.h>
#include <rtdevice.h>
#include "drv_common.h"
#define DBG_TAG "main"
#define DBG_LVL DBG_LOG
#include <rtdbg.h>
#include "speed.h"
struct encoder motorEncoder = {
        .phaseA = GET_PIN(D, 12),      //A 相引脚
        .phaseB = GET_PIN(D, 13)       //B 相引脚
};

int main(void)
{
    encoder_init(&motorEncoder);
    while (1)
    {
        LOG_D("speed = %d",motorEncoder.speed);
```

```
        rt_thread_mdelay(1000);
    }
    return RT_EOK;
}
```

12.4.2 测　试

运行程序，手动使车轮正转后再反转，观察终端输出，测试结果如图 12－11 所示，电机停止时，输出速度为 0；电机正转时，速度为正值；电机反转时，速度为负值。

```
[D/main] speed=0
[D/main] speed=0
[D/main] speed=525
[D/main] speed=440
[D/main] speed=0
[D/main] speed=-820
[D/main] speed=-570
[D/main] speed=-480
[D/main] speed=-350
[D/main] speed=0
[D/main] speed=540
[D/main] speed=75
[D/main] speed=580
[D/main] speed=190
[D/main] speed=0
[D/main] speed=0
```

图 12－11　速度和方向测量结果

12.5 任务 12－4　使用 Pulse Encoder 设备进行测速

任务描述：在任务 12－3 中，我们使用引脚中断实现对脉冲码盘脉冲的计数，事实上，STM32 的定时器可以设置为编码盘模式，并且 RT－Thread 有专门针对脉冲码盘的设备驱动程序，本任务，我们通过 RT－Thread 脉冲码盘设备驱动程序接口来读取脉冲码盘脉冲的计数。

任务 12－4
实战演示

12.5.1 硬件设计

本任务使用 TIM4 的编码器功能，把码盘的 A 相和 B 相分别接到 STM32 的 PD12(TIM4_CH1)引脚和 PD13(TIM4_CH2)引脚，具体连接图参照任务 12－1。

12.5.2 新建项目及 BSP 配置

基于芯片新建项目，并进行如下配置：

① 使能脉冲编码器(Pulse Encoder)设备驱动程序，如图 12－12 所示。

② 在 drivers/board.h 中定义宏如下：

```
#define  BSP_USING_PULSE_ENCODER4
```

③ 复制 RT-Thread 源码中的 drv_pulse_encoder. c 到项目目录 drivers 下。

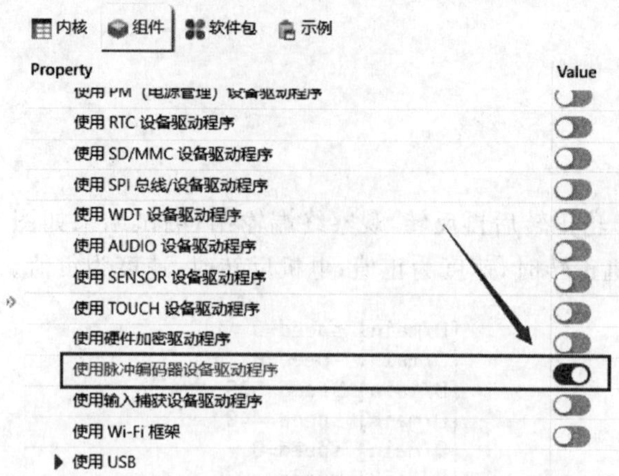

图 12-12　使能脉冲编码器驱动程序

RT-Thread 目前版本基于芯片创建的项目在 drivers 目录下没有 drv_pulse_encoder. c 文件,因此无法注册脉冲码盘设置,但是我们可以在 RT-Thread 安装路径中找到,如图 12-13 所示,把该目录下的 drv_pulse_encoder. c 文件复制到项目的 drivers 目录下。

RT-ThreadStudio › repo › Extract › RT-Thread_Source_Code › RT-Thread › 4.0.3 › bsp › stm32 › libraries › HAL_Drivers

名称	修改日期	类型	大小
drv_lcd.c	2021/6/25 23:03	C 文件	12 KB
drv_lcd_mipi.c	2021/6/25 23:03	C 文件	8 KB
drv_log.h	2021/6/25 23:03	H 文件	1 KB
drv_lptim.c	2021/6/25 23:03	C 文件	3 KB
drv_lptim.h	2021/6/25 23:03	H 文件	1 KB
drv_pm.c	2021/6/25 23:03	C 文件	6 KB
drv_pulse_encoder.c	2021/6/25 23:03	C 文件	9 KB
drv_pwm.c	2021/6/25 23:03	C 文件	14 KB
drv_qspi.c	2021/6/25 23:03	C 文件	11 KB
drv_qspi.h	2021/6/25 23:03	H 文件	1 KB
drv_rtc.c	2021/6/25 23:03	C 文件	9 KB
drv_sdio.c	2021/6/25 23:03	C 文件	26 KB

图 12-13　drv_pulse_encoder. c 文件的位置

复制完后,在 drv_pulse_encoder. c 文件中增加头文件如下:

```
#include "board.h"
#ifdef RT_USING_PULSE_ENCODER
/*********************** 增加以下包含文件 ****************************/
#include <rtdevice.h>   //struct rt_pulse_encoder_device 定义需要用到
#include "pulse_encoder_config.h" //PULSE_ENCODER1_INDEX 定义需要用到
/*******************************************************************/
//#define DRV_DEBUG
#define LOG_TAG             "drv.pulse_encoder"
#include <drv_log.h>
```

④ 用 STM32CubeMX 配置 TIM4 为编码盘模式,如图 12-14 所示。

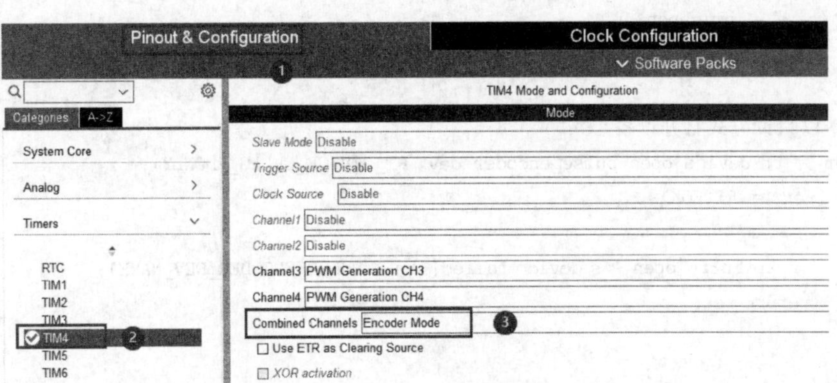

图 12-14 配置 TIM2 为编码盘模式

12.5.3 代码编写

新建源文件 pulse.c 用于编写代码，代码设计过程如下：

① 首先根据脉冲编码器的设备名称 pulse4 查找设备获取设备句柄。

② 以只读方式打开设备 pulse4。

③ 读取脉冲编码器设备的计数值。

④ 清空脉冲编码器的计数值(可选步骤)。

```
/*
 * 程序清单:这是一个脉冲编码器设备使用例程
 * 例程导出了 pulse_encoder_sample 命令到控制终端
 * 命令调用格式:pulse_encoder_sample
 * 程序功能:每隔 500 ms 读取一次脉冲编码器外设的计数值,然后清空计数值,将读取到的计数值打印
           出来。
 */

#include <rtthread.h>
#include <rtdevice.h>

#define PULSE_ENCODER_DEV_NAME      "pulse4"    /* 脉冲编码器名称 */

static int pulse_encoder_sample(int argc, char *argv[])
{
    rt_err_t ret = RT_EOK;
    rt_device_t pulse_encoder_dev = RT_NULL;   /* 脉冲编码器设备句柄 */
    rt_uint32_t index;
    rt_int32_t count;

    /* 查找脉冲编码器设备 */
    pulse_encoder_dev = rt_device_find(PULSE_ENCODER_DEV_NAME);
    if (pulse_encoder_dev == RT_NULL)
    {
        rt_kprintf("pulse encoder sample run failed! can't find %s device!\n",
PULSE_ENCODER_DEV_NAME);
```

```
        return RT_ERROR;
    }

    /* 以只读方式打开设备 */
    ret = rt_device_open(pulse_encoder_dev, RT_DEVICE_OFLAG_RDONLY);
    if (ret != RT_EOK)
    {
        rt_kprintf("open %s device failed! \n", PULSE_ENCODER_DEV_NAME);
        return ret;
    }

    for (index = 0; index <= 10; index ++)
    {
        rt_thread_mdelay(500);
        /* 读取脉冲编码器计数值 */
        rt_device_read(pulse_encoder_dev, 0, &count, 1);
        /* 清空脉冲编码器计数值 */
        rt_device_control(pulse_encoder_dev, PULSE_ENCODER_CMD_CLEAR_COUNT, RT_NULL);
        rt_kprintf("get count %d\n",count);
    }

    rt_device_close(pulse_encoder_dev);
    return ret;
}
/* 导出到 msh 命令列表中 */
MSH_CMD_EXPORT(pulse_encoder_sample, pulse encoder sample);
```

12.5.4 测　试

测试结果如图 12 - 15 所示。

```
 \ | /
- RT -     Thread Operating System
 / | \     4.0.3 build Mar 30 2022
 2006 - 2020 Copyright by rt-thread team
msh >pulse_encoder_sample
get count 168
get count 904
get count 379
get count 258
get count 0
get count 0
get count -751
get count -570
get count -353
get count 413
get count 319
get count 67
get count -323
get count -288
get count 0
get count 2
```

图 12 - 15　脉冲码盘测试结果

练习 12

1. 填空题

(1) 光电编码器,是一种通过光电转换将转动轴上的角位移量转换成________信号的传感器。

(2) 通过码盘输出信号相位的超前和滞后,我们可以判断电机的________。

(3) 通过测量码盘输出脉冲的________,就可以知道电机的转动频率,从而知道电机的转动速度。

(4) 通过在单位时间内统计编码器输出脉冲数来测量转速的方法称为________测量。

(5) 通过测量编码器输出脉冲的周期(两个脉冲之间的间隔)来测量转速的方法称为________测量。

2. 思考题

高速路上如何测量某个路段的车流量?

第13章

使用 Sensor 设备进行温度测量

本章概述

随着物联网的发展，已经有大量的传感器被开发出来供开发者选择，如：加速度计（Accelerometer）、磁力计（Magnetometer）、陀螺仪（Gyroscope）、气压计（Barometer/Pressure）、湿度计（Humidometer）等。这些传感器，世界上的各大半导体厂商都有生产，虽然增加了市场的可选择性，但同时也加大了应用程序开发的难度。因为不同传感器厂商的不同传感器都需要配套自己独有的驱动才能运转起来，这样在开发应用程序时就需要针对不同的传感器做适配，加大了开发难度。为了降低应用开发的难度，增加传感器驱动的可复用性，RT－Thread 设计了 Sensor 设备驱动层，该层的主要作用是屏蔽了传感器硬件操作的差异，为传感器设备数据读取数据统一接口，即应用程序可以通过统一的接口来读取不同传感器的采样值。

本章以温度传感器为例，说明 RT－Thread Sensor 设备驱动程序的使用方法。

知识目标

➢ 了解单总线工作原理；

➢ 了解 DS18B20 数字温度传感器的 ROM 指令和 RAM 指令；

➢ 了解 DS18B20 数字温度传感器温度采样流程；

➢ 掌握 RT－Thread Sensor 设备驱动程序的使用方法。

技能目标

➢ 能够根据单总线时序描述编写单总线相关时序代码；

➢ 能够使用 DS18B20 进行温度采样；

➢ 能够向 RT－Thread Sensor 设备驱动程序注册 Sensor 设备；

➢ 能够使用 RT－Thread Sensor 设备驱动程序接口读取传感器的测量值。

13.1 单线程协议简介

单总线（one－wire）是一种串行数据通信总线，它采用单根信号线进行数据传输，同时传输时钟和数据，而且数据传输是双向的。

单总线采用一根线实现数据双向传输。因此其协议有较严格的时序要求。单总线协议中规定的基本时序包括：复位与应答时序（也叫初始化时序）、写 1 位时序、读 1 位时序。下面分别说明这三种时序。

1. 复位与应答时序

单总线上的所有通信都是以复位与应答时序开始的，即每次通信都要对总线进行初始化（包括复位和等待应答）。其时序如图 13－1 所示，包括：

① 主机发出复位信号。复位信号为:输出 480～960 μs 的低电平,然后释放总线(释放总线后,4.7 kΩ 的上拉电阻会将总线拉为高电平)。

② 从机回复应答信号。从机收到复位信号后,在 15～60 μs 后,发出应答信号,应答信号为:拉低总线 60～240 μs,再释放总线。

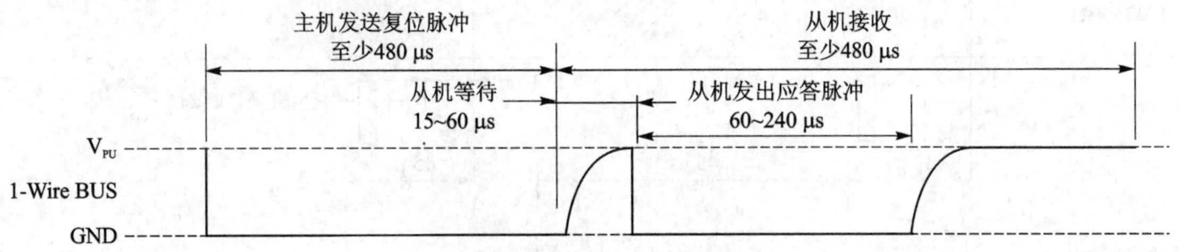

图 13-1　单总线初始化时序

如果主机发出复位信号,一直没有收到应答信号,则通信不能往下进行。

如果主机接收到复位信号,则主机从开始进入接收模式到整个初始化结束至少需要 480 μs,这样才算完成单总线通信的初始化。

2. 写 1 位时序

如图 13-2 所示,写 1 位时序至少需要 60 μs,且在 2 次独立的写时序之间至少需要 1 μs 的恢复时间。其时序为:主机先拉低总线,并在 15 μs 内把 0/1 送出总线(因为从机在主机拉低总线 15 μs 后开始进行采样),最后释放总线。从拉低总线到释放总线整个过程至少持续 60 μs。

通常可以这样做:写 1 时,主机拉低总线 2 μs,再拉高总线 60 μs(包括了 2 μs 恢复时间);写 0 时,主机拉低总线 60 μs,再拉高总线 2 μs(恢复时间)。

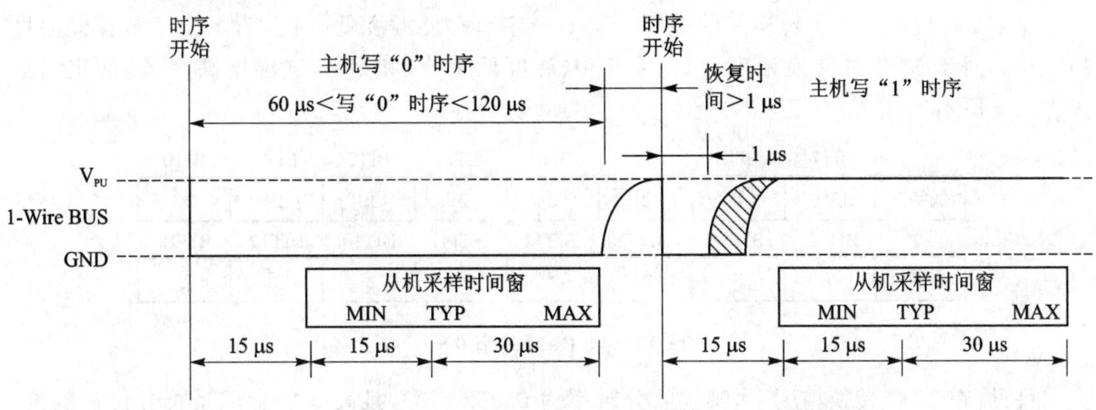

图 13-2　写时序

3. 读 1 位时序

单总线器件(从机)只有在主机发出读时序后,才向主机传输数据,所以,主机向从机发出读数据的命令后,主机必须马上产生读时序,以便从机向总线输出数据。

如图 13-3 所示,读时序至少拉低总线 1 μs,从机收到读时序后,向总线输出数据,数据在总线上保持 15 μs 有效时间。因此,主机必须在读时序起始后的 15 μs 之内采样总线状态。

所有读时序至少需要 60 μs,且在两次独立的读时序之间至少需要 1 μs 的恢复时间。

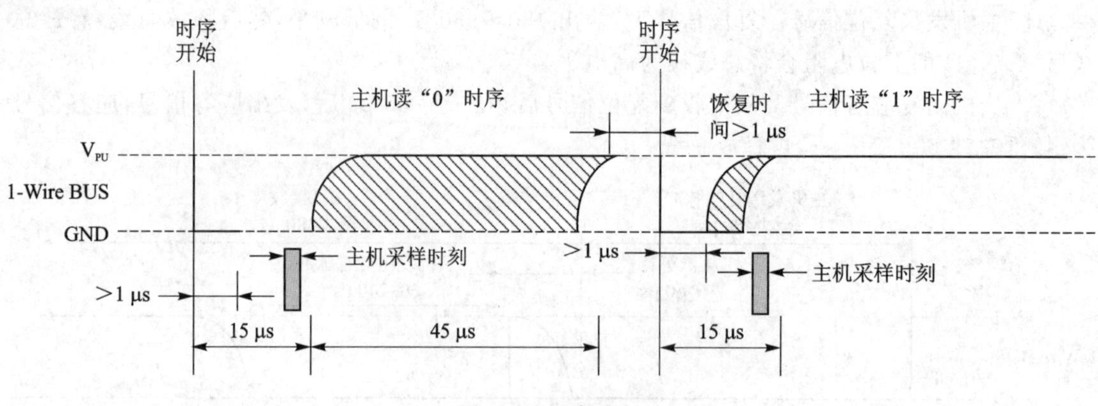

图 13-3 读时序

通常我们可以这样做：先拉低总线 2 μs，然后释放总线 10 μs，再读入总线采样值，最后延时 50 μs（保证总周期为 60 μs+2 μs）。

13.2 DS18B20 数字温度传感器

DS18B20 是一款常用的高精度的单总线数字温度测量芯片，具有体积小、硬件开销低、抗干扰能力强、精度高的特点。DS18B20 的测量精度为可配置的 9～12 位，默认为最高精度 12 位，不同测量精度其测量时间不同，最大测量时间为 750 ms。DS18B20 测量结果保存在其内部的高速缓存器（RAM）中。

1. DS18B20 高速缓存器（RAM）

DS18B20 高速缓存器由 9 字节组成，以下分别介绍各字节的作用。

字节 0～1：用来存储转换好的温度。第 0 个字节存储温度低 8 位，第 1 个字节存储温度高 8 位。对于 12 位的转换精度而言，字节 0（温度低字节）和字节 1（温度高字节）的定义如图 13-4 所示。

	BIT7	BIT6	BIT5	BIT4	BIT3	BIT2	BIT1	BIT0
低字节	2^3	2^2	2^1	2^0	2^{-1}	2^{-2}	2^{-3}	2^{-4}
	BIT15	BIT14	BIT13	BIT12	BIT11	BIT10	BIT19	BIT18
高字节	S	S	S	S	S	2^6	2^5	2^4

图 13-4 RAM 字节 0～1

可见，在 12 位转换精度下，其温度分辨率为 0.062 5 ℃，且高 5 位全部是符号位扩展位，当测量值为负数时，高 5 位都为 1。

字节 2～3：可供用户设置最高报警和最低报警值（TH 和 TL）。

字节 4：用来配置转换精度，转换精度可以配置为 9～12 位，其定义如图 13-5 所示。

BIT 7	BIT 6	BIT 5	BIT 4	BIT 3	BIT 2	BIT 1	BIT 0
0	R1	R0	1	1	1	1	1

图 13-5 RAM 字节 4

可见，只有 BIT5(R1)和 BIT6(R0)是可配置的，它决定了转换精度，R1 和 R0 默认值都是 1。R1 和 R0 的不同配置值与转换精度的对应关系如表 13-1 所列。

表 13-1　R1 和 R0 与转换精度的对应关系

R1	R0	分辨率(精度)/bit	最大转换时间	
0	0	9	93.75 ms	$t_{CONV}/8$
0	1	10	187.5 ms	$t_{CONV}/4$
1	0	11	375 ms	$t_{CONV}/2$
1	1	12	750 ms	t_{CONV}

字节 5～7：保留位，用户不可使用。

字节 8：CRC 校验位，用户不可使用。

2. DS18B20 的相关指令

DS18B20 的指令分为 ROM 指令和 RAM 指令。RAM 指令必须在 ROM 指令之后执行才有效。需要注意的是，所有指令和数据，都是从低位开始发送。ROM 指令的说明如表 13-2 所列，RAM 指令的说明如表 13-3 所列。

表 13-2　ROM 指令

指令名称	指令编码	功能描述
读 ROM	0x33	读 DS18B20 ROM 中的编码(即读 64 位地址)
ROM 匹配	0x55	发出此命令之后，接着发出 64 位 ROM 编码，访问单总线上与编码相对应的 DS18B20，使之做出响应，为下一步对该器件读/写做准备
搜索 ROM	0xF0	用于搜索挂接在同一总线上的器件个数及相关 ROM 地址，为操作各器件做准备
跳过 ROM	0xCC	忽略 ROM 地址，直接向器件发 RAM 指令，适用于总线上只有一个设备的情况
警报搜索	0xEC	该指令执行后，只有温度超过设定值上限或下限的器件才做出响应

表 13-3　RAM 指令

指令名称	指令编码	功能描述
温度变换	0x44	启动温度测量，结果存入内部 RAM 中
读缓存器	0xBE	读内部 RAM。发出此命令后，器件会送出 9 字节 RAM 内容
写缓存器	0x4E	温度上/下限设置，此指令后紧跟 2 字节数据
复制缓存器	0x48	将 RAM 中的第 3、4 字节复制到 EEPRAM 中
重调 EEPROM	0xB8	把 EEPRAM 中的内容复制到 RAM 中的 3、4 字节中
读供电方式	0xB4	寄生供电：0；外接电源供电：1

3. DS18B20 读/写步骤

DS18B20 的读/写步骤可以分为以下 3 步：

第一步：初始化 DS18B20；

第二步：执行 ROM 指令；

第三步：执行 RAM 指令。

其中，执行 ROM 指令时，对于总线上有多个设备，需要先搜索 64 位序列号，读取匹配的序列号值，然后匹配对应的 DS18B20。但对于总线上只有一个 DS18B20 的情况，可以直接发送 0xCC 跳过 ROM 指令，然后转到执行 RAM 指令。

13.3 任务 13－1 使用 DS18B20 进行温度采样

任务描述：本任务通过编写单总线读/写时序来访问 DS18B20，并通过 DS18B20 测量环境温度。

任务 13－1
实战演示

13.3.1 硬件设计

硬件接口设计如图 13－6 所示，其中 DQ 与 STM32 芯片的 PB9 引脚连接。

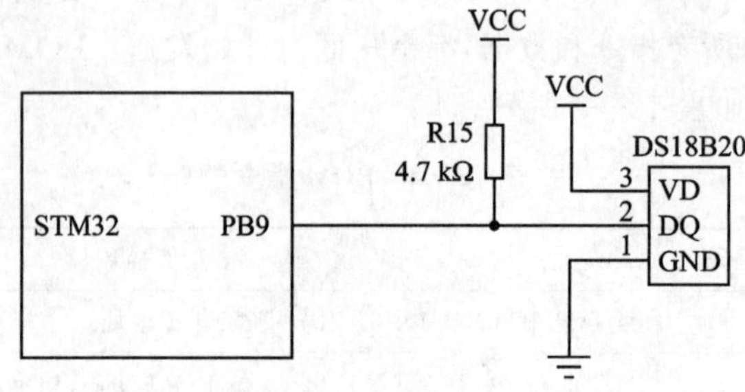

图 13－6 硬件设计

13.3.2 软件设计

我们采用分层设计，分为总线操作层和设备层，总线操作层在 one_wire.c 文件中实现，主要实现对总线的读/写操作时序；设备层在 main.c 中实现，主要是对 DS18B20 设备的寄存器操作，实现温度采样。下面分别介绍。

1. one_wire.h 文件代码设计

```
#ifndef APPLICATIONS_ONE_WIRE_H_
#define APPLICATIONS_ONE_WIRE_H_

/*定义总线数据类型*/
typedef rt_base_t one_wire;

void bus_rst(one_wire BUS);//复位时序的接口声明
uint8_t bus_ack(one_wire BUS);//等待应答时序的接口声明
void bus_write_byte(one_wire BUS,rt_uint8_t byte);//向总线写 1 字节的接口声明
uint8_t bus_read_byte(one_wire BUS);//从总线上读 1 字节的接口声明

#endif /*APPLICATIONS_ONE_WIRE_H_*/
```

2. one_wire.c 文件代码设计

本文件主要实现单总线操作的接口，如总线初始化、向总线写 1 字节、从总线读 1 字节等接口。

(1) 包含头文件

```
#include <rtthread.h>
#include <rtdevice.h>
#include "drv_common.h"
#define DBG_TAG "one_line"      //调试信息标签
#define DBG_LVL DBG_LOG         //调试级别定义
#include <rtdbg.h>              //日志头文件
#include "one_wire.h"
```

(2) 总线初始化接口

总线初始化包括复位时序和等待应答时序，程序中我们使用微秒级延时函数 rt_hw_us_delay，该延时函数不会使线程进入睡眠状态。

```
void bus_rst(one_wire BUS) //复位时序
{
    rt_pin_mode(BUS, PIN_MODE_OUTPUT);
    rt_pin_write(BUS, PIN_LOW);
    rt_hw_us_delay(750);
    rt_pin_mode(BUS, PIN_MODE_INPUT);//释放总线，此时总线被上拉电阻拉高
}
/* 等待应答时序，返回值为总线是否收到应答，0 表示没有等到 ACK */
uint8_t bus_ack(one_wire BUS)
{
    uint8_t retry = 0;//重复次数
    /* 等待 15 μs 后，从机开始发 ACK */
    rt_hw_us_delay(15);
    /* 从机 ACK 在 15～60 μs 后发出，所以这里最多等待 100 μs，如果没有 ACK，则直接返回失败 */
    while (rt_pin_read(BUS)&&retry < 100)
    {
        retry++;
        rt_hw_us_delay(1);
    };
    if(retry >= 100)   return 0; //100μs 未响应，则判断未检测到
    else retry = 0;

    /* 此时，从机开始拉低总线 60～240 μs，需等待从机释放总线(变为高电平)，这里最多等待 240 μs */
    while (!rt_pin_read(BUS)&&retry < 240)
    {
            retry++;
            rt_hw_us_delay(1);
    };
```

```
    if(retry >= 240)  return 0;    //最长拉低 240 μs,超时表示失败
    return 1;//成功
}
```

(3) 写 1 字节和读 1 字节接口设计

首先实现写/读 1 位的时序，再在位时序的基础上实现写/读 1 字节时序。

```
/*写 1 bit*/
#define write_bit(b)                        \
    do{                                     \
        rt_pin_write(BUS, PIN_LOW);         \
        rt_hw_us_delay(2);                  \
        if(b)                               \
            rt_pin_write(BUS, PIN_HIGH);    \
        rt_hw_us_delay(58);                 \
        rt_pin_write(BUS, PIN_HIGH);        \
        rt_hw_us_delay(2);                  \
}while(0)
/*写 1 字节,低位先写*/
void bus_write_byte(one_wire BUS,rt_uint8_t byte)
{
    rt_pin_mode(BUS, PIN_MODE_OUTPUT); //引脚为输出模式

    for(int i = 0;i < 8;i++)
    {
        write_bit((byte >> i)&0x01);
    }

    rt_pin_mode(BUS, PIN_MODE_INPUT);          //设置为输入,释放总线

}

/*读 1 bit*/
#define read_bit(b)                                                 \
    do{                                                             \
        rt_pin_mode(BUS, PIN_MODE_OUTPUT);                          \
        rt_pin_write(BUS, PIN_LOW);    /*拉低*/                      \
        rt_hw_us_delay(2);                                          \
        rt_pin_mode(BUS, PIN_MODE_INPUT);/*拉高,释放总线*/            \
        rt_hw_us_delay(10);                                         \
        b >>= 1;                                                    \
        b |= rt_pin_read(BUS) << 7;                                 \
        rt_hw_us_delay(50);                                         \
}while(0)
/*写 1 字节,低位先读*/
uint8_t bus_read_byte(one_wire BUS)
```

```
{
    uint8_t data = 0xff;
    for(int i = 0;i < 8;i ++ )
    {
        read_bit(data);
    }
    return data;
}
```

3. main.c 文件代码设计

此文件用于实现使用 DS18B20 读取温度的接口，另外通过 main 函数实现每隔 1 s 采集一次温度值。

```
#include <rtthread.h>
#include <rtdevice.h>
#include "drv_common.h"
#define DBG_TAG "main"
#define DBG_LVL DBG_LOG
#include <rtdbg.h>
#include <one_wire.h>

one_wire ds18b20 = GET_PIN(B,9);                    //定义总线引脚
/* 温度读取接口 */
int16_t ds18b20_get_temp(one_wire bus)
{
    uint8_t TL,TH;
    rt_base_t level;
    int value;
    /* 整个通信时序要求很严格，如果线程被调度出 CPU，将可能导致时序不对 */
    level = rt_hw_interrupt_disable();              //禁止任务调度
    /* 每次通信都要初始化总线 */
    bus_rst(bus);
    if(!bus_ack(bus))
    {
        LOG_D("NO ACK");
        return -1;
    }

    bus_write_byte(bus,0xcc);                       //跳过 ROM
    bus_write_byte(bus,0x44);                       //启动温度转换
    rt_hw_interrupt_enable(level);                  //通信完成，开启任务调度

    rt_thread_mdelay(800);                          //等待转换完成，至少 750 ms

    /* 再一次准备通信，同样要禁止任务调度，独占 CPU */
    level = rt_hw_interrupt_disable();              //禁止任务调度
```

```
    bus_rst(bus);                                   //以初始化总线来启动一次通信过程
    if(!bus_ack(bus))
    {
        LOG_D("NO device");
        return -1;
    }
    bus_write_byte(bus,0xcc);                       //跳过 ROM
    bus_write_byte(bus,0xbe);                       //发送读取 RAM 命令
    TL = bus_read_byte(bus);                        //读第 1 节字
    TH = bus_read_byte(bus);                        //读第 2 节字
    rt_hw_interrupt_enable(level);                  //通信完成,开启任务调度
    /* 把读取到的值扩大 10 000 倍,避免浮点运算 */
    value = ((TH << 4)|(TL >> 4)) * 10000 + (TL&0x0f) * 625;
    rt_kprintf("%d.%d\n",value/10000, value%10000);
    return 0;
}

int main(void)
{
    while (1){
        ds18b20_get_temp(ds18b20);                  //每秒读 1 次温度
        rt_thread_mdelay(1000);
    }
    return RT_EOK;
}
```

13.3.3 测 试

下载程序,启动系统,可以观看到测量结果如图 13-7 所示(通过手握 DS18B20 可以观察到温度在升高,放开手后观察到温度下降)。

```
 \ | /
- RT -     Thread Operating System
 / | \     4.0.3 build Apr 16 2022
 2006 - 2020 Copyright by rt-thread team
msh >26.4375
26.5000
26.5625
26.9375
27.9375
28.1875
28.0
27.8750
27.7500
27.6875
27.5625
```

图 13-7 温度测量结果

13.4 任务 13－2 把 DS18B20 设备注册为 RT－Thread 的 Sensor 设备

任务描述：不同传感器的驱动开发者，只要向 RT－Thread 的 Sensor 设备驱动层注册 Sensor 设备，就可以通过 Sensor 设备驱动层向应用程序提供统一的传感器操作接口了。

本任务的主要目的是把 DS18B20 设备注册到 RT－Thread 的 Sensor 设备驱动层，然后通过 Sensor 设备驱动层提供的命令行接口来读取温度值。

任务 13－2
实战演示

13.4.1 硬件设计

硬件设计同任务 13－1。

13.4.2 项目创建与配置

① 新建项目，项目名称为 car_sensor，把任务 13－1 的 one_wire.c 文件和 one_wire.h 文件复到新建的项目中。

② 如图 13－8 所示，使能 RT－Thread 的 Sensor 设备驱动程序。

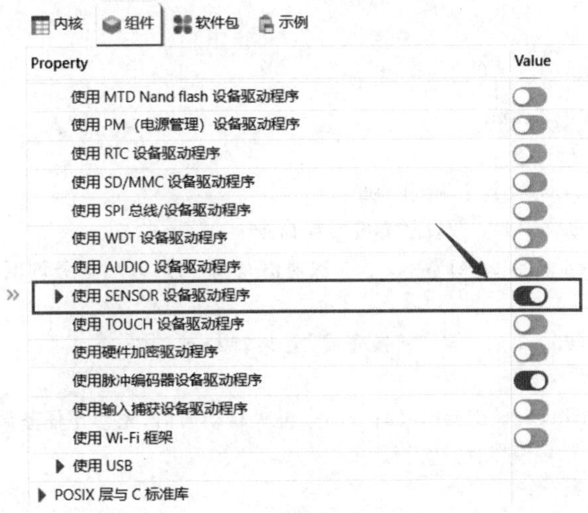

图 13－8 使用 SENSOR 设备驱动程序

13.4.3 程序设计

新建源文件 temp_sensor.c，此文件主要实现向 Sensor 设备层注册设备，使得应用程序可以通过 Sensor 设备接口层提供的传感器读接口来读取温度传感器的值。

注册设备时，要先实现 Sensor 设备，再调用注册函数 rt_hw_sensor_register 向设备层注册温度传感器设备。具体实现如下：

```
#define DBG_TAG "tmp_sensor"
#include <rtdbg.h>
```

```
#include <sensor.h>
#include "one_wire.h"//包含任务 13 - 1 中设计的总线头文件,因为此任务要使用其中的接口
#include <rtthread.h>
#include <rtdevice.h>
#include <string.h>
#include "drv_common.h"
#define MODEL_NAME "ds18b20"
#define DS18B20_ERROR -100  //测量值不会是 -100
static one_wire ds18b20 = GET_PIN(B,9);

/* DS18B20 温度读取接口 */
static rt_uint32_t ds18b20_get_temp(one_wire bus)
{
    uint8_t TL,TH;
    rt_base_t level;
    rt_uint32_t res;

    level = rt_hw_interrupt_disable();    //禁止任务调度
    //初始化总线
    bus_rst(bus);
    if(!bus_ack(bus))
    {
        LOG_D("NO ACK");
        return DS18B20_ERROR;
    }
    bus_write_byte(bus,0xcc); //跳过 ROM
    bus_write_byte(bus,0x44); //发送温度转换命令
    rt_hw_interrupt_enable(level);    //1 次通信完成,可以开启任务调度

    rt_thread_mdelay(800);  //等待转换完成,至少 750 ms

    level = rt_hw_interrupt_disable();    //再次启动通信,先禁止任务调度
    bus_rst(bus);         //初始化总线
    if(!bus_ack(bus))
    {
        LOG_D("NO device");
        return DS18B20_ERROR;
    }
    bus_write_byte(bus,0xcc);   //跳过 ROM
    bus_write_byte(bus,0xbe);   //读取温度命令
    TL = bus_read_byte(bus);
    TH = bus_read_byte(bus);
    rt_hw_interrupt_enable(level);    //开启任务调度
    /* 扩大 10 000 倍,避免浮点操作 */
    res = ((TH << 4)|(TL >> 4)) * 10000 + (TL&0x0f) * 625;
```

```
    LOG_D(" %d  \n", res);
    return res/1000; //保留小数点后一位,SENSOR 设备驱动的命令输出默认保留小数点后一位
}

/* sensor 设备数据采集接口实现,参数 sensor 是传感器句柄,buf 用于保存读取值的内存首地址,
len 为内存长度 */
rt_size_t ds18b20_fetch_data(struct rt_sensor_device * sensor, void * buf, rt_size_t len)
{
    LOG_D("ds18b20 fetch data");
    struct rt_sensor_data * data = buf;

    if(sensor->config.mode == RT_SENSOR_MODE_POLLING)//支持轮询方式读到数据
    {
        data->data.temp = ds18b20_get_temp(ds18b20);
        if(DS18B20_ERROR != data->data.temp){
            data->type = RT_SENSOR_CLASS_TEMP;//类型为温度类型
            data->timestamp = rt_sensor_get_ts();//获取时间戳
            return 1;  //struct rt_sensor_data 的个数
        }
    }
    return 0;//表示读取失败
}
/* 设备控制接口的实现,主要实现对 sensor 设备属性的设置或读取 */
rt_err_t ds18b20_control(struct rt_sensor_device * sensor, int cmd, void * arg)
{
    rt_kprintf("ultr_control %d\n",cmd);
    switch(cmd)
    {
    case RT_SENSOR_CTRL_GET_ID://获取设备 ID
        *(char *)arg = 0x01;
        break;
    case RT_SENSOR_CTRL_GET_INFO: //获取设备信息
        memcpy(arg,&sensor->info,sizeof(struct rt_sensor_info));
        rt_kprintf("GET_INFO not suport\n");
        break;
    case RT_SENSOR_CTRL_SET_RANGE: //设备传感器测量范围
        rt_kprintf("SET_RANGE not suport\n");
        break;
    case RT_SENSOR_CTRL_SET_ODR:
        rt_kprintf("SET_ODR not suport\n");
        break;
    case RT_SENSOR_CTRL_SET_MODE:
        sensor->config.mode = *(rt_uint8_t *)arg;
        break;
    case RT_SENSOR_CTRL_SET_POWER:
```

```
        rt_kprintf("SET_POWER not suport\n");
        break;
    case RT_SENSOR_CTRL_SELF_TEST:
        rt_kprintf("SELF_TEST not suport\n");
        break;
    }
    return RT_EOK;
}
/*实现传感器操作接口结构体*/
static struct rt_sensor_ops ds18b20_ops =
{
    ds18b20_fetch_data,
    ds18b20_control
};

int  ds18b20_init(void )
{
    int result;
    rt_sensor_t ds18b20_sensor;//定义传感器句柄
    rt_uint32_t flag = RT_DEVICE_FLAG_RDWR;//传感器的标志位,这里设置为可读可写

    /*分配内存用于存储传感器控制结构*/
    ds18b20_sensor = rt_calloc(1, sizeof(struct rt_sensor_device));
    if (ds18b20_sensor == RT_NULL)
    {
        LOG_E("rt_calloc error\r\n");
        goto __exit;
    }
    /*初始化传感器信息*/
    ds18b20_sensor->info.type       = RT_SENSOR_CLASS_TEMP;//类型为温度传感器
    ds18b20_sensor->info.vendor     = RT_SENSOR_VENDOR_UNKNOWN;//厂商未知
    ds18b20_sensor->info.model      = MODEL_NAME;//设定传感器模块的名字
    ds18b20_sensor->info.unit       = RT_SENSOR_UNIT_DCELSIUS;//单位是摄氏度
    ds18b20_sensor->info.intf_type  = RT_SENSOR_INTF_ONEWIRE;//总线是单总线
    ds18b20_sensor->info.range_max  = 125;//可测量的最大值,可根据手册设置
    ds18b20_sensor->info.range_min  = -50;//可测量的最小值,可根据手册设置
    ds18b20_sensor->info.period_min = 5000;//测量的周期,这里设置为 5 s 测一次

    ds18b20_sensor->ops = &ds18b20_ops;//初始化传感器操作接口

    /*注册设备,第 2 个参数为传感器的名字,内核会在给定的名字前加上传感器类型前缀 temp_*/
    result = rt_hw_sensor_register(ds18b20_sensor, "ds18b20", flag, RT_NULL);
    if (result != RT_EOK)//检查注册是否成功
    {
        LOG_E("device register err code: %d\r\n", result);
```

```
        goto __exit;
    }
    LOG_D("device register %s OK\r\n", DEV_NAME);

    __exit:
    return RT_EOK;
}

/* 导出到板级初始化列表中,这样设备注册在系统启动前期的板级初始化中被执行 */
INIT_BOARD_EXPORT(ds18b20_init);
```

13.4.4 测　试

① 打开终端,输入命令 help,如图 13－9 所示,可以看到命令中新增了传感器相关的命令。

```
msh >[I/sensor] rt_sensor init success

 \ | /
- RT -     Thread Operating System
 / | \     4.0.3 build Apr  1 2022
 2006 - 2020 Copyright by rt-thread team
msh >help
RT-Thread shell commands:
clear            - clear the terminal screen
version          - show RT-Thread version information
list_thread      - list thread
list_sem         - list semaphore in system
list_event       - list event in system
list_mutex       - list mutex in system
list_mailbox     - list mail box in system
list_msgqueue    - list message queue in system
list_mempool     - list memory pool in system
list_timer       - list timer in system
list_device      - list device in system
help             - RT-Thread shell help.
ps               - List threads in the system.
free             - Show the memory usage in the system.
sensor_fifo      - Sensor fifo mode test function
sensor_int       - Sensor interrupt mode test function
sensor_polling   - Sensor polling mode test function
sensor           - sensor test function
reboot           - Reboot System
pulse_encoder_sample - pulse encoder sample
```

图 13－9　用 help 查看 sensor 相关命令

② 输入命令 list_device,如图 13－10 所示,可以看到设备中多出一个名字叫 temp_ds1 的传感器设备,此设备正是我们程序中注册的传感器设备。

在注册设备时,我们把传感器设备的名字设置为 ds18b20,Sensor 设备驱动层会根据传感器类型在我们注册的设备名字前面加上前缀“temp_”,同时由于 Sensor 设备驱动层对设备名字长度有规定,所以我们的设备名字只显示了“temp_ds1”。基于这个原因,我们建议,注册设备时,设备名字不要太长,可以是表示编号的数字。

③ 输入 sensor_polling temp_ds1,可以读取到传感器的值,输出如图 13－11 所示,默认读取 10 次,每次间隔大约为 5 s,此时间由驱动程序设置参数 info. period_min 决定,程序中设

```
msh >list_device
device           type                 ref count
-------- -------------------- ----------
temp_ds1 Sensor Device        0
pulse2   Miscellaneous Device 0
uart1    Character Device     2
pin      Miscellaneous Device 0
msh >
```

图 13-10　list_device 命令输出

置为 5 000 ms，即为 5 s。

```
msh >sensor_polling temp_ds1
ultr_control 4
ultr_control 5
SET_POWER not suport
ultr_control 3
SET_ODR not suport
246875
[I/sensor.cmd] num:  0, temp: 24.6 C, timestamp:578105
246875
[I/sensor.cmd] num:  1, temp: 24.6 C, timestamp:583914
247500
[I/sensor.cmd] num:  2, temp: 24.7 C, timestamp:589723
247500
[I/sensor.cmd] num:  3, temp: 24.7 C, timestamp:595532
```

图 13-11　读取温度

13.5　任务 13-3　使用 Sensor 设备驱动层接口读取温度值

任务描述：本任务不需新建项目，只需在任务 13-2 的代码基础上做应用程序代码的编写，我们要求使用 Sensor 设备驱动层接口来读取温度传感器的值，读 5 次，每次间隔 1 s。

任务 13-3
实战演示

13.5.1　程序设计

直接在任务 13-2 所创建的项目中，进行 main.c 文件程序设计。

包含头文件，并编写传感器数据显示接口，代码如下：

```
#include <rtthread.h>
#include <rtdevice.h>
#include "drv_common.h"
#define DBG_TAG "main"
#define DBG_LVL DBG_LOG
#include <rtdbg.h>
#include "sensor.h"

#define DEVICE_NAME "temp_ds1"//传感器设备的名字

/*传感器数据显示接口*/
static void sensor_show_data(struct rt_sensor_data * sensor_data)
{
```

```
    rt_kprintf("temp: %3d.%dC, timestamp: %5d\n", sensor_data->data.temp/10,
               sensor_data->data.temp%10, sensor_data->timestamp);
}

int main()
{
    rt_device_t dev = RT_NULL;
    struct rt_sensor_data data;
    rt_size_t res, i;

    /* 查找系统中的传感器设备 */
    dev = rt_device_find(DEVICE_NAME);
    if (dev == RT_NULL)
    {
        rt_kprintf("Can't find device: %s\n", DEVICE_NAME);
        return -1;
    }

    /* 以轮询且只读模式打开传感器设备 */
    if (rt_device_open(dev, RT_DEVICE_FLAG_RDONLY) != RT_EOK)
    {
        rt_kprintf("open device failed!");
        return -1;
    }

    for (i = 0; i < 5; i++)
    {
        /* 从传感器读取一个数据 */
        res = rt_device_read(dev, 0, &data, 1);
        if (res != 1)
        {
            rt_kprintf("read data failed! size is %d", res);
        }
        else
        {
            sensor_show_data(&data);
        }
        rt_thread_mdelay(1000);
    }
    /* 关闭传感器设备 */
    rt_device_close(dev);
    return 0;
}
```

13.5.2 测　试

打开终端，重新启动系统，可以观察到系统启动完成后进行了 5 次温度值的采样，如图 13-12 所示。

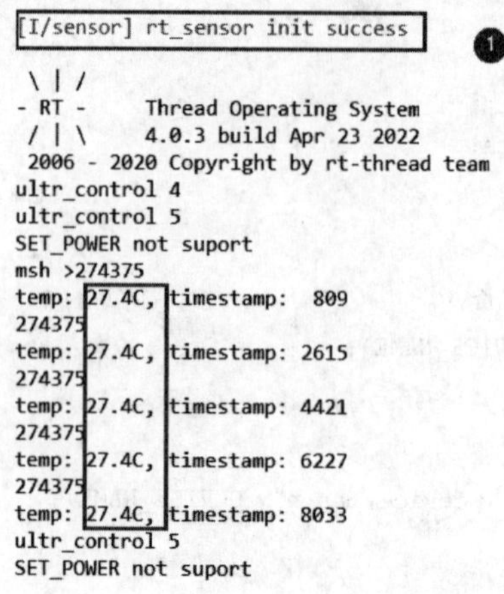

```
[I/sensor] rt_sensor init success

 \ | /
- RT -     Thread Operating System
 / | \     4.0.3 build Apr 23 2022
 2006 - 2020 Copyright by rt-thread team
ultr_control 4
ultr_control 5
SET_POWER not suport
msh >274375
temp: 27.4C, timestamp:  809
274375
temp: 27.4C, timestamp: 2615
274375
temp: 27.4C, timestamp: 4421
274375
temp: 27.4C, timestamp: 6227
274375
temp: 27.4C, timestamp: 8033
ultr_control 5
SET_POWER not suport
```

图 13-12　系统启动后的输出

图 13-12 中❶处的输出信息为启动后在板级初始化时注册传感器设备的输出信息，另外，出现“not suport”的信息是因为我们还没有实现相关接口，在此任务中，不影响温度的测量。

练习 13

1. 填空题

(1) 单总线(one-wire)是一种________(串行/并行)数据通信总线。

(2) 单总线采用一根线实现数据________(单向/双向)传输。

(3) 单总线协议中规定的基本时序包括：________、________、________。

(4) 单总线上的所有通信都是以________时序开始。

(5) 单总线的位写时序至少需要________μs。

(6) DS18B20 的转换精度最高为________位。

(7) 使用 RT-Thread 的传感器接口，必须先开启的 RT-Thread 组件的名称为________。

2. 编程题

编程实现以下需求：使用 ADC 转换器进行电压测量，并使用 RT-Thread 的 Sensor 设备进行测量值采用。

第 14 章 遥控器控制小车行走

本章概述

RT－Thread 的软件包提供了丰富的应用软件，在 RT－Thread Studio 开发环境中，RT－Thread 的软件包可以很方便地添加到项目中，大大节省了产品的开发周期。

本章首先介绍红外接收的原理，然后通过使用 RT－Thread 的 infrared 软件包所提供的接口，进行远程红外信息的接收处理，接收遥控器发出的按键信息，并把信息显示到终端。通过本章的学习，读者可以了解红外接收的原理，还可以进一步了解 RT－Thread 软件包的添加和使用流程，掌握 RT－Thread 软件包的使用方法。

知识目标

- 了解红外接收的通信原理；
- 掌握 RT－Thread 应用软件包的添加方法；
- 掌握 RT－Thread 应用软件包的使用方法。

技能目标

- 能够根据项目需要查找 RT－Thread 相关应用软件；
- 能够把 RT－Thread 相关应用软件添加到项目中；
- 能够阅读 RT－Thread 相关应用软件的使用说明并根据说明进行编程。

14.1 红外接收原理

现在很多家用电器都配有红外接收器，可以接收红外遥控器发出的控制信号。本节，我们先了解一下红外接收的工作原理。

14.1.1 红外通信系统

红外通信一般分为两部分，分别是发射部分和接收部分，发射部分的主要元件为红外发光二极管，而接收部分主要采用红外接收头。发送端对数据进行编码，然后调制成一系列的脉冲信号，最后通过带有红外发射管的发射电路发送脉冲信号，即我们常说的红外信号。接收端完成对脉冲信号的接收、放大、检波、整形，然后解调出编码信号，最后对其解码获取到发送的数据。具体的红外通信系统如图 14－1 所示。

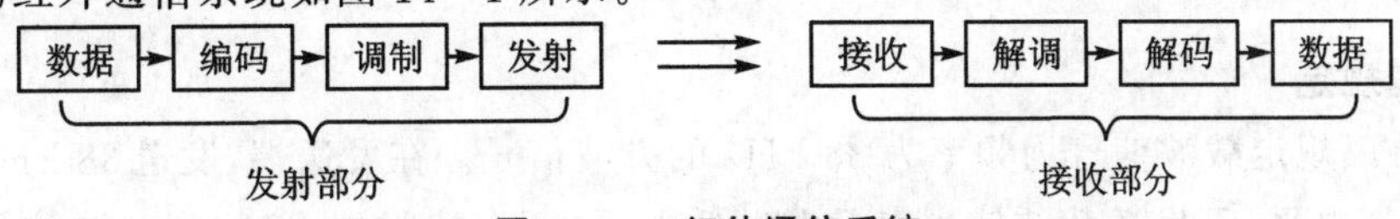

图 14－1 红外通信系统

14.1.2 认识红外接收头

通常采用红外接收头接收红外信号，一般的红外接收头有 3 个引脚，分别是：电源正极 VCC、电源负极 GND、信号输出端 OUT，如图 14－2 所示。

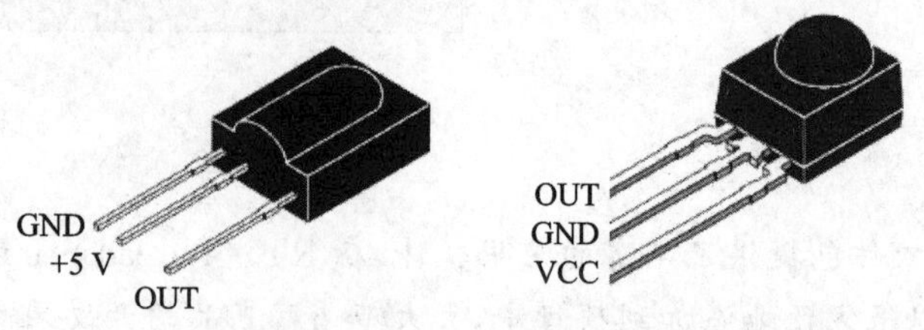

图 14－2 红外接收头

封装一般有铁壳屏蔽封装和环氧树脂塑封封装，如图 14－3 所示，但是形状各种各样，有贴片型、插件型，鼻梁型、草帽型、圆柱型、半球型等，不同厂家的接收头引脚顺序以及外壳形状各异。

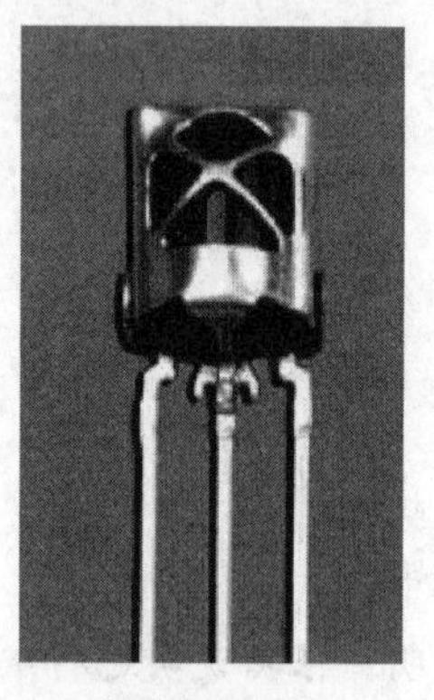

铁壳屏蔽封装

环氧树脂塑封封装

图 14－3 不同封装的红外接收头

14.1.3 红外遥控编码协议

红外遥控编码协议目前应用比较广泛的有基于 PWM(Pulse Width Modulation 脉宽调制)的 NEC Protocol 和基于 PPM(Pulse Position Modulation 脉冲位置调制)的 Philips RC－5 Protocol。这里我们主要介绍一下 NEC 编码原理。

1. 逻辑位规定

逻辑 0：NEC 规定用 0.56 ms 低电平后面跟着 0.56 ms 高电平来表示逻辑 0，如图 14－4(a) 所示。

逻辑 1：NEC 规定用 0.56 ms 低电平后面跟着 1.68 ms 高电平来表示逻辑 1，如图 14－4(b) 所示。

2. 载波规定

NEC 协议规定载波信号为频率为 38 kHz 的方波信号。在发送端，发送 38 kHz 载波信号来表示发送高电平，不发送载波信号表示发送低电平；而在接收端，接收到载波信号输出低电

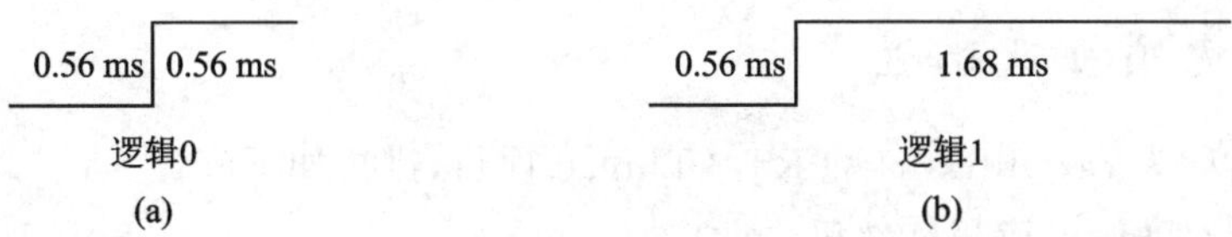

图 14-4 逻辑位规定

平，没接收到载波信号输出高电平。从这个定义可以看到，接收端和发送端逻辑正好相反。当发送端发送 0.56 ms 低电平+0.56 ms 高电平时，接收到输出 0.56 ms 高电平+0.56 ms 低电平，如图 14-5 所示。

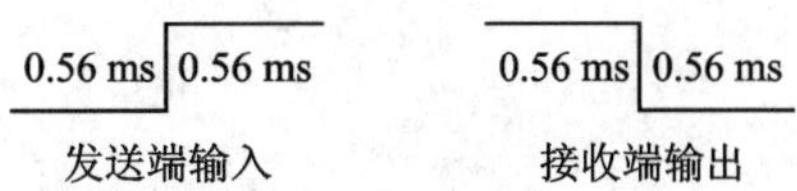

图 14-5 发送端与接收端逻辑相反

3. 遥控指令的数据格式

NEC 遥控指令的数据格式为：同步码头、地址码、地址反码、控制码、控制反码。同步码由一个 9 ms 的低电平和一个 4.5 ms 的高电平组成，地址码、地址反码、控制码、控制反码均是 8 位数据格式。按照低位在前，高位在后的顺序发送。采用反码是为了增加传输的可靠性（可用于校验）。

14.2 任务 14-1 识别红外遥控器按键信号

任务描述：本任务通过检测红外接收头 HS0038 的输出信号，识别遥控器发出的信号，把识别结果打印到控制台。

RT-Thread 提供了丰富的应用软件包，在实际项目开发中，可以方便地加载到项目中，从而大大缩短了产品的开发周期。本任务我们使用 RT-Thread 的应用软件包 infrared 进行设计开发。

任务 14-1
实战演示

14.2.1 硬件设计

硬件设计如图 14-6 所示，采用 HS0038 作为远程红外接收头，其数据引脚接到 STM32 芯片的 PA7 引脚。

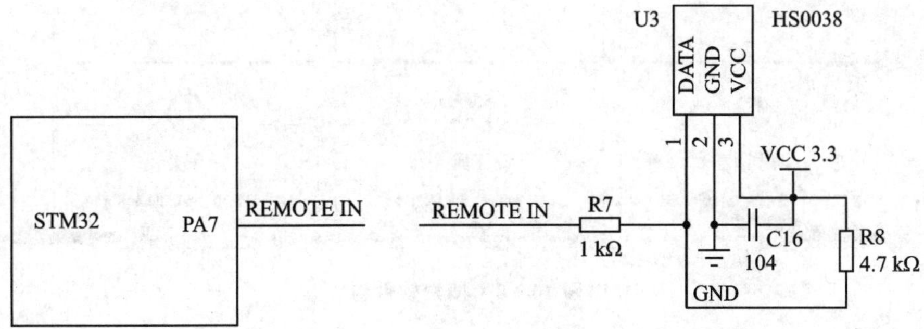

图 14-6 红外接收硬件设计

14.2.2 创建项目及配置

创建工程名称为 car_Infrared 的 RT-Thread 项目，进行如下配置。

1. 添加 RT-Thread 应用软件包

本项目我们使用 RT-Thread 自带的应用软件包 infrared 进行开发，该软件包实现了远程红外信号的接收和发送功能，这里我们使用其接收功能。设置方式如下：

① 在 RT-Thread Settings 配置界面单击“添加软件包”按钮，如图 14-7 所示。

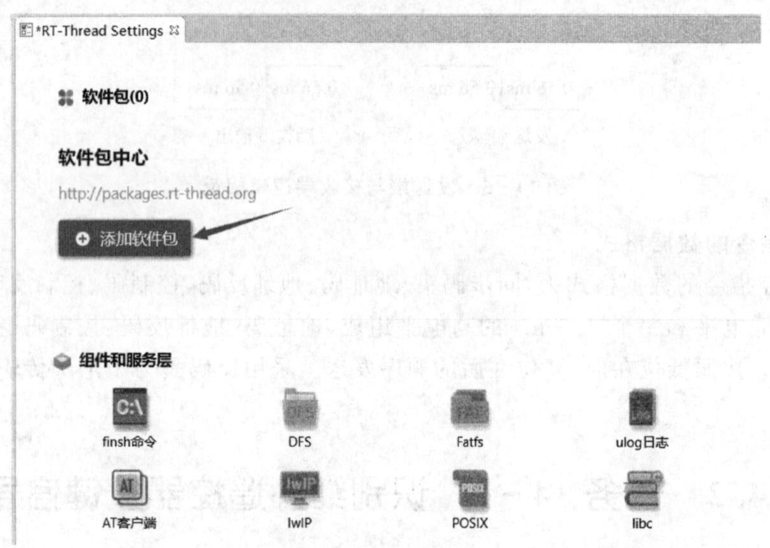

图 14-7 添加软件包

② 如图 14-8 所示，搜索 infrared 软件包。

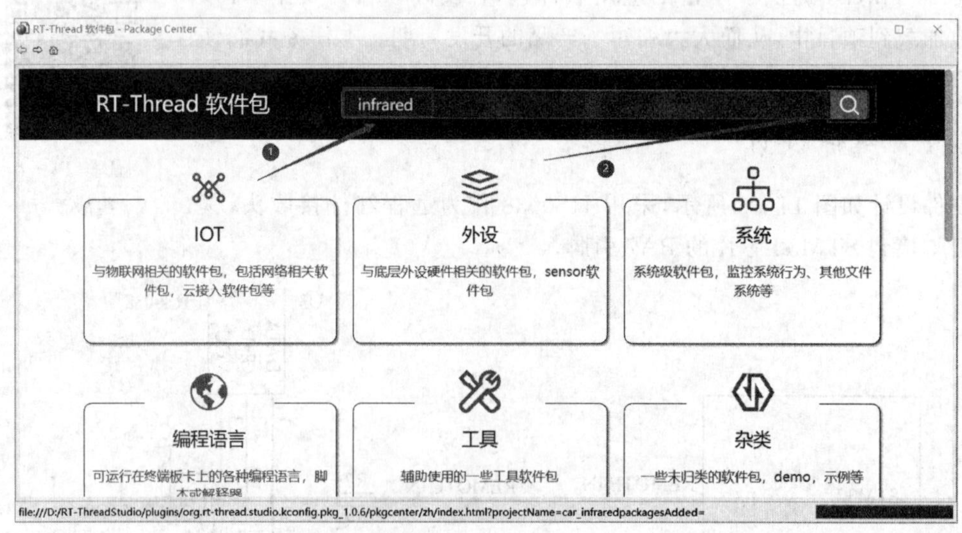

图 14-8 搜索软件包

③ 在搜索结果中单击“添加”按钮，把软件包添加到项目中，如图 14-9 所示。

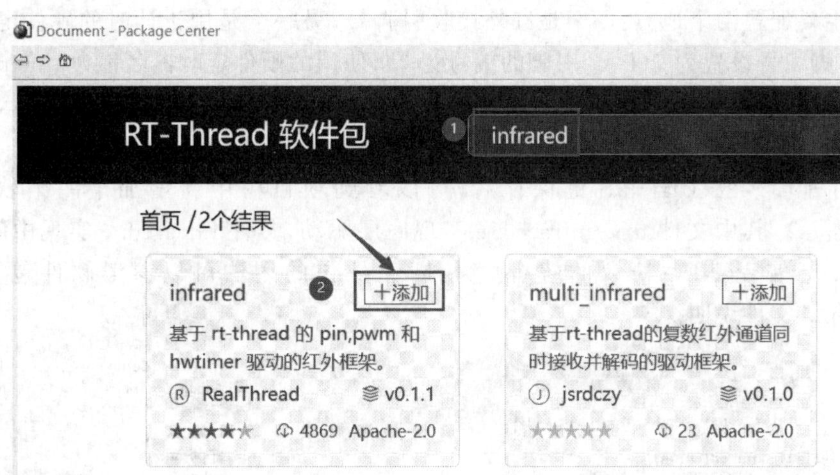

图 14-9　把软件包添加到项目中

④ 配置软件包参数。如图 14-10 所示,单击 infrared 软件包的"配置项",打开软件包配置界面,如图 14-11 所示配置软件包参数。

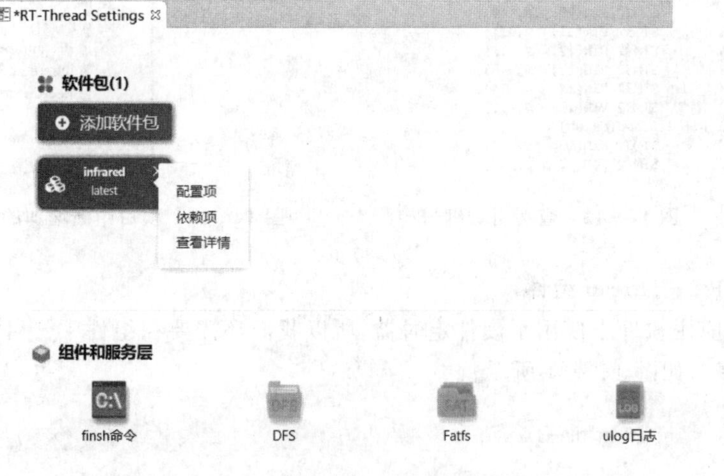

图 14-10　打开软件包配置界面

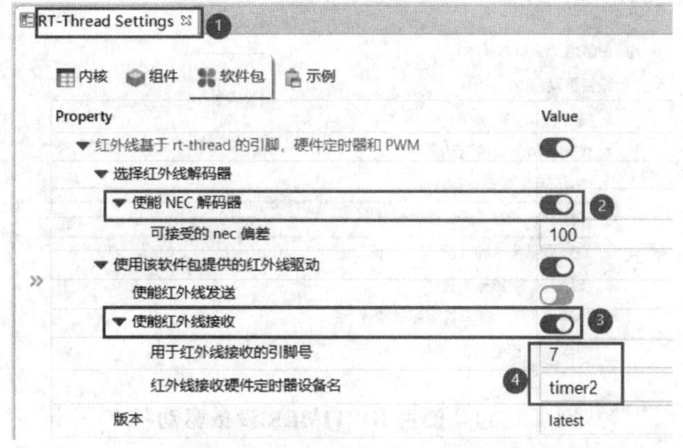

图 14-11　配置软件包参数

其中，主要配置两个地方：一个是红外接收引脚号，另一个是用于计时的硬件定时器。本项目接收引脚编号设置为 7(PA7 引脚的编号为 7)，使用的硬件定时器名称为 timer2。

引脚号可以通过 drivers/drv_gpio.c 的 pins[]数组进行查看，如图 14-12 所示，PA7 引脚对应的编号为 7。

⑤ 保存配置。按 Ctrl＋S 键保存后，可以看到项目树中新增加了一个软件包，如图 14-13 所示。其中文件 drv_infrared.c 实现底层驱动，文件 infrared.c 实现中间层，文件 nec_decoder.c 实现 NEC 协议的解析。另外，软件包的用法可以参考软件包文件夹的 README.md 文件说明。

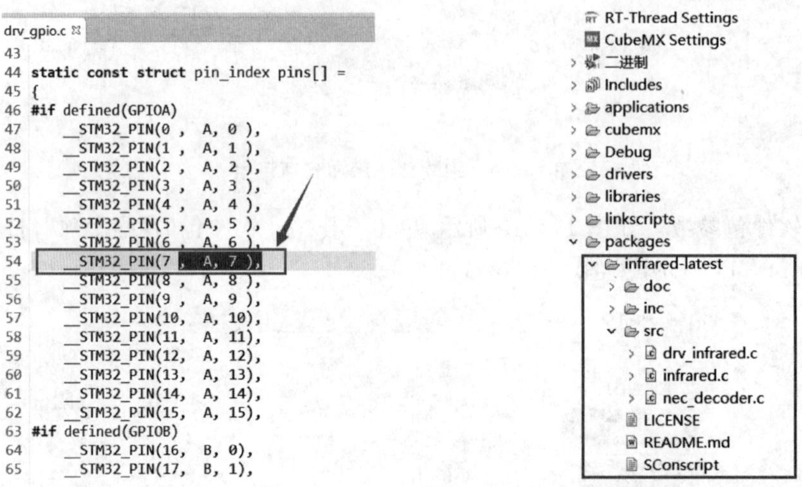

图 14-12 查看引脚编号　　　　图 14-13 项目中新增加的软件包代码目录树

2. 配置 RT-Thread 组件

infrared 应用软件中使用了硬件定时器，所以我们还需要在组件中开启“使用 HWTIMER 设备驱动程序”，如图 14-14 所示。

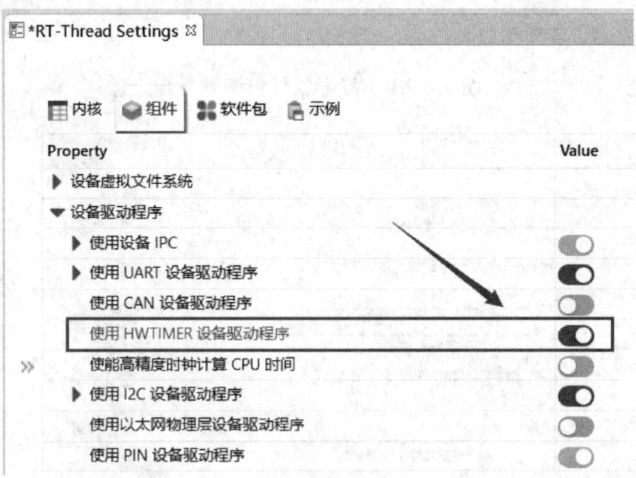

图 14-14 使用 HWTIMER 设备驱动程序

3. 使用 CubMX 配置 STM32 硬件外设

本任务除了常规配置，如使能外部高速时钟、时钟树、使能串口 1 外，还必须配置 infrared 应用软件中使用到的硬件定时器(TIM2)，硬件定时器配置如图 14－15 所示。

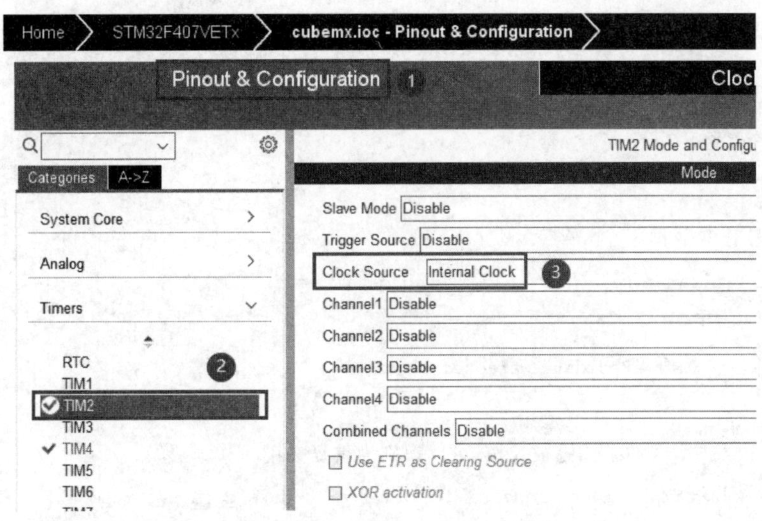

图 14－15　硬件定时器配置

4. 打开硬件定时器宏定义

如图 14－16(a)所示，在 drivers/board.h 文件中，打开定时器 2 的宏定义；如图 14－16(b)所示，在 drivers/include/config/tim_config.h 文件中，定义定时器 2 的硬件参数。

board.h

```
#define BSP_USING_TIM
#ifdef BSP_USING_TIM
#define BSP_USING_TIM2
/*#define BSP_USING_TIM15*/
/*#define BSP_USING_TIM16*/
/*#define BSP_USING_TIM17*/
#endif
```

(a)

tim_config.h

```
    }
#endif /* TIM_DEV_INFO_CONFIG */

#ifdef BSP_USING_TIM2
#ifndef TIM2_CONFIG
#define TIM2_CONFIG                                        \
    {                                                      \
        .tim_handle.Instance      = TIM2,                  \
        .tim_irqn                 = TIM2_IRQn,             \
        .name                     = "timer2",              \
    }
#endif /* TIM2_CONFIG */
#endif /* BSP_USING_TIM2 */
```

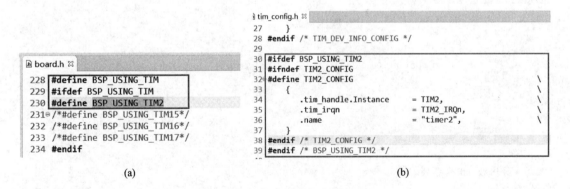

(b)

图 14－16　TIM2 宏定义

14.2.3　程序设计

新建源文件 infrare_sample.c，在 infrare_sample.c 文件中进行程序设计。

infrare_sample.c 代码清单如下：

```
#include <infrared.h>    //包含软件包的头文件
```

```
/*定义变量,用于保存读取到的数据*/
struct infrared_decoder_data infrared_data;

/*从红外接收头读取数据*/
int infrared_test(void)
{
    ir_select_decoder("nec");  //设置使用 NEC 协议进行解调
    while (1)
    {
        /*读取数据*/
        if (infrared_read("nec", &infrared_data) == RT_EOK)
        {
            if (infrared_data.data.nec.repeat)
            {
                /*如果按键被长按,可以识别为重复按键 */
                rt_kprintf("repeat %d\n", infrared_data.data.nec.repeat);
            }
            else
            {
                /*打印通信地址和按键的键值 */
                rt_kprintf("APP addr:0x%02X key:0x%02X\n", infrared_data.data.nec.addr,
infrared_data.data.nec.key);
            }
        }
        rt_thread_mdelay(10);
    }

    return RT_EOK;
}
/*导出到 msh 命令列表中*/
MSH_CMD_EXPORT(infrared_test, infrared receive test);
```

14.2.4 测 试

把程序下载到开发板,启动系统后,首先在终端输入 infrared_test 命令,然后随意按红外遥控器的按键,观察终端的输出如图 14-17 所示,说明程序已经接收到红外遥控器发出的信号并成功识别了按键的键值。

```
 \ | /
- RT -     Thread Operating System
 / | \     4.0.3 build Feb  8 2022
 2006 - 2020 Copyright by rt-thread team
msh >infrared_test
APP addr:0x00 key:0x30
repeat1
APP addr:0x00 key:0x18
repeat1
APP addr:0x00 key:0x7A
repeat1
APP addr:0x00 key:0x30
repeat1
APP addr:0x00 key:0x18
APP addr:0x00 key:0x18
repeat1
APP addr:0x00 key:0x7A
APP addr:0x00 key:0x18
APP addr:0x00 key:0x18
repeat1
APP addr:0x00 key:0x18
repeat1
APP addr:0x00 key:0x30
repeat1
```

图 14-17　红外遥控接收测试结果

练习 14

1. 填空题

(1) 红外通信一般分为两部分,分别是________部分和________部分。

(2) 红外遥控编码协议 NEC 规定用 0.56 ms 低电平后面跟着 0.56 ms 高电平表示________逻辑。

(3) 红外遥控编码协议 NEC 规定用 0.56 ms 低电平后面跟着 1.68 ms 高电平表示________逻辑。

(4) NEC 协议规定载波信号为频率是________ kHz 的方波信号。

(5) RT-Thread Studio 开发环境中,RT-Thread 应用软件包在________中进行添加。

参考文献

[1] 邱祎,熊谱翔,朱天龙.嵌入式实时操作系统 RT-Thread 设计与实现[M].北京:机械工业出版社,2019.

[3] 欧启标,赵振廷,等.STM32 程序案例教程[M].北京:电子工业出版社,2019.